普通高等教育材料类系列教材

冲压工艺及冲模设计

第2版

主　编　翁其金　徐新成

参　编　张丽桃　陈　胤　张水忠　翁黎清

主　审　崔令江

机 械 工 业 出 版 社

本书共 12 章,主要内容包括冷冲压变形基础、冲裁、弯曲、拉深、其他冲压成形、非轴对称曲面零件冲压、自动模与多工位级进模、冷挤压、加热冲压、板料特种成形技术及冲压工艺规程的制订等。

本书是大学本科材料成形及控制工程专业(模具方向)的教学用书,也可供从事模具设计与制造的工程技术人员参考。

图书在版编目(CIP)数据

冲压工艺及冲模设计/翁其金,徐新成主编. —2 版. —北京:机械工业出版社,2012.1 (2024.12 重印)

普通高等教育材料类系列教材

ISBN 978-7-111-37108-3

Ⅰ.①冲… Ⅱ.①翁…②徐… Ⅲ.①冲压-工艺-高等学校-教材②冲模-设计-高等学校-教材 Ⅳ.①TG38

中国版本图书馆 CIP 数据核字(2012)第 005179 号

机械工业出版社(北京市百万庄大街 22 号 邮政编码 100037)
策划编辑:冯春生 责任编辑:冯春生 王海霞
版式设计:石 冉 责任校对:张 薇
封面设计:张 静 责任印制:单爱军
北京虎彩文化传播有限公司印刷
2024 年 12 月第 2 版第 13 次印刷
184mm×260mm · 20.5 印张 · 504 千字
标准书号:ISBN 978-7-111-37108-3
定价:45.00 元

电话服务　　　　　　　　　　网络服务
客服电话:010-88361066　　机 工 官 网:www.cmpbook.com
　　　　　010-88379833　　机 工 官 博:weibo.com/cmp1952
　　　　　010-68326294　　金 书 网:www.golden-book.com
封底无防伪标均为盗版　机工教育服务网:www.cmpedu.com

普通高等教育材料类系列教材
编审委员会

第2版前言

本书是根据普通高等教育本科材料成形及控制工程专业(模具方向)的教学计划及"冲压工艺及冲模设计"课程教学大纲编写的,是大学本科材料成形及控制工程专业的教学用书。

冷冲压在工业生产中应用十分广泛。本书在论述冲压变形基础与冲压工艺的基础上,详细叙述了正确设计冲模结构及确定冲模几何参数的基本方法,叙述了自动模的基本组成及工作原理、多工位级进冲压成形及模具、非轴对称曲面零件的冲压成形及模具。内容力求适应应用型本科教学的要求,注重工程能力的培养。

本书自2004年出版以来,已累计印刷了11次。由于冲压技术的进步、有关标准的更新,并经材料成形及控制工程专业教材编委会讨论和征求部分读者意见,对本书予以修订再版。本书新增了冷挤压和加热冲压的内容,并根据新标准更新了部分内容。

本书由福建工程学院翁其金和上海工程技术大学徐新成任主编,哈尔滨工业大学(威海)崔令江任主审。参加编写和修订工作的还有张丽桃、陈胤、张水忠、翁黎清。

限于编者水平,本书不足之处在所难免,恳请读者批评指正。

编 者

第1版前言

　　本书是根据普通高等教育本科材料成形及控制工程专业（模具方向）的教学计划及"冲压工艺及冲模设计"课程教学大纲编写的；是大学本科材料成形及控制工程专业的教学用书。

　　冷冲压在工业生产中应用十分广泛。本书在论述冲压变形基础与冲压工艺的基础上，详细叙述了正确设计冲模结构及确定冲模几何参数的基本方法，叙述了自动模的基本组成及工作原理、多工位级进冲压成形及模具、非轴对称曲面零件的冲压成形及模具。内容力求适应应用型本科教学要求，注重工程能力的培养。

　　本书由福建工程学院翁其金和上海工程技术大学徐新成任主编，哈尔滨工业大学（威海）崔令江任主审。全书共十章，其中翁其金编写第一、七、八章，徐新成编写第五、六章，华北航天工业学院张丽桃编写第三章，福建工程学院陈胤编写第二、十章，上海工程技术大学张水忠编写第四、九章。

　　有不足之处，请批评指正。

编　者

目　　录

第一章 概 述

一、冷冲压的特点和应用

冷冲压是利用安装在压力机上的冲模对材料施加压力,使其产生分离或塑性变形,从而获得所需要零件(俗称冲压件或冲件)的一种压力加工方法。因为它通常是在室温下进行加工,所以称为冷冲压。冷冲压不但可以加工金属材料,而且还可以加工非金属材料和复合材料。

冲模是将材料加工成所需冲件的一种工艺装备。冲模在冷冲压中至关重要,一般来说,不具备符合要求的冲模,冷冲压就无法进行;先进的冲压工艺也必须依靠相应的冲模来实现。

冷冲压生产过程的主要特征是依靠冲模和冲压设备完成加工,便于实现自动化,生产率很高,操作简便。对于普通压力机,每台每分钟可生产几件到几十件冲压件,而高速压力机每分钟可生产数百件甚至千件以上冲压件。冷冲压所获得的零件一般无需进行切削加工,因而冷冲压是一种节省能源、节省原材料的无(或少)屑加工方法。由于冷冲压所用原材料多是表面质量好的板料或带料,冲件的尺寸公差由冲模来保证,所以产品尺寸稳定、互换性好。冷冲压产品壁薄、质量轻、刚度好,可以加工成形状复杂的零件,小到钟表的秒针,大到汽车纵梁、覆盖件等。

但由于冲模制造一般是单件小批量生产,精度高、技术要求高,是技术密集型产品,制造成本高。因而,冷冲压生产只有在生产批量大的情况下才能获得较高的经济效益。

综上所述,冷冲压与其他加工方法相比具有独到的特点,所以在工业生产中,尤其在大批量生产中应用十分广泛。相当多的工业部门都越来越多地采用冷冲压加工产品零部件,如机械制造、车辆生产、航空航天、电子、电器、轻工、仪表及日用品等行业。在这些工业部门中,冲压件所占的比重都相当大,不少过去用铸造、锻造、切削加工方法制造的零件,现在已被质量轻、刚度好的冲压件所代替。可以说,如果在生产中不广泛采用冲压工艺,许多工业部门的产品要提高生产率、提高质量、降低成本,进行产品的更新换代是难以实现的。

二、冷冲压的现状和发展趋势

随着近代工业的发展,冷冲压技术得到了迅速发展。

1. 冷冲压工艺方面

研究和推广应用旨在提高生产率和产品质量,降低成本和扩大冲压工艺应用范围的各种冲压新工艺是冲压技术发展的重要趋势。目前,国内外涌现并迅速用于生产的冲压先进工艺有精密冲压、柔性模(软模)成形、超塑性成形、无模多点成形、爆炸和电磁等高能成形、高效精密冲压技术以及冷挤压技术等。这些冲压先进技术在实际生产中已经取得并将进一步取得良好的技术经济效果。

精密冲压(精冲)既是提高冲压件精度的有效方法,又是扩大冲压加工范围的重要途径。目前精密冲裁的精度可达 IT6～IT7,板料厚度可达 25mm。精冲方法不但可以冲裁,还可以成形(精密弯曲、拉深、翻边、冷挤、压印和沉孔等)。柔性模成形能够成形出以普通冲压成形难以成形的材料和复杂形状的零件,并可以大为改善成形条件,提高极限变形程度。我国自主研制的具有国际领先水平的无模多点成形设备与无模多点成形计算机系统,可以根据需要改变变形路径与受力状态,提高材料的成形极限,快速经济地实现三维曲面的自动化成形。各种高能成形方法可以快速生产批量小、形状复杂、强度高的板料件,在航天、国防工业中具有重要的实用价值。利用金属在特定条件下具有的超常的塑性,一次成形能替代多次常规成形工序,在提高生产率和产品精度,解决一些特殊产品的生产方面具有重要意义。冷挤压和温挤压在实现少(无)屑加工,提高生产率和产品质量方面具有显著的技术经济效果。国内外研究并在冲压生产中应用计算机模拟技术,预测、分析和解决板料成形过程中的问题,优化冲压成形工艺,这是冲压成形技术中特别应该注意的发展方向。激光快速成形技术及快速制模技术为新产品开发和快速制模开拓了广阔的发展前景。

2. 冲模设计与制造方面

冲模是实现冲压生产的基本条件。目前在冲模设计与制造上,有两种趋势应给予足够的重视。

(1) 模具结构与精度正朝着两方面发展 一方面为了适应高速、自动、精密、安全等大批量自动化生产的需要,冲模正向高效、精密、长寿命、多工位、多功能方向发展;另一方面,为适应市场上产品更新换代迅速的要求,各种快速成形方法和简易经济冲模的设计与制造也得到了迅速发展。

高效、精密、多功能、长寿命多工位级进模和汽车覆盖件冲模的设计制造水平代表了现代冲模的技术水平。我国能够设计制造出机电一体化的达到国际先进水平的高效、精密、长寿命多工位级进模,工作零件的制造精度达到 1μm,步距精度达到 2～3μm,总寿命达到 2亿冲次以上;我国汽车行业已具备轿车成套覆盖件冲模的生产能力,汽车零件特大型级进冲模重达 20t 左右,包含切口、拉深、弯曲、成形、整形、冲孔等多种工序,在汽车试制和小批量生产中应用高强度树脂浇注成形覆盖件冲模,缩短了试制周期,降低了成本,加速了新车型的开发。但与国外先进水平相比,国内模具的整体水平不高,模具设计制造的专业化水平不够,特种高精尖模具如大型或细小型高精度、超高速冲压、高强度和超薄材料冲压等模具跟不上工业发展的需要。

(2) 模具设计与制造的现代化 计算机技术、信息技术等先进技术在模具技术中得到了广泛的应用,使模具设计与制造水平发生了革命性的变化。目前最为突出的是模具 CAD/CAE/CAM。在这方面,国际上有许多应用成熟的计算机软件,我国不但能消化、应用国外的有关软件,一些单位已经自行开发或正在开发模具 CAD/CAE/CAM 软件。在一些行业,如汽车行业的主要模具企业,实现了模具 CAD/CAE/CAM 一体化。尽管其总体水平与国际上还有差距,但它代表了我国模具技术的发展成果与发展方向。

模具的加工方法迅速现代化。各种加工中心、高速铣削、精密磨削、电火花铣削加工、慢走丝线切割、现代检测技术等已全面走向数控(NC)或计算机数控(CNC)化。许多加工手段大大突破了传统的技术水平,高速铣削的加工精度可达到 10μm,表面粗糙度 $Ra \leqslant 1\mu m$,并可实现硬材料(60HRC)的加工,大大提高了模具装配精度,优化了模具加工工艺;电火花铣削加工是利用高速旋转的简单管状电极进行三维或二维轮廓加工，类似数控铣削加工；现代电火花加工机床还可根据加工程序，自动从电极库更换电极；慢走丝线切割机的功能及自动化程度已相当高，目前切割速度已达 $300mm^2/min$，加工精度可达 $\pm 1.5\mu m$，表面粗糙度 Ra 可达 $0.1 \sim 0.2\mu m$；精密连续轨迹坐标磨床可以磨削任何曲线轨迹，其定位精度可达 $1 \sim 2\mu m$；现代三坐标测量机除了能以高精度测量复杂三维曲面的数据外，其良好的温度补偿、抗振保护和严密的防尘等装置，使得这种精密设备从严加隔离的测量场所走向了在线生产现场检测。但目前我国模具制造的一些关键设备还需要进口，自主研发不够。

在模具材料及热处理、模具表面处理等方面，国内外都进行了不少研制工作，并取得了很好的实际效果，冲模材料的发展方向是研制高强韧性冷作模具钢，如 65Nb、LD1、012Al、CG2、LM1、LM2 等就是我国研制的性能优良的冲模材料。但目前模具材料、热处理工艺、表面处理技术还跟不上工业发展需要，直接影响了模具寿命的提高。

模具的标准化和专业化生产，已得到模具行业的广泛重视。这是由于模具标准化是组织模具专业化生产的前提，而模具的专业化生产是提高模具质量、缩短模具制造周期、降低成本的关键。我国已经颁布了锻压术语、冲模零部件的国家标准，冲模的模架等基础零部件已专业化、商品化。但总的来说，我国冲模的标准化和专业化水平还是比较低的，先进国家标准化已达 70% ~ 80%。

3. 冲压设备及冲压生产自动化方面

性能良好的冲压设备是提高冲压生产技术水平的基本条件。高效率、高精度、长寿命的冲模需要高精度、高自动化的冲压设备与之相匹配；为了适应冲压新工艺的需要，人们研制了许多新型结构的冲压设备；为了满足新产品少批量生产的需要，冲压设备朝多功能、数控方向发展；为提高生产率和实现安全生产，应用各种自动化装置、机械手乃至机器人的冲压自动生产线和高速自动压力机纷纷投入使用。如数控四边折弯机、数控剪板机、数控"冲压加工中心"、激光切割与成形机、高速自动压力机等已经在生产中广泛应用。代表着冲压生产新趋势的冲压柔性制造单元(FMC)和冲压柔性制造系统(FMS)在我国也已开始使用。

4. 冷冲压基本原理的研究

冷冲压工艺及冲模设计与制造方面的发展，均与冲压变形基本原理的研究取得进展是分不开的。例如，板料冲压工艺性能的研究，冲压成形过程中应力应变的分析和计算机模拟，板料变形规律的研究，从坯料变形规律出发进行坯料与冲模之间相互作用的研究，在冲压变形条件下的摩擦、润滑机理方面的研究等，为逐步建立起紧密结合生产实际的先进的冲压工艺及冲模设计方法打下了基础。因此，可以说冲压成形基本理论的研究是提高冲压技术的基础。在这方面，国内外的学者进行了不少工作，并取得了许多成果。但总的来说，对冷冲压成形与模具的基础理论和技术的研究还跟不上工业发展的要求。

三、冷冲压基本工序的分类

冷冲压加工的零件，由于其形状、尺寸、精度要求、生产批量等各不相同，因此生产中所采用的冷冲压工艺方法也是多种多样的，概括起来可分为两大类，即分离工序和成形工序。分离工序是指使板料按一定的轮廓线分离而获得一定形状、尺寸和切断面质量的冲压件（俗称冲裁件）的工序；成形工序是指使坯料在不破裂的条件下产生塑性变形而获得一定形状和尺寸的冲压件的工序。

上述两类工序，按冲压方式不同又具体分为很多基本工序，见表 1-1、表 1-2 和表 1-3。

表 1-1　分 离 工 序

工序名称	工 序 简 图	特点及应用范围
落　料	废料　　零件	将材料沿封闭轮廓分离，被分离下来的部分大多是平板形的零件或工序件
冲　孔	零件　　废料	将废料沿封闭轮廓从材料或工序件上分离下来，从而在材料或工序件上获得需要的孔
切　断	零件	将材料沿敞开轮廓分离，被分离的材料成为零件或工序件
切　舌		将材料局部分离而不是完全分离，并使被局部分离的部分达到工件所要求的形状尺寸，不再位于分离前所处的平面上
切　边		利用冲模修切成形工序件的边缘，使之具有一定形状和尺寸
剖　切		用剖切模将成形工序件一分为二，主要用于不对称零件的成双或成组冲压成形之后的分离
整　修	零件　废料	沿外形或内形轮廓切去少量材料，从而降低断面的表面粗糙度值，提高断面垂直度和零件尺寸精度
精　冲		用精冲模冲出尺寸精度高、断面光洁且垂直的零件

表1-2 成形工序

工序名称	工序简图	特点及应用范围
弯 曲		用弯曲模使材料产生塑性变形,从而弯成一定曲率、一定角度的零件。它可以加工各种复杂的弯曲件
卷 边		将工序件边缘卷成接近封闭圆形,用于加工类似铰链的零件
拉 弯		在拉力与弯矩的共同作用下实现弯曲变形,使坯料的整个弯曲横断面全部受拉应力作用,从而提高弯曲件精度
扭 弯		将平直或局部平直工序件的一部分相对另一部分扭转一定角度
拉 深		将平板形的坯料或工序件变为开口空心件,或使开口空心工序件进一步改变形状和尺寸成为开口空心件
变薄拉深		将拉深后的空心工序件进一步拉深,使其侧壁减薄、高度增大,以获得底部厚度大于侧壁的零件
翻 孔		沿内孔周围将材料翻成竖边,其直径比原内孔大
翻 边		沿外形曲线周围翻成侧立短边
卷 缘		将板料或空心件口部边缘卷成接近封闭圆形,如加工类似牙杯的口部等零件

（续）

工序名称	工序简图	特点及应用范围
胀形		将空心工序件或管状件沿径向往外扩张，形成局部直径较大的零件
起伏		依靠材料的伸长变形使工序件形成局部凹陷或凸起
扩口		将空心工序件或管状件的口部向外扩张，形成口部直径较大的零件
缩口缩径		对空心工序件或管状件的口部或中部加压，使其直径缩小，形成口部或中部直径较小的零件
校平整形		校平是将有拱弯或翘曲的平板形零件压平以提高其平直度；整形是依靠材料的局部变形，少量改变工序件的形状和尺寸，以保证工件的精度
旋压		用旋轮使旋转状态下的坯料逐步成形为各种旋转体空心件

在实际生产中，当生产批量大时，如果仅以表中所列的基本工序组成冲压工艺过程，则生产率可能很低，不能满足生产需要。因此，一般采用组合工序，即将两个以上的单独工序组成一道工序，构成所谓复合、级进、复合—级进的组合工序。

为了进一步提高劳动生产率，充分发挥冷冲压的优点，还可应用冷冲压方法进行产品的某些装配工作。视实际需要，可以安排单独的装配工序，也可把装配工序组合在级进组合工序中，如微型电动机定、转子铁心的冲压与叠装。

上述冲压成形的分类方法比较直观，真实地反映出各类零件的实际成形过程和工艺特点，便于制订各类零件的冲压工艺并进行冲模设计，在实际生产中得到了广泛的应用。但是，冲压成形时，材料的受力情况和变形性质很复杂，要分析和解决每一种成形的实际问题，应将各种成形按其成形时变形区的应力和应变特点加以归类，找出每一类成形工艺的共同规律和产生问题及解决问题的办法，这就是另一种冲压成形的分类方法。按此分类法，将冷冲压成形方法分为伸长类变形和压缩类变形，它能充分反映出各类成形变形区的受力与变形特点，反映出同类成形的共同规律，对解决问题具有很大的实际意义。

表 1-3 立体冲压

工序名称	工 序 简 图	特点及应用范围
冷挤压		对放在模膛内的冷态金属坯料施加强大压力，使其产生塑性变形，并将其从凹模孔或凸、凹模之间的间隙挤出，以获得空心件或横截面积较小的实心件
冷镦		用冷镦模使坯料产生轴向压缩，横截面积增大，从而获得如螺钉、螺母等零件
压花		压花是强行局部排挤材料，在工序件表面形成浅凹花纹、图案、文字或符号，但在压花表面的背面无对应于浅凹的凸起

四、学习要求和学习方法

学生学完冲压工艺及冲模设计之后，应掌握冷冲压成形的基本原理；掌握冲压工艺过程设计和冲模设计的基本方法；具有设计比较复杂程度冲压件的工艺过程和比较复杂程度冲模的能力；能够运用已学习的基本知识，分析和创造性地解决生产中常见的产品质量、工艺及模具方面的技术问题；能够合理选用冲压设备和设计或选用自动送料和自动出件装置；广泛了解冲压成形新工艺、新模具及其发展动向。

由于冲压工艺及冲模设计是一门实践性和实用性很强的学科，而且它又是以金属学与热处理、塑性力学等许多工程技术基础学科为基础，与冲压设备、模具制造工艺学密切联系的，因而在学习时必须注意理论联系实际，认真参加实验、实习、设计等重要教学环节，注意综合运用基础学科和相关学科的基本知识。

第二章　冷冲压变形基础

第一节　冷冲压变形的基本原理概述

一、影响金属塑性和变形抗力的因素

塑性是指金属在外力的作用下，能稳定地发生永久变形而不破坏其完整性的能力。变形抗力是指引起塑性变形的单位变形力。塑性和变形抗力都是金属的重要加工性能。它们不仅是金属的内在性质所决定的性能，还受诸多外部条件的影响，如变形温度、应变速率、变形的力学状态等。

1. 变形温度

对于大多数金属，变形温度对塑性和变形抗力的总的影响趋势是：随着温度的升高，塑性增加，变形抗力下降。所以在冲压工艺中，有时也采用加热成形的方法提高材料的塑性，增加在一次成形中所能达到的变形程度；降低材料的变形抗力，减轻设备和工装的负担。

温度的升高导致金属内部各种物理—化学状态的变化，使得金属的塑性和变形抗力发生改变。这些变化包括：回复与再结晶；原子动能增加；金属的组织、结构发生变化；扩散蠕变机理起作用；晶间滑移作用增强。

由于金属和合金的种类繁多，温度变化引起的物理—化学状态的变化各不相同，所以温度对各种金属和合金塑性及变形抗力的影响规律也各不相同。

对碳钢而言，在随温度升高塑性增加的总趋势下有几处相反的情况（图 2-1）：当温度为 200～400℃时，夹杂物以沉淀的形式在晶界、滑移面

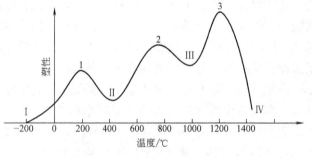

图 2-1　碳钢塑性随温度变化曲线

析出，产生沉淀硬化，使变形抗力增加，塑性降低，这一温度范围称为冷脆区（或蓝脆区）；当温度为 800～950℃时，又会出现热脆区，使塑性降低，这和铁与硫形成的化合物 FeS 几乎不溶于固体铁，在晶界形成低熔点（910℃）的共晶体（FeS—FeO）有关；当温度超过1250℃后，由于发生过热、过烧，塑性又会急剧下降，这个区称为高温脆区。

总之，为了提高材料的变形程度，减小材料的变形抗力，在确定变形温度时，必须根据不同材料的温度—力学性能曲线、加热对材料可能产生的不利影响（如氢脆、晶间腐蚀、氧化、脱碳等），以及材料的变形性质做出正确的选择。

2. 应变速率

应变速率是指单位时间内应变的变化量。一般来说，由于塑性变形需要一定的时间来进行，因此当应变速率太大时，塑性变形来不及在塑性变形体中充分扩展和完成，而是更多地表现为弹性变形，致使变形抗力增大。又由于断裂抗力基本不受应变速率的影响，所以变形抗力的增大就意味着塑性的下降，如图 2-2 所示，高速下的极限变形程度 δ_1 显然小于低速时的 δ_2。

实际上，应变速率对金属塑性和变形抗力的影响是比较复杂的，既有使金属塑性降低的一面，也有使金属塑性增加的一面。温度效应在此间起了很大的作用。温度效应是指塑性变形过程中所产生的热量使变形体温度升高的现象。温度变化对金属塑性和变形抗力的影响如前所述。

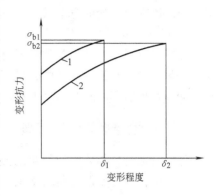

图 2-2　应变速率对变形抗力和
塑性的影响示意图
1—高速　2—低速

因此，分析应变速率对金属塑性和变形抗力的影响时，必须考虑变形温度大小、温度效应强弱等因素的综合作用。对冷变形而言，一般随着应变速率的增加，开始时塑性略有下降，以后由于温度效应的增强，塑性会有较大的回升。

压力机滑块的移动速度越高，则工件的应变速率越大。因此在实际应用中，可依据上述影响规律来选用塑性成形设备的工作速度。通常是：

1）对于形状简单的小零件，因为变形程度小，一般可以不考虑速度因素，只需考虑设备的构造、公称压力、功率等。

2）对于大型复杂零件的冲压成形，宜用低速压力机。因为大尺寸复杂零件成形时，坯料各部分的变形程度差异很大，使用低速压力机有利于减小应变速率的分布宽度，维持较低的变形速度，从而保证坯料整体塑性良好。

3）对于加热成形工序，如加热拉深、加热缩口等，为了使坯料中的已变形区域能及时冷却强化，宜用低速。

4）对于应变速率比较敏感的材料，如不锈钢、耐热合金、钛合金等，加载速度不宜超过 0.25m/s。

3. 应力、应变状态

塑性变形是在力的作用下产生的，宏观上是力与塑性变形的关系，实际上是变形体微观质点应力和应变状态关系的表现。施加不同形式的力，在变形体中就有不同的应力状态和应变状态，从而表现出不同的塑性变形行为。

应力状态对金属的塑性有很大的影响，主要取决于主应力状态下静水压力的大小，静水压力越大，亦即压应力的个数越多、数值越大，金属表现出的塑性越好。相反，如拉应力的个数越多、数值越大，即静水压力越小，则金属的塑性越差。

在主应力状态中，静水应力 $\left(\sigma_{\mathrm{m}}=\dfrac{\sigma_1+\sigma_2+\sigma_3}{3}\right)$ 的绝对值越大，则变形体的变形抗力越大。

应变状态对金属的塑性也有一定的影响。在主应变状态中，压应变的成分越多，拉应变的成分越少，越有利于材料塑性的发挥；反之，越不利于材料塑性的发挥。这是因为材料的裂纹与缺陷在拉应变的方向易于暴露和扩展，沿着压应变的方向则不易暴露和扩展。

4. 尺寸因素

同一种材料，在其他条件相同时，尺寸越大，塑性越差，变形抗力越小。这是因为材料的尺寸越大，其组织和化学成分越不均匀，且内部缺陷也越多，应力分布也不均匀。例如，厚板冲裁产生剪裂纹时凸模挤入板料的深度与板料厚度的比值比薄板冲裁时小。

二、塑性变形体积不变条件

弹性变形时，物体体积的变化与平均应力成正比。实践证明，发生塑性变形的物体的体积保持不变，塑性变形以前的体积等于其变形后的体积，可表示为

$$\varepsilon_1 + \varepsilon_2 + \varepsilon_3 = 0 \tag{2-1}$$

式中，ε_1、ε_2、ε_3 为塑性变形时的三个主应变分量。

式(2-1)称为塑性变形体积不变条件，它反映了三个塑性主应变值之间的相互关系。由体积不变条件可以看出，主应变图只可能有三类 (图2-3)：①具有一个正应变及两个负应变；②具有一个负应变及两个正应变；③一个主应变为零，另两个应变的大小相等符号相反。

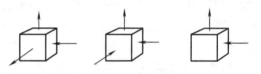

图2-3　主应变图

三、塑性条件(屈服准则)

受力物体是否进入塑性变形，是由其内在的物理性能和一定的外部变形条件(变形温度、变形速率、力学条件等)所决定的，塑性条件是指受力物体内不同应力状态下的质点进入塑性状态并使塑性变形继续进行所需遵守的条件，也称为屈服准则。塑性条件用该质点各应力分量之间应满足的关系式来描述。常用的两个塑性条件是屈雷斯加(H. Tresca)准则和米塞斯(Von Mises)准则。

屈雷斯加屈服准则的数学表达式是

$$\tau_{max} = \left| \frac{\sigma_{max} - \sigma_{min}}{2} \right| = \frac{\sigma_s}{2} \tag{2-2}$$

式中，τ_{max} 为质点的最大切应力；σ_{max}、σ_{min} 为代数值最大、最小的主应力；σ_s 为金属在一定的变形温度、变形速度下的屈服强度。

亦即当受力物体内质点的最大切应力达到材料单向拉伸时屈服强度 σ_s 的一半时，该点就发生屈服。或者说，材料(质点)处于塑性状态时，其最大切应力等于 σ_s 的一半。所以屈雷斯加屈服准则又称为最大切应力不变条件。

米塞斯屈服准则的数学表达式是

$$(\sigma_1 - \sigma_2)^2 + (\sigma_2 - \sigma_3)^2 + (\sigma_3 - \sigma_1)^2 = 2\sigma_s^2 \tag{2-3}$$

或

$$\bar{\sigma} = \frac{1}{\sqrt{2}}\sqrt{(\sigma_1 - \sigma_2)^2 + (\sigma_2 - \sigma_3)^2 + (\sigma_3 - \sigma_1)^2} = \sigma_s \tag{2-4}$$

式中，σ_1、σ_2、σ_3 为质点的三个主应力。

即当受力物体内质点的等效应力 $\bar{\sigma}$ 达到材料单向拉伸时的屈服强度 σ_s 时，该点就发生

屈服。米塞斯屈服准则也称为能量准则。

若用修正系数来考虑中间主应力 σ_2 的影响，则米塞斯屈服准则可以简写为

$$\sigma_1 - \sigma_3 = \beta \sigma_s \tag{2-5}$$

式中，β 为中间主应力影响系数，或称应力修正系数，其值在 $1 \sim 1.155$ 范围内。

在单向应力及轴对称应力状态（$\sigma_2 = \sigma_3$）时，$\beta = 1$；在纯切状态和平面应变状态时，$\beta = 1.155$；对于一般情况，受力物体内各点的应力状态不同，β 当凭经验选取，如无法判别时，可取 $\beta = 1.1$。

四、塑性变形时应力与应变的关系

物体发生弹性变形时，应力与应变成线性关系，变形过程是可逆的，与变形物体的加载过程无关，应力和应变之间的关系可以通过广义胡克定律来表示。而发生塑性变形时，应力与应变的关系是非线性的，变形过程是不可逆的，与应变历程有关，其应力与应变之间的关系不是单值的关系。

针对加载过程的每一瞬间，可采用增量理论来描述塑性变形的应力与应变增量之间的关系。增量理论又称流动理论，可表述如下：在每一加载瞬间，应变增量主轴与应力主轴重合，应变增量与应力偏量成正比，即

$$\frac{d\varepsilon_1}{\sigma_1 - \sigma_m} = \frac{d\varepsilon_2}{\sigma_2 - \sigma_m} = \frac{d\varepsilon_3}{\sigma_3 - \sigma_m} = d\lambda \tag{2-6}$$

式中，$d\lambda$ 为瞬时常数，在加载的不同瞬时是变化的；σ_m 为平均主应力（静水应力）。

增量理论仅适用于理想刚塑性材料，虽然比较严密，但在解决实际问题时颇为不便。因此，专业学者又相继提出了全量理论（也称形变理论）。全量理论认为，在比例加载（也称简单加载，是指在加载过程中所有外力从一开始起就按同一比例增加）的条件下，无论变形体所处的应力状态如何，应变偏张量各分量与应力偏张量各分量成正比，即

$$\frac{\varepsilon_1 - \varepsilon_m}{\sigma_1 - \sigma_m} = \frac{\varepsilon_2 - \varepsilon_m}{\sigma_2 - \sigma_m} = \frac{\varepsilon_3 - \varepsilon_m}{\sigma_3 - \sigma_m} = \lambda \tag{2-7}$$

由于塑性变形时体积不变，即 $\varepsilon_m = 0$，所以上式可写成

$$\frac{\varepsilon_1}{\sigma_1 - \sigma_m} = \frac{\varepsilon_2}{\sigma_2 - \sigma_m} = \frac{\varepsilon_3}{\sigma_3 - \sigma_m} = \lambda \tag{2-8}$$

式中，λ 为比例系数，它与材料性质和加载历程有关，而与物体所处的应力状态无关。

在塑性成形中，由于难以普遍保证比例加载，所以一般都采用增量理论来分析和解决问题；全量理论一般用来研究小变形问题。对于塑性变形的某一瞬间，变形体的形状、尺寸及性能的变化可以看做是一次小变形，也就是说，在研究瞬间塑性变形时，可以认为小变形全量理论和增量理论是等效的。此外，对于冲压成形中非简单加载的大变形问题，只要变形过程中是连续加载，应力主轴方向变化不太大，主轴大小次序基本不变，运用全量理论也能得到较好的计算结果。也就是说，在冲压成形的工程计算中，只要加载过程近似于简单加载，就可以引用全量理论式。

利用全量理论式，并结合塑性变形体积不变定律，可以对塑性变形体中某些特定的、有代表性的点的应变和应力的性质做出大致的定性分析，例如：

1）可根据偏应力（$\sigma_i - \sigma_m$）的正负来判断某个方向的主应变的正负。当某个方向的偏应

力为正值时，则该方向的主应变也为正值；反之，亦然。

2）若某点的主应力的顺序为 $\sigma_1 \geqslant \sigma_2 \geqslant \sigma_3$，则该点主应变的顺序为 $\varepsilon_1 \geqslant \varepsilon_2 \geqslant \varepsilon_3$，且 $\varepsilon_1 > 0$，$\varepsilon_3 < 0$。

3）当变形体处于三向等拉或三向等压的应力状态（即 $\sigma_1 = \sigma_2 = \sigma_3 = \sigma_m$）时，不会产生任何塑性变形（即 $\varepsilon_1 = \varepsilon_2 = \varepsilon_3 = 0$）。

4）当变形体处于单向拉应力状态（即 $\sigma_1 > 0$，$\sigma_2 = \sigma_3 = 0$）时，$\varepsilon_1 > 0$，$\varepsilon_2 = \varepsilon_3 = -\varepsilon_1/2$。当变形体处于单向压应力状态（即 $\sigma_3 < 0$，$\sigma_1 = \sigma_2 = 0$）时，$\varepsilon_3 < 0$，$\varepsilon_1 = \varepsilon_2 = -\varepsilon_3/2$。

5）当变形体处于二向等拉的平面应力状态（即 $\sigma_1 = \sigma_2 > 0$，$\sigma_3 = 0$）时，$\varepsilon_1 = \varepsilon_2 = -\varepsilon_3/2$。

6）当变形体处于平面应变状态（即 $\varepsilon_3 = -\varepsilon_1$，$\varepsilon_2 = 0$）时，其第二主应力 $\sigma_2 = \sigma_m = (\sigma_1 + \sigma_3)/2$。

五、冷冲压成形中的硬化现象

一般常用的金属材料，在冷塑性变形时会产生加工硬化现象。材料不同，变形条件不同，其加工硬化的程度也就不同，图2-4是几种材料在常温静载条件下的加工硬化曲线（实际应力—应变曲线）。加工硬化使材料的所有强度、硬度指标增加，同时使塑性指标降低。

加工硬化对冲压成形有较大的影响，由于材料的变形抗力增大，塑性下降，使需要大变形量的冲压件无法一次成形，增加了退火工序。但在单道冲压成形工序中，加工硬化可以促使变形扩展，避免过大的局部集中变形，有利于提高变形的均匀性，从而增大成形极限。所以说，对塑性变形而言，加工硬化有不利的一面，也有有利的一面。因此，在对变形体进行力学分析，确定各种工艺参数和处理生产实际问题时，必须了解材料的硬化规律。

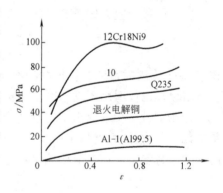

图2-4 几种材料的硬化曲线

由图2-4可知，不同材料的硬化曲线差别很大，而且实际应力与应变之间的关系又很复杂，所以不能用一个函数形式把它们精确地表示出来。为了实用上的需要，在塑性力学中经常采用直线和指数曲线来近似代替实际硬化曲线，图2-5所示为四种简化类型。其中图2-5c是刚塑性硬化直线，其函数式为

$$\sigma = \sigma_s + D\varepsilon \tag{2-9}$$

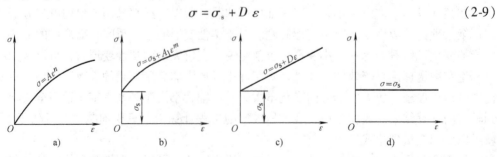

图2-5 硬化曲线的简化类型

a）幂指数硬化曲线 b）刚塑性硬化曲线 c）刚塑性硬化直线 d）理想刚塑性水平直线

式中，σ_s 为屈服应力(硬化直线在纵坐标轴上的截距)；D 为硬化模数(硬化直线的斜率)。

图 2-5a 是幂指数硬化曲线，其函数式为

$$\sigma = A\,\varepsilon^n \tag{2-10}$$

式中，A 为强度系数；n 为硬化指数。

A 和 n 取决于材料的种类和性能，可通过拉伸试验求得，其值列于表 2-1。指数曲线和材料的实际硬化曲线比较接近。

硬化指数 n 是表明材料冷变形时硬化性能的重要参数，也称 n 值。n 值大时，表示在冷变形过程中材料的变形抗力随变形程度的增加而迅速地增大。n 值对板材的冲压成形性能以及制件的质量都有较为重要的影响。

表 2-1　各种材料的 A 与 n 值

材　　料	A/MPa	n	材　　料	A/MPa	n
软钢	710～750	0.19～0.22	银	470	0.31
黄铜($\sigma_b = 400\text{MPa}$)	990	0.46	铜	420～460	0.27～0.34
黄铜($\sigma_b = 350\text{MPa}$)	760～820	0.39～0.44	硬铝	320～380	0.12～0.13
磷青铜	1100	0.22	铝	160～210	0.25～0.27
磷青铜(低温退火)	890	0.52			

六、塑性拉伸失稳及极限应变

1. 塑性拉伸失稳的概念

一般来说，材料的塑性是有限的。当拉伸变形达到某一量之后，便开始失去稳定，产生缩颈，继而发生破裂，这就是所谓的塑性拉伸失稳。在单向拉伸试验中，表现为拉力载荷随变形程度的增大而不断降低，如图 2-6 单向拉伸曲线中的 b—d 段所示。

拉伸失稳一般可分为分散失稳和集中失稳两种。分散失稳出现在缩颈刚开始的阶段，由于材料性能等因素不均匀与应变硬化的相互作用，使缩颈能在一定的变形区段内交替产生，不断转移，这时材料处于亚稳定流动状态。由于缩颈的变形程度很小，所以变形力虽开始

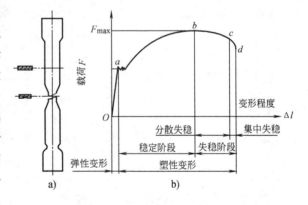

图 2-6　单向拉伸试验
a) 拉断后的试样　b) 试验曲线

下降，但比较缓慢，如图 2-6 中的 b—c 段所示。集中失稳出现于缩颈的后期，此时硬化引起的应力增长率小于承载面积的减小速度，因此缩颈点不再转移，而是集中在一个狭窄区域，这时材料处于不稳定流动状态，集中缩颈导致承载面积急剧减小，变形力也就急剧下降，很快便使变形板料产生破裂，如图 2-6 中的 c—d 段所示。

2. 单向拉伸缩颈的条件及极限应变

(1) 分散性缩颈　板料单向拉伸时，瞬时载荷为

$$F = \sigma_1 A$$

式中，σ_1 为实际应力；A 为板料的瞬时断面积。

微分上式，得
$$dF = A d\sigma_1 + \sigma_1 dA$$

板料开始产生分散性缩颈时，其拉力达到最大值，即 $dF = 0$，所以由上式可得

$$\frac{d\sigma_1}{\sigma_1} = -\frac{dA}{A} \tag{2-11}$$

依据体积不变条件，有
$$A_0 l_0 = Al$$

微分上式，得
$$-\frac{dA}{A} = \frac{dl}{l} = d\varepsilon_1 \tag{2-12}$$

将式（2-12）代入式（2-11），可得单向拉伸失稳条件为

$$\frac{d\sigma_1}{d\varepsilon_1} = \sigma_1 \tag{2-13}$$

式（2-13）表明：当单向拉伸实际应力—应变曲线的斜率与此刻的拉应力相等时，试件开始产生缩颈失稳。

设材料的实际应力—应变曲线符合幂指数关系式（2-10），即 $\sigma = A\varepsilon^n$，则求导可得斜率为

$$\frac{d\sigma}{d\varepsilon} = An\varepsilon^{n-1} \tag{2-14}$$

由式（2-10）、式（2-13）、式（2-14），可求得单向拉伸出现分散性缩颈时的最大伸长应变为

$$\varepsilon_{1b} = n \tag{2-15}$$

亦即：出现拉伸分散性缩颈时，板料的最大伸长应变值恰好等于板料的硬化指数。

（2）集中性缩颈条件　根据 Hill 理论，当板料的应力变化率等于厚度的减薄率时，此处的变形不能向外转移，便开始产生集中性缩颈。这就是产生集中性缩颈的条件，可表达为

$$\frac{d\sigma_1}{\sigma_1} = -\frac{dt}{t} = -d\varepsilon_3 \tag{2-16}$$

对各向同性材料单向拉伸时
$$d\varepsilon_1 = -2d\varepsilon_2 = -2d\varepsilon_3 \tag{2-17}$$

代入式（2-16）得
$$\frac{d\sigma_1}{\sigma_1} = \frac{1}{2} d\varepsilon_1 \tag{2-18}$$

同样，由式（2-10）、式（2-14）、式（2-18），可求得单向拉伸出现集中性缩颈时的最大伸长应变为

$$\varepsilon_{1d} = 2n \tag{2-19}$$

3. 双向拉伸缩颈的条件及极限应变

图 2-7 是板料双向拉伸示意图，设板料原始的长度、宽度和厚度分别为 a_0、b_0 和 t_0；变形过程中的瞬时长度、宽度和厚度分别是 a、b 和 t，则 $a = a_0 e^{\varepsilon_1}$、$b = b_0 e^{\varepsilon_2}$、$t = t_0 e^{\varepsilon_3}$。所以，板平面内两个方向的拉力载荷分别为

$$F_1 = bt\sigma_1 = b_0 t_0 e^{\varepsilon_2 + \varepsilon_3} \sigma_1 = b_0 t_0 e^{-\varepsilon_1} \sigma_1 \tag{2-20}$$

$$F_2 = at\sigma_2 = a_0 t_0 e^{\varepsilon_1 + \varepsilon_3} \sigma_2 = a_0 t_0 e^{-\varepsilon_2} \sigma_2 \tag{2-21}$$

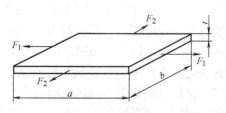

图 2-7　板料双向拉伸

（1）缩颈条件　板料开始产生分散性缩颈失稳时，$dF_1 = 0$，$dF_2 = 0$，类似于单向拉伸时的情况，对式（2-20）、式（2-21）求导，可得到双向拉伸时的分散性失稳条件为

$$\left.\begin{array}{l} \dfrac{d\sigma_1}{d\varepsilon_1} = \sigma_1 \\[2mm] \dfrac{d\sigma_2}{d\varepsilon_2} = \sigma_2 \end{array}\right\} \tag{2-22}$$

与单向拉伸一样，产生集中性缩颈的条件是：板料的应力变化率与厚度的减薄率相等，表达式为

$$\left.\begin{array}{l} \dfrac{d\sigma_1}{\sigma_1} = -\dfrac{dt}{t} = -d\varepsilon_3 \\[2mm] \dfrac{d\sigma_2}{\sigma_2} = -\dfrac{dt}{t} = -d\varepsilon_3 \end{array}\right\} \tag{2-23}$$

（2）失稳极限应变　假设：

1）平面应力状态，$\sigma_1 \geqslant \sigma_2 \geqslant 0$，$\sigma_3 = 0$。

2）简单加载，$\sigma_2 = \alpha\sigma_1$，$\varepsilon_2 = \beta\varepsilon_1$；板料冲压成形时，常用应变比 β 表示板料的应变路径，在简单加载条件下对于各向同性材料，β 与 α 有以下关系：

$$\beta = \frac{2\alpha - 1}{2 - \alpha}$$

3）板料的硬化曲线符合幂指数函数，即

$$\bar{\sigma} = A\,\bar{\varepsilon}^{\,n}, \tag{2-24}$$

式中，$\bar{\sigma}$ 为等效应力，平面应力状态下

$$\bar{\sigma} = \sqrt{\sigma_1^2 - \sigma_1\sigma_2 + \sigma_2^2} = \sigma_1\sqrt{1 - \alpha + \alpha^2} \tag{2-25}$$

$\bar{\varepsilon}$ 为等效应变，根据全量理论可导出

$$\bar{\varepsilon} = \frac{2\varepsilon_1\sqrt{1 - \alpha + \alpha^2}}{2 - \alpha} = \frac{2\varepsilon_2\sqrt{1 - \alpha + \alpha^2}}{1 - 2\alpha} = \frac{2\varepsilon_3\sqrt{1 - \alpha + \alpha^2}}{1 + \alpha} \tag{2-26}$$

微分式（2-25）得

$$d\bar{\sigma} = \frac{\partial\bar{\sigma}}{\partial\sigma_1}d\sigma_1 + \frac{\partial\bar{\sigma}}{\partial\sigma_2}d\sigma_2 = \frac{\sigma_1 d\sigma_1}{2\bar{\sigma}}(2 - \alpha) - \frac{\sigma_1 d\sigma_2}{2\bar{\sigma}}(1 - 2\alpha) \tag{2-27}$$

微分式（2-26），可得

$$d\bar{\varepsilon} = \frac{2\bar{\sigma}d\varepsilon_1}{\sigma_1(2 - \alpha)} \tag{2-28}$$

$$d\bar{\varepsilon} = \frac{2\bar{\sigma}d\varepsilon_2}{\sigma_1(2\alpha - 1)} \tag{2-29}$$

$$d\bar{\varepsilon} = \frac{2\bar{\sigma}d\varepsilon_3}{\sigma_1(1 + \alpha)} \tag{2-30}$$

用式（2-28）和式（2-29）分别去除以式（2-27）右边的两项，可得塑性变形时的等效应力变化率为

$$\frac{d\bar{\sigma}}{d\bar{\varepsilon}} = \frac{(2 - \alpha)^2\dfrac{d\sigma_1}{d\varepsilon_1} + (2\alpha - 1)^2\dfrac{d\sigma_2}{d\varepsilon_2}}{4(1 - \alpha + \alpha^2)} \tag{2-31}$$

将式（2-27）除以式（2-30），可得塑性变形时的等效应力变化率为

$$\frac{d\bar{\sigma}}{d\bar{\varepsilon}} = \frac{(1+\alpha)\left[(2-\alpha)\dfrac{d\sigma_1}{d\varepsilon_3} + (2\alpha-1)\dfrac{d\sigma_2}{d\varepsilon_3}\right]}{4(1-\alpha+\alpha^2)} \tag{2-32}$$

微分式(2-24)，可得塑性变形时的硬化率为

$$\frac{d\bar{\sigma}}{d\bar{\varepsilon}} = \frac{n\bar{\sigma}}{\bar{\varepsilon}} = \frac{n\sigma_1\sqrt{1-\alpha+\alpha^2}}{\bar{\varepsilon}} \tag{2-33}$$

令式(2-31)等于式(2-33)，并将表示分散性缩颈条件的式(2-22)代入，可得双向拉伸时板料发生分散性缩颈失稳时的极限等效应变为

$$\bar{\varepsilon}_d = \frac{4(1-\alpha+\alpha^2)^{2/3}}{(1+\alpha)(4-7\alpha+4\alpha^2)}n \tag{2-34}$$

令式(2-32)等于式(2-33)，并将表示集中性缩颈条件的式(2-23)代入，可得双向拉伸时板料发生集中性缩颈失稳时的极限等效应变为

$$\bar{\varepsilon}_l = \frac{2(1-\alpha+\alpha^2)^{1/2}}{1+\alpha}n \tag{2-35}$$

当 $0 \leqslant \alpha \leqslant 0.5$ 时，主要为集中失稳，将式(2-35)代入式(2-26)，可得极限应变为

$$\bar{\varepsilon}_{1l} = \frac{2-\alpha}{1+\alpha}n \tag{2-36}$$

$$\bar{\varepsilon}_{2l} = \frac{2\alpha-1}{1+\alpha}n \tag{2-37}$$

当 $0.5 < \alpha \leqslant 1$ 时，主要为分散失稳，将式(2-34)代入式(2-26)，可得极限应变为

$$\bar{\varepsilon}_{1d} = \frac{2(2-\alpha)(1-\alpha+\alpha^2)}{(1+\alpha)(4-7\alpha+4\alpha^2)}n \tag{2-38}$$

$$\bar{\varepsilon}_{2d} = \frac{2(2\alpha-1)(1-\alpha+\alpha^2)}{(1+\alpha)(4-7\alpha+4\alpha^2)}n \tag{2-39}$$

以上是关于板料塑性拉伸失稳极限应变的理论推导，从其结果可以看出，单向拉伸失稳时的极限应变主要取决于材料的硬化指数 n，而双向拉伸失稳时的极限应变还与应力比 α 有关。上面的推导过程均假设板料各向同性，事实上大多数冲压板料都是各向异性的，所以板料的失稳极限应变还与其各向异性情况以及应力主轴的方向有关。

板料冲压成形时，坯料内部的应力和应变状态一般是不均匀且不断变化的，因此，研究板料塑性拉伸失稳条件及极限应变，对分析解决冲压成形工艺问题有直接的指导意义。

第二节　冷冲压材料及其冲压成形性能

一、板料的冲压成形性能

冲压所用的材料，不仅要满足产品设计的技术要求，还应当满足冲压工艺的要求和冲压后的加工要求(如切削加工、电镀、焊接等)。

板料对冲压成形工艺的适应能力称为板料的冲压成形性能。材料的冲压成形性能好，就是指其便于冲压加工，一次冲压工序的极限变形程度和总的极限变形程度大，生产率高，容易得到高质量的冲压件，模具寿命长等。由此可见，冲压成形性能是一个综合性的概念，它

涉及的因素很多，但其主要内容有两个方面：一是成形极限；二是成形质量。成形极限与成形质量也正是冲压工艺与冲模设计所要研究的两个核心课题。

1. 成形极限

在冲压成形过程中，材料的最大变形限度称为成形极限。其影响因素很多，如材料性能、零件和冲模的几何形状与尺寸、变形条件（变形速度、压边力、摩擦和温度等），以及冲压设备的性能和操作水平等。对于不同的成形工序，成形极限是采用不同的极限变形参数来表示的，而极限变形参数的值是由冲压成形的失效与否来界定的。冲压成形失效实际上是塑性变形失稳在冲压工序中的具体表现，其形式可归结为两大类：一类是拉伸失效，表现为坯料局部出现过度变薄或破裂；一类是受压失效，表现为板料产生失稳起皱。图2-8所示为起皱与破裂的实例。在复杂冲压件的成形中，这两类缺陷可能同时出现。因此，从材料方面来看，为了提高成

图2-8 起皱与破裂的实例

形极限，就必须提高材料的塑性指标和增强抗拉、抗压的能力。若材料已确定，从冲压工艺参数的角度来看，为了不影响成形过程正常进行（不起皱、不破裂），就必须限制其成形极限。

当变形坯料板平面内两个方向的应变之和大于0，而板厚方向的应变小于0时，称为伸长类变形（如胀形、扩口、翻孔等）。当变形坯料板平面内两个方向的应变之和小于0，而板厚方向的应变大于0时，称为压缩类变形（如拉深、缩口等）。伸长类变形的极限变形参数主要取决于材料的塑性；压缩类变形的极限变形参数通常是受坯料传力区的承载能力的限制，有时则受变形区或传力区的抗失稳起皱能力的限制。

2. 成形质量

冲压件的质量包含尺寸精度、形状精度、厚度变化、表面质量，以及成形后材料的物理、力学性能等方面的内容。影响冲压件质量的因素是多方面的，从材料方面看，主要有以下因素。

1）板料的贴模性，指板料在冲压过程中取得模具形状的能力，成形过程中发生的内皱、翘曲、塌陷和鼓起等几何面缺陷均会使贴模性降低。

2）板料的定形性（也叫冻结性），指零件脱模后保持其在模内既得形状的能力。回弹是影响定形性的最主要因素。当载荷卸除后，材料的弹性回复会造成制件的尺寸和形状偏离模具，从而影响制件的尺寸和形状精度。

3）板料性能的各向异性，特别是板平面方向与板厚方向的性能差异的大小，是影响冲压成形后板厚变化的重要因素。

4）板料表面的原始状态、晶粒大小、冲压时材料粘模的情况等都将影响工件的表面质量。原材料的表面状态直接影响工件的表面质量；晶粒粗大的钢板拉深时产生所谓"橘子皮"样的缺陷（图2-9）；冲压易于粘模的材料，则会擦伤冲

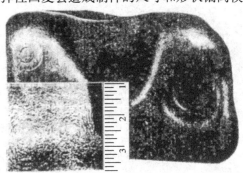

图2-9 表面橘皮状

件并降低模具寿命。

5）板料的加工硬化性能，以及变形的均匀性，直接影响成形后材料的物理、力学性能。

二、板料冲压成形性能的测定

板料的冲压成形性能可以通过试验进行测定与评价。试验的方法通常可分为三类，即力学试验、金属学试验和工艺试验。工艺试验是指模拟某一类实际成形方式中的应力状态和变形特点来成形小尺寸试样的板料冲压试验，所以工艺试验也称为模拟试验。用工艺试验可以直接测得被测板料的某种极限变形程度，而该极限变形程度即反映此板料对应于这类成形方式的冲压成形性能，所以又称为直接试验。下面简要介绍几种常用的工艺试验方法。

（1）胀形试验　也称杯突试验（Erichsen 试验），图 2-10 是 GB/T 4156—2007 "金属杯突试验方法" 的示意图。试验时，将 90mm × 90mm 的试样或宽度为 90mm 的条料试样放在凹模与压边圈之间压死（压边力取 10kN），凸模向上运动，使试样在凹模内胀成凸包，至凸包刚好破裂时，测出凸模压入的深度，记作杯突试验值 IE。杯突试验是模拟胀形工艺，所以试验值 IE 可作为材料的胀形成形性能指标，也是评定伸长类冲压成形性能的一个材料特性值。IE 值越大，胀形成形性能及拉伸类成形性能越好。

但是，IE 值的影响因素很多，如板料的厚度、压边力大小、润滑条件及模具的表面粗糙度等对它都有影响。此外，试验设备的不同、操作方法不同，以及对裂缝判断的差异等都会影响试验的结果。

（2）扩孔试验　测定或评价板料扩孔成形性能时，常采用圆柱形平底凸模扩孔试验（KWI 扩孔试验）。图 2-11 是 GB/T 15825.4—2008 "金属薄板成形性能与试验方法　第 4 部分：扩孔试验" 的示意图。试验时，将试样放在凹模与压边圈之间压死，凸模向上运动，把试样中心孔 D_0 胀大，直至孔缘局部发生破裂时，测得此时孔径的最大值 D_{hmax} 和最小值 D_{hmin}，并用下式计算极限扩孔率 λ 作为扩孔成形性能指标。

$$\lambda = \frac{D_h - D_0}{D_0} \times 100\% \quad (2\text{-}40)$$

式中，D_0 为试样中心孔的初始直径

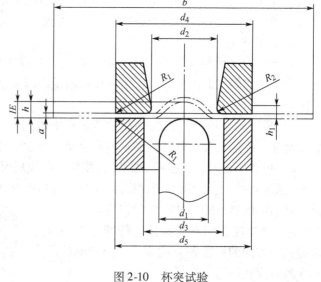

图 2-10　杯突试验

（mm）；D_h 为孔缘破裂时的孔径平均值（mm），$D_h = \frac{1}{2}(D_{hmax} - D_{hmin})$。

λ 越大，扩孔成形性能越好，扩孔试验参数按表 2-2 选择。

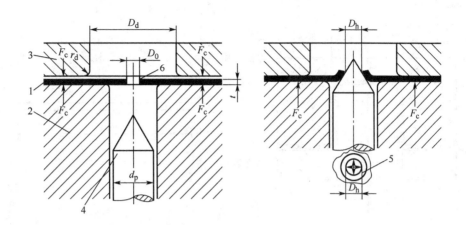

图 2-11 扩孔试验

1—试样 2—压边圈 3—凹模 4—锥头凸模 5—裂纹 6—毛刺

表 2-2 扩孔试验参数 （单位：mm）

| 板料基本厚度 t_0 | 凸 模 | | 凹 模 | | 中心孔初始直径 D_0 | 导料销直径 d' | 圆试样直径或方试样边长 |
	直径 d_p	圆角半径 r_p	内径 D_d	圆角半径 r_d			
0.20 ~ 1.00	$25_{-0.05}^{0}$	3 ± 0.1	$27_{0}^{+0.05}$	1 ± 0.1	$7.5_{0}^{+0.05}$	$7.5_{-0.05}^{0}$	≥45 <70
>1.00 ~ 2.00	$40_{-0.05}^{0}$	5 ± 0.1	$44_{0}^{+0.05}$	1 ± 0.1	$12_{0}^{+0.05}$	$12.0_{-0.05}^{0}$	≥70
>1.00 ~ 4.00	$55_{-0.05}^{0}$	8 ± 0.1	$63_{0}^{+0.05}$	1 ± 0.1	$16.5_{0}^{+0.05}$	$16.5_{-0.05}^{0}$	≥100

（3）拉深性能试验 测定或评价板料拉深成形性能主要有下面几种试验方法。

1）拉楔试验。如图 2-12 所示，拉楔试验模拟拉深变形区的应力和变形状态，将楔形板料试样拉过模口，在模壁压缩下使之成为等宽的矩形板条，在试样不断裂的条件下，b/B 越小，拉深性能越好。

2）冲杯试验。也称 Swift 拉深试验、LDR 试验，它采用 $\phi50$mm 的平底凸模将试样拉深成形，图 2-13 是 GB/T 15825.3—2008 "金属薄板成形性能与试验方法 第 3 部分：拉深与拉深载荷试验"的示意图。试验过程中，采用逐级增大试件直径 D_0（直径相差 1.25mm）的办法，测定杯体底部不被拉破而又能将凸缘全部拉入凹模的最大试样直径 $(D_0)_{max}$，并用下式计算极限拉深比（LDR）作为拉深成形性能指标。

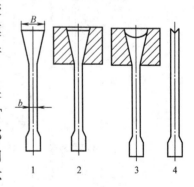

图 2-12 拉楔试验

$$LDR = \frac{(D_0)_{max}}{d_p}$$

(2-41)

式中，d_p 为凸模直径。

LDR 越大，材料的拉深性能越好。

冲杯试验能比较直接地反映板材的拉深成形性能，但也受试验条件（如间隙、压边及润

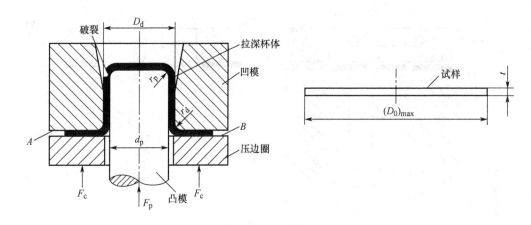

图 2-13　冲杯试验

滑等)的影响，使试验结果的可靠性有所降低。它的最大缺点是需要制备较多的试件、经过多次试验。

3) 拉深力对比试验。也称 TZP 法，图 2-14 是 GB/T 15825.2—2008 "金属薄板成形性能与试验方法　第 2 部分：通用试验规程" 的示意图。这种试验方法是由 W. Engelhardt 和 H. Gross 开发的。其试验原理是：在一定的拉深变形程度下(取毛坯直径 D_0 与冲头直径 d_p 的比值 $D_0/d_p = 52/30$)，将最大拉深力与在试验中已经成形的试件侧壁的拉断力之间的关系作为判断拉深成形性能的依据。

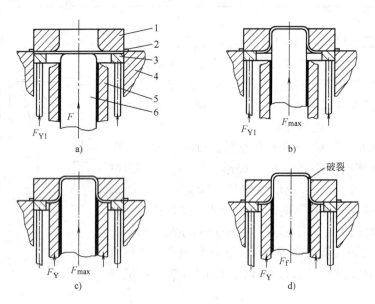

图 2-14　TZP 试验

a) 落料　b) 拉深　c) 夹紧　d) 破裂

1—凸凹模　2—板料　3—外压边圈　4—凹模　5—内压边圈　6—凸模

其特点之一是可一次试验成功。当试验进行到拉深力达到峰值 F_{max} 时，随即加大压边力，使试件的凸缘固定，排除以后继续变形和被拉入凹模的可能。然后，再加大冲头力直到试件侧壁被拉断，并测出拉断时的力 F。拉深试验中力的变化如图 2-15 所示。根据测得的最大拉深力 F_{max} 与试件最终被拉断的力 F 的数值，可得到一个表示板材拉深性能的材料特性值 T，T 值按下式计算，即

$$T = \frac{F - F_{max}}{F} \times 100\%$$

T 值越大，材料的拉深性能越好。

（4）弯曲试验　图 2-16 是 GB/T 15825.5—2008 "金　　图 2-15　拉深力的变化
属薄板成形性能与试验方法　第 5 部分：弯曲试验"示意图。弯曲试验采用压弯法或折叠弯曲，在逐渐减小凸模弧面半径 r_p 的条件下，测定试样外层材料不产生裂纹时的最小弯曲半径 r_{min}，将其与试样基本厚度 t_0 的比值$\left(\text{即最小相对弯曲半径} = \dfrac{r_{min}}{t_0}\right)$作为弯曲成形性能指标。最小相对弯曲半径越小，弯曲成形性能越好。

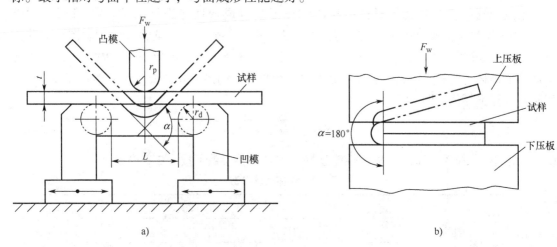

图 2-16　弯曲试验
a）压弯法　b）折叠弯曲

在压弯法试验中，最小弯曲半径

$$r_{min} = r_{pf} + \Delta r_p$$

式中，r_{pf} 为试样外层材料出现肉眼可见裂纹时的凸模弧面半径；Δr_p 为凸模弧面半径的级差，可取 1mm。

用压弯法试验时，如果最小规格的凸模弧面半径不能使试样外层材料产生肉眼可见的裂纹，则可先用压弯法将试样弯曲到 170° 左右，再对试样进行折叠弯曲，并按下述原则确定最小弯曲半径 r_{min}：

1）当试样外层材料出现肉眼可见的裂纹时，最小弯曲半径 r_{min} 等于最小规格的凸模弧面半径。

2）试样外层材料仍未出现肉眼可见的裂纹时，最小弯曲半径 $r_{min} = 0$。

（5）锥杯试验　这是由福井伸二提出的，所以也称福井锥杯试验。大部分空心件成形

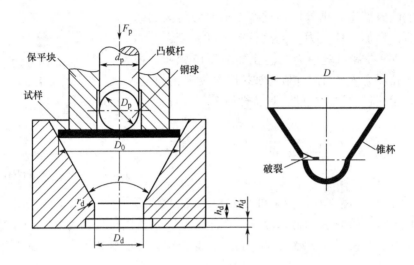

图2-17 锥杯试验

时，都是由凸缘区材料向内流动的拉深变形和传力区材料变薄的胀形变形复合而成的。本试验就是模拟这一变形特点，对板材拉深和胀形复合成形性能进行测试。图2-17是 GB/T 15825.6—2008 "金属薄板成形性能与试验方法 第6部分：锥杯试验"的示意图，取冲头直径 D_p 与试样直径 D_0 的比值为0.35。试验时，将试样平放在锥形凹模孔内，通过冲头把试样冲成锥杯，至杯底或其附近发生破裂时，测得杯口的最大外径 D_{max} 和最小外径 D_{min}，并用它们计算锥杯值，即 CCV 值

$$CCV = \frac{1}{2}(\overline{D}_{max} + \overline{D}_{min}) \tag{2-42}$$

CCV 值越小，"拉深—胀形"成形性能越好。锥杯试验参数可按表2-3选取。

表2-3 锥杯试验参数

名 称	模 具 类 型			
	I	II	III	IV
	试 验 厚 度 t/mm			
	$0.50 \leqslant t < 0.80$	$0.80 \leqslant t < 1.00$	$1.00 \leqslant t < 1.30$	$1.30 \leqslant t \leqslant 1.60$
钢球直径 D_p/mm	12.70	17.46	20.64	26.99
凸模杆直径 d_p/mm	$= D_p$	$= D_p$	$= D_p$	$= D_p$
试样直径 D_0/mm	36 ± 0.02	50 ± 0.02	60 ± 0.02	78 ± 0.02
凹模孔直端直径 D_d/mm	14.60 ± 0.02	19.95 ± 0.02	24.40 ± 0.02	32.00 ± 0.02
凹模过渡圆角半径 r_d/mm	3.0	4.0	6.0	8.0
凹模孔锥角 γ/(°)	60 ± 0.05	60 ± 0.05	60 ± 0.05	60 ± 0.05
凹模孔直端有效高度 h_d/mm	>20	>20	>25	>25
凹模孔直端开口高度 h'_d/mm	>5	>5	>5	>5

三、板料的基本性能与冲压成形性能的关系

板料基本性能指标，是指按国家有关标准规定的试验方法（包括力学试验和金属学试验）测定得到的通用性能指标。板料基本性能指标与冲压成形性能之间存在着密切的关系，通过对板料基本性能的分析，能够间接地判定其冲压成形性能，所以也将此类相关的试验称为板料冲压成形性能的间接试验法。例如，板材单向拉伸试验可得到的指标有伸长率 δ、均匀伸长率 δ_b、屈服伸长 δ_s、屈服强度 σ_s、抗拉强度 σ_b、屈强比 σ_s/σ_b、应变硬化指数 n、塑性应变比 r、凸耳参数 Δr、应变速率敏感系数 m 等。下面是一些较为重要的基本性能指标与冲压成形性能的关系。

1. 伸长率 δ

在单向拉伸试验中，试样开始产生局部集中变形（刚出现缩颈时）时的伸长率称为均匀伸长率，记作 δ_b。试样拉断时的伸长率称为总伸长率 δ，如图 2-18 所示。

δ_b 表示板料产生均匀变形或称稳定变形的能力。一般情况下，冲压成形都在板材的均匀变形范围内进行，故 δ_b 对冲压性能有较为直接的意义。在伸长类变形工序中，例如翻孔、扩口、弯曲（指外区）、胀形等工序中，δ_b 越大，则极限变形程度越大。

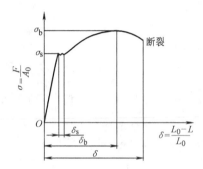

图 2-18 单向拉伸试验曲线

2. 屈服强度 σ_s

屈服强度 σ_s（图 2-18）小，材料容易屈服，成形后回弹小、贴模性和定形性较好。例如在弯曲工序中，若材料的 σ_s 低，则 σ_s/E 小，卸载时的回弹变形也小，这有利于提高弯曲件的精度。

屈服时的状态对零件表面质量也有影响。如果板料的拉伸曲线不连续，在屈服阶段出现台阶，则台阶长度称为屈服伸长 δ_s。板料在屈服伸长阶段的变形主要靠 Luder 带滑移。若板料 δ_s 较大，经过屈服伸长之后，表面就会出现明显的滑移线痕迹，导致零件出现粗糙的表观，给喷漆、涂镀等后续工序带来问题。底部曲面比较平坦、变形量不大的汽车车身板等零件最忌这种问题。屈服伸长经常出现在退火状态或发生过应变时效的沸腾钢板，使用压下量很小的光轧方法或多辊校平，可减小其数值。

3. 屈强比 σ_s/σ_b

屈强比 σ_s/σ_b 对板料冲压成形性能影响较大。σ_s/σ_b 小，即材料易产生塑性变形（需要较小的力），而又不容易产生破裂（需要较大的力），这对所有冲压成形都是有利的。

例如，对于拉深工艺，当材料的屈强比小时，即屈服强度 σ_s 低，则变形区的切向压应力较小，板料失稳起皱的趋势小，防止起皱所需的压料力和需要克服的摩擦力也相应减小，从而降低了总的变形抗力，也就减轻了传力区的载荷；而如果抗拉强度 σ_b 高，则传力区的承载能力大。所以说屈强比小有利于成形极限的提高。

4. 应变硬化指数 n

应变硬化指数 n 表示材料在冷塑性变形中材料硬化的程度。n 值大的材料，其硬化效应就大，这意味着在变形过程中材料局部变形程度的增加会使该处变形抗力较快增大，这样就可以补偿该处因截面积减小而引起的承载能力的减弱，制止了局部集中变形的进一步发展，

致使变形区扩展，从而使应变分布趋于均匀化，也就是提高了板料的局部抗失稳能力和板料成形时的总体成形极限。

材料的屈强比与应变硬化指数之间有一定的关系，当材料的种类相同，而且伸长率也相近时，σ_s/σ_b 较小，则 n 值较大，所以有时可以简便地用 σ_s/σ_b 代替 n 值来表示材料在伸长类变形工艺中的冲压性能。

n 值的测定方法见 GB/T 5028—2008 "金属材料　薄板和薄带　拉伸应变硬化指数（n 值）的测定"。

5. 塑性应变比 r

塑性应变比是指板料试样单向拉伸时，宽向应变 ε_b 与厚向应变 ε_t 之比（又称板厚方向性系数），即

$$r = \frac{\varepsilon_b}{\varepsilon_t} = \frac{\ln \dfrac{b}{b_0}}{\ln \dfrac{t}{t_0}}$$

式中，b_0、b、t_0、t 分别为变形前后试样的宽度与厚度。

r 值的大小反映了板平面方向和厚度方向变形的难易程度。r 值越大，表明板平面方向上越容易变形，而厚度方向上较难变形。对于伸长类成形，板料的变薄量小，有利于成形质量的提高；对于拉深成形，毛坯的径向收缩变形容易，不易起皱，压料力减小，并且拉深力也小，传力区不容易拉破，使拉深极限变形程度增大。所以板料的 r 值大，则其拉深成形性能好。

对于轧制板材，因平行纤维方向与垂直纤维方向的力学性能不同，故从不同方向所取试样测得的 r 值也就不同。为便于应用，常用下式计算板厚方向性系数的平均值 $\bar{r}$

$$\bar{r} = \frac{r_0 + r_{90} + 2r_{45}}{4} \tag{2-43}$$

式中，r_0、r_{90}、r_{45} 分别为板材的纵向（轧制方向）、横向及 $45°$ 方向上的板厚方向性系数；$\bar{r}$ 值的测试方法见 GB/T 5027—2007 "金属材料　薄板和薄带塑性应变比（r 值）的测定"。

人们为寻找 $\bar{r}$ 值和拉深成形性能之间的关系已经进行了大量的研究工作，下式是 $\bar{r}$ 值和极限拉深比（LDR）之间的关系式之一。

$$\ln(LDR) = \eta \left(\frac{2\bar{r}}{1 + \bar{r}} \right)^{0.27} \tag{2-44}$$

式中，η 为变形效率，取 $0.74 \sim 0.79$。

6. 板平面方向性系数（凸耳参数）Δr

板料经轧制后，其力学性能、物理性能在板平面内出现各向异性，称为板平面方向性。在表示板材力学性能的各项指标中，板厚方向性系数对冲压性能的影响比较明显，故板平面方向性的大小一般用板厚方向性系数 r 在几个方向上的平均差值 Δr 来衡量，规定为

$$\Delta r = \frac{r_0 + r_{90} - 2r_{45}}{2} \tag{2-45}$$

Δr 值越大，板材的方向性越明显，对冲压成形性能的影响就越大。例如弯曲，当弯曲件的折弯线与板料的纤维方向垂直时，允许的极限变形程度就大；而当折弯线平行于纤维方向时，允许的极限变形程度就小。又如在筒形件拉深中，由于板平面方向性使拉深件筒口不

齐，出现"凸耳"，Δr 越大，则"凸耳"越大。所以 Δr 值也称凸耳参数。

由于板平面方向性对冲压变形和制件的质量都是不利的，所以生产中应尽量设法降低板材的 Δr 值。

值得注意的是：不少板材的 r 值越大，则其 Δr 值也越大。r 值大有利于提高拉深极限；而 Δr 值大，则"凸耳"大，不利于拉深件质量，这是一对矛盾，选择材料时须综合权衡利弊。

7. 应变速率敏感系数 m

应变速率敏感系数 m 是材料在单向拉伸过程中变形抗力的增长率和应变速率的比值。如果 m 值大，则板料变形抗力的增长率高，局部应变容易向周围转移扩散，有利于抑制成形时的缩颈或破裂。常温下普通低碳钢的 m 值很小，对冲压成形性能影响不十分明显，但 m 值对某些合金板料和高强钢板的冲压成形性能影响较大。

此外，金属的晶粒度、夹杂物和偏析、板材的表面质量等对冲压成形性能也存在不同的影响。

表 2-4 列出了板料单向拉伸性能与冲压成形性能的关系。

表 2-4　板料单向拉伸性能与冲压成形性能的关系

材料基本性能 / 冲压成形性能		主要影响参数	次要影响参数
抗破裂性	胀形成形性能	n	r、σ_s、δ
	扩孔（翻孔）成形性能	δ	r、强度和塑性的平面各向异性程度
	拉深成形性能	r	n、σ_s/σ_b、σ_s
	弯曲成形性能	δ	总延伸率的平面各向异性程度
贴模性		σ_s	r、n、σ_s/σ_b
定形性		σ_s、E	r、n、σ_s/σ_b

注：E 为弹性模量。

四、成形极限图及其应用

1. 成形极限图的概念和试验方法

利用基本性能指标只能对板料的成形性能做出定性的、综合性的一般评价，而模拟试验主要应用于少数零件形状比较规则的典型工序。对于复杂形状零件的成形，用上述成形性能指标无法全面描述和衡量坯料各局部的实际变形情况。成形极限图（Forming Limit Diagrams，缩写为 FLD）或成形极限曲线（Forming Limit Curves，缩写为 FLC）着眼于复杂零件的每一变形局部，它是由板料在不同应变路径（即不同的应变比 β）下的局部失稳极限应变 ε_1 和 ε_2 构成的条带形区域或曲线，如图 2-19 所示。FLD 全面、直观地反映了不同应变状态下板料的成形性能，是对板料成形性能的一种定量描述，它是定性和定量研究板料的局部成形性能的有效手段。

图 2-20 是在应变比 β 取不同常数时，根据式（2-36）、式（2-37）和式（2-38）、式（2-39）

作出的极限应变 ε_1 与 ε_2 关系曲线,称为理论成形极限图。

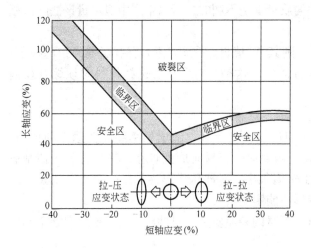 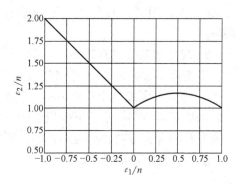

图 2-19　成形极限图　　　　　　　　图 2-20　理论成形极限图

实际应用的成形极限图(图 2-20)通常采用刚性半球头凸模胀形试验的方法来制作,参见 GB/T 15825.8—2008 "金属薄板成形性能与试验方法　第 8 部分:成形极限图(FLD)测定指南"。

试验前,在薄板试样表面预先复制一定形式的网格图案(图 2-21)。常用的方法有照相腐蚀法、光刻法、电化学浸蚀法等。网格圆的直径一般取 2～7mm,当试验凸模直径取 100mm 时,网格圆直径 d_0 可取 2～2.5mm。

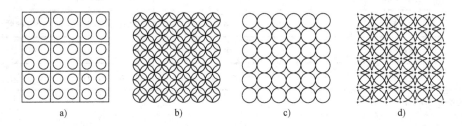

图 2-21　网格图形
a)直线与圆间隔型　b)五圆重叠型　c)小圆相切型　d)九圆重叠型

试验时,将试件放在带凸梗的压边圈和凹模之间牢固夹紧,用凸模将试件胀形至破裂或出现缩颈时为止。取出试件,测量破裂部位起始部位(裂纹中央)最接近且不包含缩颈的椭圆的长轴 d_1 和短轴 d_2 的值,用下式计算板平面内两个主应变的极限值

$$\varepsilon_1 = \ln\left(\frac{d_1}{d_0}\right), \quad \varepsilon_2 = \ln\left(\frac{d_2}{d_0}\right)$$

改变试件的宽度或冲头与试件间的摩擦条件,以改变应变状态和板平面内的应变比 β,再重复上述胀形、测量、计算,获得不同应变状态下的极限应变值。当取得能覆盖较大变形范围的足够的试验数据后,以椭圆长轴应变 ε_1 为纵坐标,短轴应变 ε_2 为横坐标,即可绘出板料成形极限图。

由于影响因素很多,通常试验数据有些分散,形成了具有一定宽度的条带区,称为临界区。如应变状态位于该区内，表明此处的板料有濒临破裂的危险。

不同材质的板料所得的成形极限图也不一样，图2-19为一般塑性材料(如低碳钢、铜、铝等)简单加载时的典型成形极限图。此外，板料的厚度、应变硬化指数 n 值、应变速率敏感系数 m、板厚方向性系数 r 等因素，也对成形极限曲线的形状和位置有影响。

2. 成形极限图的应用

FLD可以用来评定板料的局部成形性能，成形极限图的应变水平越高，板料的局部成形性能越好。FLD可用来判断复杂形状冲压件工艺设计的合理性，在板料成形的有限元模拟中，成形极限图被用来作为破裂的判断准则。FLD可用来分析冲压件的成形质量，并提供改变原设计中成形极限的工艺对策，以消除破裂或充分发挥材料的成形能力。FLD可用来对冲压生产过程进行监控，及时发现和解决潜在发展的不利因素，以保证冲压件在大量生产中的稳定性。

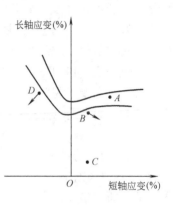

图2-22 用成形极限图进行
分析的方法

FLD的应用是采用等量比较的方法进行的。在被分析对象的零件板坯上复制上述网格，用待分析的工艺方法对板坯进行成形，测量并计算成形零件中需分析的若干点的应变值，将它们标注在相应的成形极限图上，便可直观地得到所分析点的变形情况优劣的结论。如图2-22所示，A、B、C、D为在待分析零件上测量计算得到的某些特征点的应变。显然，A点落在临界区内，表明该零件冲压时废品率会很高，需要改进。B点和D点靠近临界区，冲压过程中必须对有关条件进行严格控制，否则有可能出现废品。如果要增加冲压成形的安全性，对于B点，应采取措施减小椭圆长轴方向的拉应变，或者增大椭圆短轴方向的拉应变；对于D点，则应采取措施减小椭圆长轴方向的拉应变，或者增大椭圆短轴方向的压应变。C点在安全区内并远离临界区，说明板料还有很大的塑性成形潜力，也可以考虑进行调节。在冲压成形中，影响应力、应变状态的可控因素很多，有原材料的性能、板坯的几何尺寸、模具的工作参数、润滑状况、工艺过程的安排等，这些将在后续各章节中进行叙述。

五、冷冲压材料及其在图样上的表示方法

1. 冲压加工常用的板料种类

冲压加工常用的板料种类见表2-5。

表2-5 冲压加工常用的板料种类

金属材料	钢铁	薄钢板	碳素结构钢(Q195、Q235、……)、优质碳素钢(08F、08、10、……)、低合金高强度钢(Q345、Q390、……)、电工硅钢(D11、D21、……)等
		不锈钢板	铬钢(06Cr13、10Cr17、……)、铬镍基钢(06Cr19Ni10Ti、07Cr19Ni11Ti、……)
	非铁金属	铝及其合金板	纯铝(1070A、1060、……)、防锈铝(5A03、5B05、……)、硬铝(2A11、2A12、……)
		铜及其合金板	纯铜(T1、T2、T3)、黄铜(H68、H62)、青铜(QSn4-4-2.5、QBe2、……)
		钛及其合金板	钛合金(TA1、TA7、TB2、TC1、……)

（续）

非金属材料	纸板、布、皮革、胶木板、橡胶板、塑料板、纤维板、云母板、复合板等
冲压用新材料	高强度钢板(07SiMn、……)、表面处理钢板(镀Zn、镀Zn-Fe、……)、叠层复合板(金属复合板、轻型复合板、防振钢板)

2. 常用板料的规格

冲压用原材料大部分以板料、带料的形式供货，其规格包含尺寸规格与性能规格两方面的内容。尺寸规格指长度、宽度、厚度及极限偏差，国家标准对不同种类的板料和带料的长度、宽度、厚度都规定了统一的标准系列，选用时可参照有关标准。例如，国家标准 GB/T 708—2006 规定了冷轧钢板和钢带的尺寸、外形、重量及允许偏差，将钢板的厚度精度、宽度精度、长度精度及不平度分为：

PT. A——普通厚度精度；PT. B——较高厚度精度；PW. A——普通宽度精度；PW. B——较高宽度精度；PL. A——普通长度精度；PL. B——较高长度精度；PF. A——普通不平度精度；PF. B——较高不平度精度。

冲压工艺要求材料的厚度公差应符合国家规定标准，因为一定的模具间隙适用于一定厚度的材料，材料厚度公差太大，不仅直接影响制件的质量，还可能导致模具和压力机的损坏。

板料的性能规格是指对其表面质量和某些成形性能指示进行的分级规定。例如，GB/T 13237—1991 规定厚度 4mm 以下的优质碳素结构钢冷轧薄钢板和钢带，其表面质量可分为Ⅰ、Ⅱ、Ⅲ三组：

Ⅰ——高级的精整表面；Ⅱ——较高级的精整表面；Ⅲ——普通的精整表面。

又如 GB/T 5213—2008 "冷轧低碳钢板及钢带"，规定钢板及钢带按用途分为：

DC 01——一般用；DC 03——冲压用；DC 04——深冲用；DC 05——特深冲用；DC 06——超深冲用；DC 07——特超深冲用。

同时规定钢板及钢带表面质量分三级：

FB——较高级表面；FC——高级表面；FD——超高级表面。

3. 板料在图样上的表示

在冲压工艺资料和图样上，对材料的表示方法有特殊的规定。现以优质碳素结构钢冷轧薄钢板标记为例。

例 08 钢，尺寸 1.0mm × 1000mm × 1500mm，较高厚度精度，较高级的精整表面，深冲用的冷轧钢板表示为

$$钢板 \frac{PT. B - 1.0 \times 1000 \times 1500 - GB/T\ 708—2006}{08 - Ⅱ - DC\ 04 - GB/T\ 13237—1991}。$$

第三章 冲 裁

第一节 冲 裁 概 述

冲裁是利用模具使板料产生分离的一种冲压工序。从广义上讲，冲裁是分离工序的总称，它包括落料、冲孔、切断、修边、切舌等多种工序。但一般来说，冲裁主要是指落料和冲孔工序。若使材料沿封闭曲线相互分离，将封闭曲线以内的部分作为冲裁件时，称为落料；将封闭曲线以外的部分作为冲裁件时，则称为冲孔。

冲裁模就是落料、冲孔等分离工序使用的模具。冲裁模的工作部分零件与成形模不同，一般都具有锋利的刃口来对材料进行剪切加工，并且凸模进入凹模的深度较小，以减少刃口磨损。

冲裁的应用非常广泛，它既可以直接冲出所需形状的成品工件，又可以为其他成形工序如拉深、弯曲、成形等制备毛坯。

根据变形机理的不同，冲裁可以分为普通冲裁和精密冲裁两类。

第二节 冲裁过程的分析

一、冲裁变形过程及剪切区的应力状态

1. 冲裁变形过程

冲裁时板料的变形具有明显的阶段性，由弹性变形过渡到塑性变形，最后产生断裂分离。

（1）弹性变形阶段（图3-1Ⅰ） 凸模接触板料后开始加压，板料在凸、凹模作用下产生弹性压缩、拉伸、弯曲、挤压等变形。此阶段以材料内的应力达到弹性极限为止。在该阶段，凸模下的材料略呈弯曲状，凹模上的板料向上翘起，凸、凹模之间的间隙越大，则弯曲与翘起的程度也越大。

（2）塑性变形阶段（图3-1Ⅱ） 随着凸模继续压入板料，压力增加，当材料内的应力状态满足塑性条件时，开始产生塑性变形，进入塑性变形阶段。随凸模挤入板料深度的增大，塑性变形程度增大，变形区材料硬化加剧，冲裁变形抗力不断增大，直到刃口附近侧面的材料由于拉应力的作用

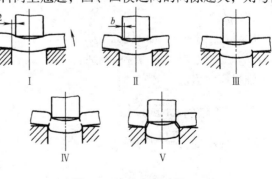

图3-1 冲裁变形过程

出现微裂纹时，塑性变形阶段结束，此时冲裁变形抗力达到最大值。

（3）断裂分离阶段（图 3-1 Ⅲ、Ⅳ、Ⅴ）　凸模继续下压，使刃口附近变形区的应力达到材料的破坏应力，在凹、凸模刃口侧面的变形区先后产生裂纹。已形成的上、下裂纹逐渐扩大，并沿最大切应力方向向材料内层延伸，直至两裂纹相遇，板料被剪断分离，冲裁过程结束。

2. 剪切区的应力状态

根据实验的结果，冲裁时板料最大的塑性变形集中在以凸模与凹模刃口连线为中线的纺锤形区域内，如图 3-2 所示。

图 3-2a 表示初始冲裁时的变形区由刃口向板料中心逐渐扩大，截面呈纺锤形。材料的塑性越好、硬化指数越大，则纺锤形变形区的宽度将越大。

图 3-2b 表示变形区随着凸模切入板料深度的增加而逐渐缩小，但仍保持纺锤形，其周围已变形的材料已被严重加工硬化了。纺锤形内以剪切变形为主，特别是当凸模与凹模的间隙较小时，纺锤形的宽度将减小。但由于冲裁时板料的变形受到材料的性质、凸模与凹模的间隙、模具刃口变钝的程度等因素的影响，不可能只产生剪切变形，还有弯曲

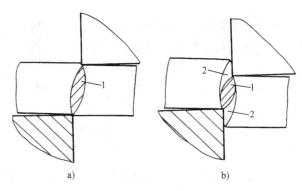

图 3-2　冲裁板料的变形区
a）初始冲裁　b）切入板料
1—变形区　2—已变形区

变形，而弯曲又将使板料产生受拉与受压两种不同的变形，因此冲裁变形区的应力状态是十分复杂的。图 3-3 给出与断裂分离有关的一些特征点的应力状态。

A 点：位于凸模端面靠近刃口处，受凸模正压力作用，并处于弯曲的内侧，因此受三向压应力作用，为强压应力区。

B 点：位于凹模端面靠近刃口处，受凹模正压力作用，并处于弯曲的外侧，因此轴向应力 σ_z 为压应力，径向应力 σ_r 和切向应力 σ_θ 均为拉应力，但主要是受压应力作用。

C 点：位于凸模侧面靠近刃口处，受凸模的拉伸和垂直方向摩擦力的作用，因此轴向应力 σ_z 为拉应力。径向受凸模侧压力作用并处于弯曲的内侧，因此径向应力 σ_r 为压应力。切向受凸模侧压力作用将引起拉应力，而板料的弯曲又引起压应力，因此切向应力 σ_θ 为合成应力，一般为压应力。

D 点：位于凹模刃口侧面靠近刃口处，轴向受凹模侧壁垂直方向摩擦力的作用将产生拉应力 σ_a。凹模侧压力和板料的弯曲变形导致径向应力 σ_r 和切向应力 σ_θ 均为拉应力。所以 D 点为强拉应力区。

二、冲裁件断面分析

冲裁件断面可分为明显的四部分：塌角、光面（光亮带）、毛面（断裂带）和毛刺，如图 3-4 所示。

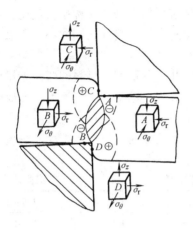

图 3-3　冲裁时板料的应力状态

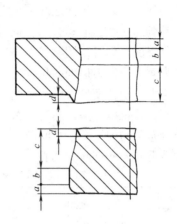

图 3-4　冲裁件断面的形状
a—塌角　b—光面　c—毛面　d—毛刺

塌角 a：也称为圆角带，是由于冲裁过程中刃口附近的材料被牵连拉入变形（弯曲和拉伸）的结果。材料的塑性越好、凸模与凹模的间隙越大，塌角越大。

光面 b：也称为剪切面，是刃口切入板料后产生塑剪变形时，凸、凹模侧面与材料挤压形成的光亮垂直的断面。光面是最理想的冲裁断面，冲裁件的尺寸精度就是以光面处的尺寸来衡量的。普通冲裁时，光面的宽度约占板料厚度的 1/3～1/2。材料的塑性越好，光面就越宽。

毛面 c：毛面是由主裂纹贯通而形成的表面十分粗糙且有一定斜度的撕裂面。塑性差的材料撕裂倾向严重，毛面所占比例也大。

毛刺 d：冲裁毛刺是在刃口附近的侧面上材料出现微裂纹时形成的，当凸模继续下行时，便使已形成的毛刺拉长并残留在冲裁件上。冲裁间隙越小，毛刺的高度越小。

第三节　冲裁模间隙

冲裁凸模和凹模之间的间隙不仅对冲裁件的质量有极重要的影响，而且还影响模具寿命、冲裁力、卸料力和推件力等。因此，间隙是冲裁模设计的一个非常重要的参数。

一、间隙对冲裁件质量的影响

冲裁件的质量主要通过断面质量、尺寸精度和表面平直度来判断。在影响冲裁件质量的诸多因素中，间隙是主要的因素之一。

1. 间隙对断面质量的影响

冲裁件的断面质量主要指塌角的大小、光面约占板厚的比例、毛面的斜角大小及毛刺等。

间隙合适时，冲裁时上、下刃口处所产生的剪切裂纹基本重合，这时光面约占板厚的 1/2～1/3，切断面的塌角、毛刺和斜度均很小，完全可以满足一般冲裁的要求。

间隙过小时，凸模刃口处的裂纹比合理间隙时向外错开一段距离。上、下裂纹之间的材料随冲裁的进行将被第二次剪切，然后被凸模挤入凹模洞口。这样，在冲裁件的切断面上将形成第二个光面，在两个光面之间形成毛面，在端面出现挤长的毛刺。这种挤长毛刺虽比合理间隙时的毛刺高一些，但易去除，而且毛面的斜度和塌角小，冲裁件的翘曲小，所以只要中间撕裂不是很深，仍可使用。

间隙过大时，凸模刃口处的裂纹比合理间隙时向内错开一段距离，材料的弯曲与拉伸增大，拉应力增大，塑性变形阶段较早结束，致使断面光面减小，塌角与斜度增大，形成厚而大的拉长毛刺，且难以去除，同时冲裁件的翘曲现象严重，影响生产的正常进行。

若间隙分布不均匀，则在小间隙的一边形成双光面，大间隙的一边形成很大的塌角及斜度。普通冲裁毛刺的允许高度见表3-1。

表3-1　普通冲裁毛刺的允许高度　　　　　　　　　　　（单位：mm）

料　厚	≈0.3	>0.3~0.5	>0.5~1.0	>1.0~1.5	>1.5~2
生产时	≤0.05	≤0.08	≤0.10	≤0.13	≤0.15
试模时	≤0.015	≤0.02	≤0.03	≤0.04	≤0.05

2. 间隙对尺寸精度的影响

冲裁件的尺寸精度是指冲裁件的实际尺寸与公称尺寸的差值，差值越小，则精度越高。从整个冲裁过程来看，影响冲裁件尺寸精度的因素有两大方面：一是冲模本身的制造偏差；二是冲裁结束后冲裁件相对于凸模或凹模尺寸的偏差。

冲裁件之所以会偏离凸、凹模尺寸，是由于冲裁时材料所受的挤压变形、纤维伸长和翘曲变形都要在冲裁结束后产生弹性回复，当冲裁件从凹模内推出（落料）或从凸模卸下（冲孔）时，相对于凸、凹模尺寸就会产生偏差。当间隙较大时，材料所受的拉伸作用增大，冲裁后材料的弹性回复，使落料件尺寸小于凹模尺寸，冲孔件尺寸大于凸模尺寸；当间隙较小时，由于材料受凸、凹模的侧向挤压力增大，冲裁后材料的弹性回复，使落料件尺寸大于凹模尺寸，冲孔件尺寸小于凸模尺寸。

材料性质直接决定了该材料在冲裁过程中的弹性变形量。对于比较软的材料，弹性变形量较小，冲裁后的弹性回复值也较小，因而冲裁件的精度较高，硬的材料则正好相反。

材料的相对厚度越大，则弹性变形量越小，制件的精度也越高。

冲裁件的尺寸越小、形状越简单，则精度越高。这是由于此时模具精度易保证，间隙均匀，冲裁件的翘曲小，以及冲裁件的弹性变形绝对量小。

二、间隙对冲裁力的影响

试验证明，随间隙的增大，冲裁力有一定程度的降低，但当单面间隙为材料厚度的5%~20%时，冲裁力的降低不超过5%~10%。因此，在正常情况下，间隙对冲裁力的影响不是很大。

间隙对卸料力、推件力的影响比较显著。随间隙增大，卸料力和推件力都将减小。一般当单面间隙增大到材料厚度的15%~25%时，卸料力几乎降到零。

三、间隙对模具寿命的影响

冲裁模常以刃口磨钝与崩刃的形式失效。凸、凹模磨钝后，其刃口处形成圆角，冲裁件上就会出现不正常的毛刺。凸模刃口磨钝时，在落料件边缘产生毛刺；凹模刃口磨钝时，所冲孔口边缘产生毛刺；凸、凹模刃口均磨钝时，则制件边缘与孔口边缘均产生毛刺。

由于材料的弯曲变形，材料对模具的反作用力主要集中于凸、凹模刃口部分。当间隙过小时，垂直力和侧压力将增大，摩擦力增大，加剧模具刃口的磨损；随后二次剪切产生的金属碎屑又加剧刃口侧面的磨损；冲裁后卸料和推件时，材料与凸、凹模之间的滑动摩擦还将再次造成刃口侧面的磨损，使得刃口侧面的磨损比端面的磨损大。

四、冲裁模间隙值的确定

凸模与凹模间每侧的间隙称为单面间隙，两侧间隙之和称为双面间隙。如无特殊说明，冲裁间隙就是指双面间隙。

1. 间隙值的确定原则

从上述的冲裁分析中可看出，找不到一个固定的间隙值能同时满足冲裁件断面质量最佳，尺寸精度最高，翘曲变形最小，冲模寿命最长，冲裁力、卸料力、推件力最小等各方面的要求。因此，在冲压实际生产中，主要根据冲裁件断面质量、尺寸精度和模具寿命这几个因素给间隙规定一个范围值。只要间隙在这个范围内，就能得到合格的冲裁件和较长的模具寿命。这个间隙范围称为合理间隙，合理间隙的最小值称为最小合理间隙，最大值称为最大合理间隙。设计和制造时应考虑到凸、凹模在使用中会因磨损而使间隙增大，故应按最小合理间隙值确定模具间隙。

2. 间隙值确定方法

确定凸、凹模合理间隙的方法有理论法和查表法两种。

用理论法确定合理间隙值，是根据上下裂纹重合的原则进行计算。图 3-5 所示为冲裁过程中开始产生裂纹的瞬时状态，根据图中的几何关系可求得合理间隙 Z 为

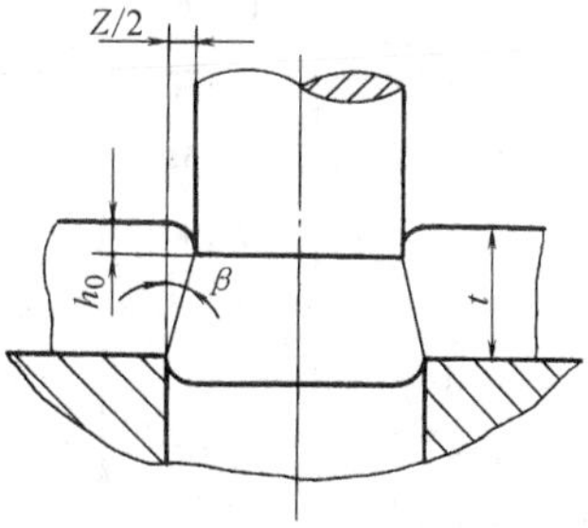

图 3-5　冲裁产生裂纹的
瞬时状态

$$Z = 2(t - h_0)\tan\beta = 2t\left(1 - \frac{h_0}{t}\right)\tan\beta \qquad (3-1)$$

式中，t 为材料厚度；h_0 为产生裂纹时凸模挤入材料的深度；h_0/t 为产生裂纹时凸模挤入材料的相对深度，见表 3-2；β 为剪切裂纹与垂线间的夹角，见表 3-2。

表 3-2　h_0/t 与 β 值

材　料	h_0/t		β	
	退　火	硬　化	退　火	硬　化
软钢、纯铜、软黄铜	0.5	0.35	6°	5°
中硬钢、硬黄铜	0.3	0.2	5°	4°
硬钢、硬青铜	0.2	0.1	4°	4°

表 3-3　冲裁模初始双面间隙 Z　　　　　（单位：mm）

材料厚度	软　铝		纯铜、黄铜、软钢 $w_C = (0.08 \sim 0.2)\%$		杜拉铝、中等硬钢 $w_C = (0.3 \sim 0.4)\%$		硬钢 $w_C = (0.5 \sim 0.6)\%$	
	Z_{min}	Z_{max}	Z_{min}	Z_{max}	Z_{min}	Z_{max}	Z_{min}	Z_{max}
0.2	0.008	0.012	0.010	0.014	0.012	0.016	0.014	0.018
0.3	0.012	0.018	0.015	0.021	0.018	0.024	0.021	0.027

（续）

材料厚度	软　铝		纯铜、黄铜、软钢 $w_C^{①} = (0.08 \sim 0.2)\%$		杜拉铝、中等硬钢 $w_C = (0.3 \sim 0.4)\%$		硬钢 $w_C = (0.5 \sim 0.6)\%$	
	Z_{min}	Z_{max}	Z_{min}	Z_{max}	Z_{min}	Z_{max}	Z_{min}	Z_{max}
0.4	0.016	0.024	0.020	0.028	0.024	0.032	0.028	0.036
0.5	0.020	0.030	0.025	0.035	0.030	0.040	0.035	0.045
0.6	0.024	0.036	0.030	0.042	0.036	0.048	0.042	0.054
0.7	0.028	0.042	0.035	0.049	0.042	0.056	0.049	0.063
0.8	0.032	0.048	0.040	0.056	0.048	0.064	0.056	0.072
0.9	0.036	0.054	0.045	0.063	0.054	0.072	0.063	0.081
1.0	0.040	0.060	0.050	0.070	0.060	0.080	0.070	0.090
1.2	0.050	0.084	0.072	0.096	0.084	0.108	0.096	0.120
1.5	0.075	0.105	0.090	0.120	0.105	0.135	0.120	0.150
1.8	0.090	0.126	0.108	0.144	0.126	0.162	0.144	0.180
2.0	0.100	0.140	0.120	0.160	0.140	0.180	0.160	0.200
2.2	0.132	0.176	0.154	0.198	0.176	0.220	0.198	0.242
2.5	0.150	0.200	0.175	0.225	0.200	0.250	0.225	0.275
2.8	0.168	0.224	0.196	0.252	0.224	0.280	0.252	0.308
3.0	0.180	0.240	0.210	0.270	0.240	0.300	0.270	0.330
3.5	0.245	0.315	0.280	0.350	0.315	0.385	0.350	0.420
4.0	0.280	0.360	0.320	0.400	0.360	0.440	0.400	0.480
4.5	0.315	0.405	0.360	0.450	0.405	0.490	0.450	0.540
5.0	0.350	0.450	0.400	0.500	0.450	0.550	0.500	0.600
6.0	0.480	0.600	0.540	0.660	0.600	0.720	0.660	0.780
7.0	0.560	0.700	0.630	0.770	0.700	0.840	0.770	0.910
8.0	0.720	0.880	0.800	0.960	0.880	1.040	0.960	1.120
9.0	0.870	0.990	0.900	1.080	0.990	1.170	1.080	1.260
10.0	0.900	1.100	1.000	1.200	1.100	1.300	1.200	1.400

注：1. 初始间隙的最小值相当于间隙的公称数值。

2. 初始间隙的最大值是考虑到凸模和凹模的制造公差所增加的数值。

3. 在使用过程中，由于模具工作部分的磨损，间隙将有所增加，因而间隙的使用最大数值要超过表列数值。

① w_C 为碳的质量分数，用其表示钢中的含碳量。

由上式可知合理间隙 Z 主要决定于材料厚度 t 和凸模相对挤入深度 h_0/t，而 h_0/t 不仅与材料塑性有关，还受料厚的综合影响。因此认为，材料厚度越大、塑性越低的硬脆材料，其所需间隙值 Z 就越大；料厚越薄、塑性越好的材料，其所需间隙值 Z 就越小。

由于理论计算法在生产中使用不方便，因此常用查表法来确定间隙值。有关间隙值的数值，可在一般冲压手册中查到。对于尺寸精度、断面垂直度要求高的工件应选用较小间隙值（表3-3）。对于断面垂直度与尺寸精度要求不高的工件，以提高模具寿命为主，可采用大间隙值（表3-4）。

表 3-4　冲裁模初始双面间隙 Z　　　　　　　（单位：mm）

材料厚度	08、10、35 Q235		Q345		40、50		65Mn	
	Z_{min}	Z_{max}	Z_{min}	Z_{max}	Z_{min}	Z_{max}	Z_{min}	Z_{max}
<0.5	极 小 间 隙							
0.5	0.040	0.060	0.040	0.060	0.040	0.060	0.040	0.060
0.6	0.048	0.072	0.048	0.072	0.048	0.072	0.048	0.072
0.7	0.064	0.092	0.064	0.092	0.064	0.092	0.064	0.092
0.8	0.072	0.104	0.072	0.104	0.072	0.104	0.064	0.092
0.9	0.090	0.126	0.090	0.126	0.090	0.126	0.090	0.126
1.0	0.100	0.140	0.100	0.140	0.100	0.140	0.090	0.126
1.2	0.126	0.180	0.132	0.180	0.132	0.180		
1.5	0.132	0.240	0.170	0.240	0.170	0.240		
1.75	0.220	0.320	0.220	0.320	0.220	0.320		
2.0	0.246	0.360	0.260	0.380	0.260	0.380		
2.1	0.260	0.380	0.280	0.400	0.280	0.400		
2.5	0.360	0.500	0.380	0.540	0.380	0.540		
2.75	0.400	0.560	0.420	0.600	0.420	0.600		
3.0	0.460	0.640	0.480	0.660	0.480	0.660		
3.5	0.540	0.740	0.580	0.780	0.580	0.780		
4.0	0.640	0.880	0.680	0.920	0.680	0.920		
4.5	0.720	1.000	0.680	0.960	0.780	1.040		
5.5	0.940	1.280	0.780	1.100	0.980	1.320		
6.0	1.080	1.440	0.840	1.200	1.140	1.500		
6.5			0.940	1.300				
8.0			1.200	1.680				

注：冲裁皮革、石棉和纸板时，间隙取 08 钢的 25%。

　　GB/T 16743—1997 "冲裁间隙"根据冲件剪切面质量、尺寸精度、模具寿命和力能消耗等因素，将金属材料冲裁间隙分成Ⅰ、Ⅱ、Ⅲ、Ⅳ、Ⅴ五种类别：Ⅰ类冲裁间隙适用于冲裁件剪切面、尺寸精度要求高的场合；Ⅱ类冲裁间隙适用于冲裁件剪切面、尺寸精度要求较高的场合；Ⅲ类冲裁间隙适用于冲裁件剪切面、尺寸精度要求一般的场合，因残余应力小，能减少破裂现象，适用于继续发生塑性变形工件的场合；Ⅳ类冲裁间隙适用于冲裁件剪切面、尺寸精度要求不高时，以利于提高模具使用寿命的场合；Ⅴ类冲裁间隙适用于冲裁件剪切面、尺寸精度要求较低的场合。

第四节　凸模与凹模刃口尺寸的确定

　　凸模和凹模的刃口尺寸和公差，直接影响冲裁件的尺寸精度。模具的合理间隙值也靠凸、凹模刃口尺寸及其公差来保证。因此，正确确定凸、凹模刃口尺寸和公差，是冲裁模设计中的一项重要工作。

一、凸、凹模刃口尺寸计算的依据和计算原则

在冲裁件尺寸的测量和使用中，都是以光面的尺寸为基准。落料件的光面是因凹模刃口挤切材料产生的，而孔的光面是凸模刃口挤切材料产生的。故计算刃口尺寸时，应按落料和冲孔两种情况分别进行，其原则如下。

（1）落料　落料件光面尺寸与凹模尺寸相等（或基本一致），故应以凹模尺寸为基准。又因落料件尺寸会随凹模刃口的磨损而增大，为保证在凹模磨损到一定程度时仍能冲出合格零件，故落料凹模的基本尺寸应取工件尺寸公差范围内的较小尺寸。而落料凸模的基本尺寸，则按凹模的基本尺寸减最小初始间隙。

（2）冲孔　工件光面的孔径与凸模尺寸相等（或基本一致），故应以凸模尺寸为基准。又因冲孔的尺寸会随凸模的磨损而减小，故冲孔凸模的基本尺寸应取工件孔尺寸公差范围内的较大尺寸。而冲孔凹模的基本尺寸则按凸模的基本尺寸加最小初始间隙。

（3）孔心距　当工件上需要冲制多个孔时，孔心距的尺寸精度由凹模孔心距保证。由于凸、凹模的刃口尺寸磨损不影响孔心距的变化，故凹模孔心距的基本尺寸取在工件孔心距公差带的中点上，按双向对称偏差标注。

（4）冲模刃口制造公差　凸、凹模刃口尺寸精度的选择应以能保证工件的精度要求为准，保证合理的凸、凹模间隙值，保证模具具有一定的使用寿命。

二、凸、凹模刃口尺寸的计算方法

根据凸、凹模加工方法的不同，刃口尺寸的计算方法也不同，基本上可分为两类。

1. 凸模与凹模分别加工法

这种加工方法目前多用于圆形或简单规则形状（方形或矩形）的工件。工件与凸模和凹模刃口之间的基本尺寸及公差分配关系如图3-6所示。根据刃口尺寸计算原则，计算公式如下：

落料

$$D_d = (D_{max} - x\Delta)^{+\delta_d}_{\ 0} \tag{3-2}$$

$$D_p = (D_d - Z_{min})^{\ 0}_{-\delta_p} = (D_{max} - x\Delta - Z_{min})^{\ 0}_{-\delta_p} \tag{3-3}$$

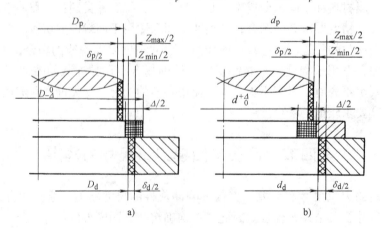

图3-6　落料、冲孔时各部分尺寸与公差分布情况

a）落料　b）冲孔

冲孔
$$d_p = (d_{min} + x\Delta)_{-\delta_p}^{0} \tag{3-4}$$

$$d_d = (d_p + Z_{min})_0^{+\delta_d} = (d_{min} + x\Delta + Z_{min})_0^{+\delta_d} \tag{3-5}$$

孔心距
$$L_d = \left(L_{min} + \frac{\Delta}{2}\right) \pm \frac{\delta_d}{2} = \left(L_{min} + \frac{\Delta}{2}\right) \pm \frac{\Delta}{8} \tag{3-6}$$

式中，D_d、D_p 为落料凹、凸模尺寸；d_p、d_d 为冲孔凸、凹模尺寸；L_d 为凹模孔心距的尺寸，公差 δ_d 取工件公差的 $1/4$，即 $\delta_d = \dfrac{\Delta}{4}$；$L_{min}$ 为工件孔心距的下极限尺寸；D_{max} 为落料件的上极限尺寸；d_{min} 为冲孔件孔的下极限尺寸；Δ 为冲裁件制造公差；Z_{min} 为最小初始双面间隙；δ_p、δ_d 为凸、凹模的制造公差，可查有关资料获得，或取 $\delta_p \leqslant 0.4(Z_{max} - Z_{min})$、$\delta_d \leqslant 0.6(Z_{max} - Z_{min})$；$x$ 为系数，为了避免冲裁件尺寸都偏向极限尺寸，应使冲裁件的实际尺寸尽量接近冲裁件公差带的中间尺寸。x 值为 $0.5 \sim 1$，与冲裁件的精度等级有关，见表 3-5。

表 3-5 系数 x

料厚 t/mm	非 圆 形			圆 形	
	1	0.75	0.5	0.75	0.5
	工件公差 Δ/mm				
1	<0.16	0.17~0.35	≥0.36	<0.16	≥0.16
1~2	<0.20	0.21~0.41	≥0.42	<0.20	≥0.20
2~4	<0.24	0.25~0.49	≥0.50	<0.24	≥0.24
>4	<0.30	0.31~0.59	≥0.60	<0.30	≥0.30

采用凸、凹模分开加工法时，应在图样上分别标注凸、凹模刃口尺寸与制造公差，为了保证间隙值（图 3-6），应满足下列关系式

$$|\delta_p| + |\delta_d| \leqslant Z_{max} - Z_{min} \tag{3-7}$$

如果验算不符合上式，出现 $|\delta_p| + |\delta_d| > Z_{max} - Z_{min}$ 的情况，当大得不多时，可适当调整以满足上述条件，这时凸、凹模的公差应直接按公式 $\delta_p \leqslant 0.4(Z_{max} - Z_{min})$ 和 $\delta_d \leqslant 0.6(Z_{max} - Z_{min})$ 确定。如果出现 $|\delta_p| + |\delta_d| \gg Z_{max} - Z_{min}$ 的情况，则应该采用后面将要讲述的凸、凹模配作法。

凸、凹模分别加工法的优点是凸、凹模具有互换性，制造周期短，便于成批制造。其缺点是模具的制造公差小，模具制造困难，成本较高。

例 3-1 如图 3-7 所示工件的材料为 Q235，料厚 $t = 1$mm，请分别确定冲裁凸、凹模刃口部分尺寸。

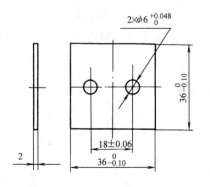

图 3-7 工件图

解 外形 $36_{-0.10}^{0}$mm 属于落料，内形 $\phi6_0^{+0.048}$mm 属于冲孔，(18 ± 0.06)mm 为孔心距尺寸。

（1）落料 查表 3-4、3-5 和有关资料得：

$$Z_{max} = 0.140\text{mm} \qquad Z_{min} = 0.100\text{mm} \qquad \delta_p = 0.020\text{mm} \qquad \delta_d = 0.030\text{mm} \qquad x = 1$$

校核间隙：

$$|\delta_p| + |\delta_d| = (0.020 + 0.030)\text{mm} = 0.050\text{mm} > Z_{max} - Z_{min}$$

$$= (0.140 - 0.100)mm = 0.040mm$$

说明所取凸、凹模公差不能满足 $|\delta_p| + |\delta_d| \le Z_{max} - Z_{min}$ 的条件，但相差不大，可调整如下：

$$\delta_p = 0.4(Z_{max} - Z_{min}) = 0.4 \times 0.040mm = 0.016mm$$

$$\delta_d = 0.6(Z_{max} - Z_{min}) = 0.6 \times 0.040mm = 0.024mm$$

将已知和查表的数据代入公式，即得

$$D_d = (D_{max} - x\Delta)^{+\delta_d}_0 = (36 - 1.0 \times 0.10)^{+0.024}_0 mm = 35.90^{+0.024}_0 mm$$

$$D_p = (D_d - Z_{min})^0_{-\delta_p} = (35.90 - 0.10)^0_{-0.016} mm = 35.80^0_{-0.016} mm$$

（2）冲孔 查表3-4、表3-5和有关资料得：

$$Z_{max} = 0.140mm \qquad Z_{min} = 0.100mm \qquad \delta_p = 0.020mm \qquad \delta_d = 0.020mm \qquad x = 0.75$$

校核：

$$|\delta_p| + |\delta_d| = (0.020 + 0.020)mm = 0.040mm = Z_{max} - Z_{min}，故符合条件。$$

将已知和查表的数据代入公式，即得

$$d_p = (d_{min} + x\Delta)^0_{-\delta_p} = (6 + 0.75 \times 0.048)^0_{-0.020} mm = 6.036^0_{-0.020} mm$$

$$d_d = (d_p + Z_{min})^{+\delta_d}_0 = (6.036 + 0.100)^{+0.020}_0 mm = 6.136^{+0.020}_0 mm$$

（3）凹模孔心距尺寸

$$L_d = \left(L_{min} + \frac{\Delta}{2}\right) \pm \frac{\Delta}{8} = (18 \pm 0.015)mm$$

2. 凸模与凹模配合加工法（配作法）

配作法就是先按设计尺寸制出一个基准件（凸模或凹模），然后根据基准件的实际尺寸按间隙配制另一件。这种加工方法的特点是模具的间隙由配制保证，工艺比较简单，并且还可适当放大基准件的制造公差，使制造容易，故目前一般工厂常常采用此种加工方法。

根据冲裁件结构的不同，刃口尺寸的计算方法如下。

（1）落料 图3-8a为工件图，图3-8b为冲裁该工件所用落料凹模刃口的轮廓图，图中双点画线表示凹模刃口磨损后尺寸的变化情况。

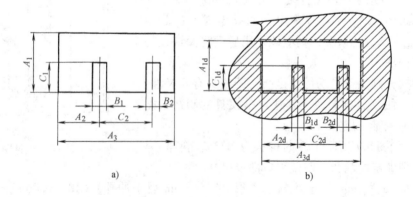

图3-8 落料凹模刃口磨损后的变化情况

a）工件 b）凹模刃口轮廓

落料时应以凹模为基准件来配作凸模。从图3-8b可看出，凹模磨损后刃口尺寸有变大、变小和不变三种情况：

1）凹模磨损后变大的尺寸（图中 A_1、A_2、A_3），按一般落料凹模尺寸公式计算，即

$$A_{\mathrm{d}} = \left(A_{\max} - x\Delta \right)^{+\Delta/4}_{0} \tag{3-8}$$

2）凹模磨损后变小的尺寸（图中 B_1、B_2），按一般冲孔凸模尺寸公式计算，因它在凹模上相当于冲孔凸模尺寸，即

$$B_{\mathrm{d}} = \left(B_{\min} + x\Delta \right)^{0}_{-\Delta/4} \tag{3-9}$$

3）凹模磨损后无变化的尺寸（图中 C_1、C_2），随工件尺寸的标注方法不同，又可分为三种类型计算刃口尺寸：

工件尺寸为 $C^{+\Delta}_{0}$ 时

$$C_{\mathrm{d}} = \left(C + 0.5\Delta \right) \pm \frac{\Delta}{8} \tag{3-10}$$

工件尺寸为 $C^{0}_{-\Delta}$ 时

$$C_{\mathrm{d}} = \left(C - 0.5\Delta \right) \pm \frac{\Delta}{8} \tag{3-11}$$

工件尺寸为 $C \pm \Delta'$ 时

$$C_{\mathrm{d}} = C \pm \frac{\Delta'}{4} \tag{3-12}$$

式中，A_{d}、B_{d}、C_{d} 为相应的凹模刃口尺寸；$A_{\max}$ 为工件的上极限尺寸；$B_{\min}$ 为工件的下极限尺寸；C 为工件的公称尺寸；Δ 为工件公差；Δ' 为工件偏差。

以上是落料凹模刃口尺寸的计算方法。落料用的凸模刃口尺寸，按凹模实际尺寸配制，并保证最小间隙 $Z_{\min}$。故在凸模上只标注公称尺寸，不标注偏差，同时在图样技术要求上注明："凸模刃口尺寸按凹模实际尺寸配制，保证双面间隙值为 $Z_{\min} \sim Z_{\max}$"。

（2）冲孔　冲孔时应以凸模为基准件来配作凹模。凸模刃口尺寸的计算情况与落料相似，可参照以上公式自行分析。配制凹模的图样上须标明："凹模刃口尺寸按凸模实际尺寸配制，保证双面间隙值 $Z_{\min} \sim Z_{\max}$"。

3. 配作法的刃口尺寸换算

当用电火花加工冲模时，用尺寸与凸模相同或相近的电极（有时甚至直接用凸模做电极）在电火花机床上加工凹模。因此机械加工的制造公差只适用凸模，而凹模的尺寸精度主要决定于电极精度和电火花加工间隙的误差，所以从实质上来说，电火花加工属于配合加工的一种工艺，一般都是在凸模上标注尺寸和制造公差，而凹模只在图样上注明："凹模刃口尺寸按凸模实际尺寸配制，保证双面间隙值 $Z_{\min} \sim Z_{\max}$"。凸模尺寸的换算公式如下：

如图 3-9 所示，凹模的 A 类尺寸将转换为凸模的 B 类尺寸，凹模刃口尺寸的变化范围为 A_{d} 与 $\left(A_{\mathrm{d}} + \dfrac{\Delta}{4} \right)$ 之间，配作凸模时，在保证 $Z_{\min}$ 的前提下，凸模刃口尺寸应在 B_{pmin} 与 B_{pmax} 之间变化。故换算后的凸模刃口尺寸应以 B_{pmax} 为公称尺寸，标注负偏差。即可得落料凹模刃口的 A 类尺寸换算为凸模刃口 B 类尺寸的计算公式为

$$b_{\mathrm{p}} = \left(A_{\mathrm{d}} + \frac{\Delta}{4} - Z_{\min} \right)^{0}_{-\Delta/4} \tag{3-13}$$

同理可得落料凹模刃口的 B 类尺寸换算为凸模刃口 A 类尺寸的计算公式为

$$a_{\mathrm{p}} = \left(B_{\mathrm{d}} - \frac{\Delta}{4} + Z_{\min} \right)^{+\Delta/4}_{0} \tag{3-14}$$

对于 C 类尺寸，由于刃口磨损后其值基本不变，故不存在尺寸换算问题。

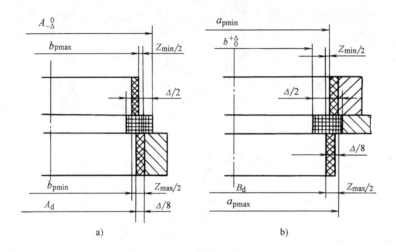

图 3-9　凹模刃口尺寸的换算

a）凹模 A 类换成凸模 B 类　b）凹模 B 类换成凸模 A 类

第五节　冲裁件的工艺性

冲裁件的工艺性是指冲裁件的材料、形状、尺寸精度等方面是否适应冲裁加工的工艺要求。影响冲裁件工艺性的因素很多，从技术和经济方面考虑，主要有以下几个方面。

一、冲裁件的公差等级和断面粗糙度

1）GB/T 13914—2002 规定，冲压件尺寸公差等级分为 ST1 至 ST11 级（见附录 B），角度公差按 GB/T 13915—2002（见附录 C）选用。

2）冲裁件的断面粗糙度与材料塑性、材料厚度、冲裁模间隙、刃口锐钝及冲模结构等有关。当冲裁厚度为 2mm 以下的金属板料时，其断面粗糙度 Ra 一般可达 $12.5 \sim 3.2\mu m$。

二、冲裁件的结构形状与尺寸

1）冲裁件的形状应力求简单、规则，使排样时废料最少。

2）冲裁件内、外形的转角处要尽量避免尖角，应以圆弧过渡，减少热处理开裂，减少冲裁时尖角处的崩刃和过快磨损。如无特殊要求，在各直线或曲线的连接处允许有 $R > 0.25t$ 的圆角过渡。

3）冲裁件的形状应尽量避免有过长的凸出悬臂和过窄的凹槽。对于软钢、黄铜等材料，其宽度 $b \geqslant 1.5t$，高碳钢或合金钢等硬材料 $b \geqslant 2t$，板料 $t < 1mm$ 时按 1mm 考虑。悬臂和凹槽的长度最大为 $5b$，如图 3-10 所示。

4）为避免工件变形，冲裁件的最小孔边距不能过小，其许可值如图 3-11a 所示。

5）在弯曲件或拉深件上冲孔时，孔边与直壁之间应保持一定距离，以免冲孔时凸模受水平推力而折断，如图 3-11b 所示。

6）冲孔时，因受凸模强度的限制，孔的尺寸不应太小。无导向凸模和有导向的凸模所

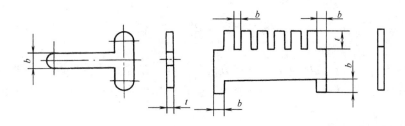

图 3-10 冲裁件外形尺寸最小值

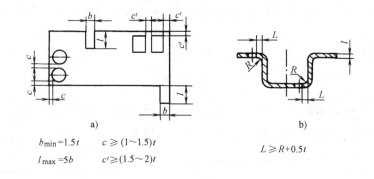

$b_{min} = 1.5t$ $c \geqslant (1 \sim 1.5)t$

$l_{max} = 5b$ $c' \geqslant (1.5 \sim 2)t$

$L \geqslant R + 0.5t$

图 3-11 冲裁件孔边距尺寸

能冲制的最小尺寸分别见表 3-6 和表 3-7。

表 3-6 无导向凸模冲孔的最小尺寸

材 料				
钢 $\tau_b > 700$ MPa	$d \geqslant 1.5t$	$b \geqslant 1.35t$	$b \geqslant 1.2t$	$b \geqslant 1.1t$
钢 $\tau_b = 400 \sim 700$ MPa	$d \geqslant 1.3t$	$b \geqslant 1.2t$	$b \geqslant 1.0t$	$b \geqslant 0.9t$
钢 $\tau_b = 400$ MPa	$d \geqslant 1.0t$	$b \geqslant 0.9t$	$b \geqslant 0.8t$	$b \geqslant 0.7t$
黄铜、铜	$d \geqslant 0.9t$	$b \geqslant 0.8t$	$b \geqslant 0.7t$	$b \geqslant 0.6t$
铝、锌	$d \geqslant 0.8t$	$b \geqslant 0.7t$	$b \geqslant 0.6t$	$b \geqslant 0.5t$
纸胶板、布胶板	$d \geqslant 0.7t$	$b \geqslant 0.6t$	$b \geqslant 0.5t$	$b \geqslant 0.4t$
纸	$d \geqslant 0.6t$	$b \geqslant 0.5t$	$b \geqslant 0.4t$	$b \geqslant 0.3t$

注：t 为料厚(mm)；τ_b 为抗剪强度。

表 3-7 有导向凸模冲孔的最小尺寸

材 料	圆形(直径 d)	矩形(孔宽 b)
硬钢	$0.5t$	$0.4t$
软钢及黄铜	$0.35t$	$0.3t$
铝、锌	$0.3t$	$0.28t$

注：t 为料厚(mm)。

第六节　排　　样

冲裁件在条料、带料或板料上的布置方法叫排样。排样是冲裁模设计中的一项极其重要的工作。排样方案对材料利用率、冲件质量、生产率、模具结构与寿命等都有重要影响。

一、材料经济利用

1. 材料利用率

冲裁件的实际面积与所用板料面积的百分比称为材料利用率，它是衡量合理利用材料的技术经济指标。

一个步距内的材料利用率 η 可用下式表示

$$\eta = \frac{A}{BS} \times 100\% \tag{3-15}$$

式中，A 为一个步距内冲裁件的实际面积(mm^2)；B 为条料宽度(mm)；S 为步距(mm)。

若考虑到料头、料尾和边余料的消耗，则一张板料(或带料、条料)上总的材料利用率 η_Z 为

$$\eta_Z = \frac{nA_1}{BL} \times 100\% \tag{3-16}$$

式中，n 为一张板料(或带料、条料)上的冲裁件总数目；A_1 为一个冲裁件的实际面积(mm^2)；B 为板料(或带料、条料)宽度(mm)；L 为板料(或带料、条料)长度(mm)。

2. 提高材料利用率的方法

冲裁所产生的废料可分为两类，如图 3-12 所示：一类是结构废料，是由冲件的形状特点产生的；另一类是由于冲件之间和冲件与条料侧边之间的搭边，以及料头、料尾和边余料而产生的废料，称为工艺废料。

要提高材料利用率，主要应从减少工艺废料的角度着手。减少工艺废料的有力措施是：设计合理的排样方案，选择合适的板料规格和合理的裁板法(减少料头、料尾和边余料)，利用废料制作小零件(如表 3-8 中的混合排样)等。

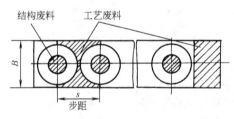

图 3-12　废料分类

二、排样方法

根据材料的合理利用情况，条料排样方法可分为以下三种。

(1) 有废料排样(图 3-13a)　沿冲件全部外形冲裁，在冲件周边都留有搭边，因此材料利用率低，但冲件尺寸完全由冲模来保证，因此精度高，模具寿命也长。生产中绝大多数冲裁件都采用有废料排样。

(2) 少废料排样(图 3-13b)　沿冲件部分外形切断或冲裁，只在冲件之间或冲件与条料侧边之间留有搭边。因受剪裁条料质量和定位误差的影响，其冲件质量稍差，同时边缘毛刺被凸模带入间隙会影响模具寿命，但材料利用率稍高，冲模结构简单。

（3）无废料排样（图 3-13c、d）　沿直线或曲线切断条料而获得冲件，无任何搭边。冲件的质量和模具寿命更差一些，但材料利用率最高。另外，如图 3-13c 所示，当送进步距为两倍零件宽度时，一次切断便能获得两个冲件，有利于提高劳动生产率。

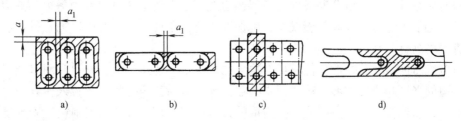

图 3-13　排样方法分类

此外，有废料排样和少、无废料排样还可以进一步按冲裁件在条料上的布置方式加以分类，见表 3-8。

表 3-8　排 样 方 法

排样形式	有废料排样		少、无废料排样	
	简 图	应 用	简 图	应 用
直排		用于简单几何形状（方形、矩形、圆形）的冲件		用于矩形或方形冲件
斜排		用于 T 形、L 形、S 形、十字形、椭圆形冲件	第1方案　第2方案	用于 L 形或其他形状的冲件，在外形上允许有不大的缺陷
直对排		用于 T 形、冂形、山形、梯形、三角形、半圆形的冲件		用于 T 形、冂形、山形、梯形、三角形零件、在外形上允许有不大的缺陷
混合排		用于材料及厚度都相同的两种以上的冲件		用于两个外形互相嵌入的不同冲件（铰链等）
多排		用于大批生产中尺寸不大的圆形、六角形、方形、矩形冲件		用于大批生产中尺寸不大的方形、矩形及六角形冲件
冲裁搭边		用于大批生产中小的窄冲件（表针及类似的冲件）或带料的连续拉深		用于以宽度均匀的条料或带料冲制长形件

三、搭边值与条料宽度的确定

1. 搭边值的确定

排样时冲裁件之间，以及冲裁件与条料侧边之间留下的工艺废料称为搭边。搭边有两个作用：一是补偿了定位误差和剪板误差，确保冲出合格零件；二是可以增加条料刚度，方便条料送进，提高劳动生产率。

搭边宽度对冲裁过程及冲裁件质量有很大的影响。搭边过大时，材料利用率低；搭边过小时，搭边的强度和刚度不够，在冲裁中将被拉断，有时甚至会将单边拉入模具间隙，造成冲裁力不均，损坏模具刃口。因此，搭边值的设置应当合理，其数值目前由经验确定。一般来说，硬材料的搭边值可小些，软材料、脆材料的搭边值要大一些；冲裁尺寸大或是有尖突的复杂形状时，搭边值取大些；厚材料的搭边值取大一些；用手工送料、有侧压装置的搭边值可小些。搭边值的经验数据可以查有关设计手册。

2. 条料宽度的确定

在排样方案和搭边值确定之后，就可以确定条料的宽度和导料板之间的距离，可分为以下三种情况。

（1）有侧压装置（图3-14） 有侧压装置的模具能使条料始终紧靠同一侧导料板送进，因此只需在条料与另一侧导料板间留有间隙，故按下式计算：

条料宽度 $\qquad B_{-\Delta}^{\ 0} = (D_{max} + 2a)_{-\Delta}^{\ 0}$ $\qquad$ (3-17)

导料板之间的距离 $\qquad A = B + Z = D_{max} + 2a + Z$ $\qquad$ (3-18)

（2）无侧压装置（图3-15） 对于无侧压装置的模具，应考虑在送料过程中因条料的摆动而使侧面搭边减少的问题。为了补偿侧面搭边的减少，条料宽度应增加一个条料可能的摆动量，故按下式计算：

条料宽度 $\qquad B_{-\Delta}^{\ 0} = (D_{max} + 2a + Z)_{-\Delta}^{\ 0}$ $\qquad$ (3-19)

导料板之间的距离 $\qquad A = B + Z = D_{max} + 2a + 2Z$ $\qquad$ (3-20)

式中，D_{max} 为条料宽度方向冲裁件的最大尺寸；a 为侧搭边值；Δ 为条料宽度的单向（负向）偏差；Z 为导料板与最宽条料之间的间隙。

a、Δ、Z 值可查有关设计手册。

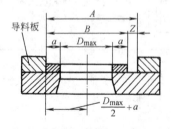

图3-14　有侧压装置的冲裁

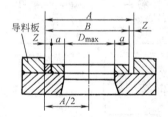

图3-15　无侧压装置的冲裁

（3）有侧刃定距（图3-16） 当条料的送进步距用侧刃定位时，条料宽度必须增加侧刃切去的部分，故按下式计算：

条料宽度

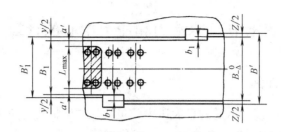

图 3-16 有侧刃的冲裁

$$B_{-\Delta}^{\ 0} = (L_{\max} + 2a' + nb_1)_{-\Delta}^{\ 0} = (L_{\max} + 1.5a + nb_1)_{-\Delta}^{\ 0} \quad (a' = 0.75a) \tag{3-21}$$

导料板之间的距离

$$B' = B + Z = L_{\max} + 1.5a + nb_1 + Z \tag{3-22}$$

$$B_1' = L_{\max} + 1.5a + y \tag{3-23}$$

式中，$L_{\max}$ 为条料宽度方向冲裁件的最大尺寸；a 为侧搭边值；n 为侧刃数；b_1 为侧刃冲切的料边宽度，通常取 $b_1 = 1.5 \sim 2.5\text{mm}$，薄料取小值，厚料取大值；$Z$ 为冲切前的条料宽度与导料板间的间隙；y 为冲切后的条料宽度与导料板间的间隙，通常取 $y = 0.1 \sim 0.2\text{mm}$。

四、排样设计实例

例 3-2 如图 3-17 所示工件的材料为酚醛层压布板，料厚 t 为 1mm，请选择合理的排样方案。

解 首先分析零件的形状特点及精度要求，考虑采用有废料排样方法，图 3-18 为此制件的三种排样方案，现就这三种方案进行比较分析：方案Ⅰ与方案Ⅱ为直排，方案Ⅲ为斜排。三种方案从制件精度、冲模结构及模具寿命相比都差不多，但从材料利用率考虑，方案Ⅲ的材料利用率最高，因此认为方案Ⅲ为最合理的排样方案。

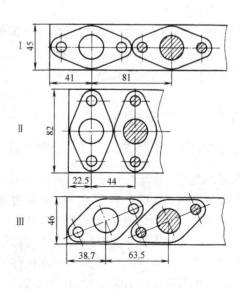

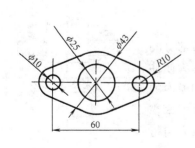

图 3-17 工件

图 3-18 排样方案

第七节　冲裁力和压力中心的计算

一、冲裁力行程曲线

冲裁力是指冲裁时凸模所承受的最大压力，包括施加给板料的正压力和摩擦阻力。冲裁力随凸模行程变化的曲线如图 3-19 所示，其变化规律反映了板料冲裁过程变形的特点。冲裁力随凸模行程的变化情况，将受板料性质和冲裁间隙的较大影响。图中曲线 1 表示塑性材料在合理间隙冲裁时的冲裁力曲线。曲线 2 表示塑性材料在过小间隙冲裁时的冲裁力曲线，此时由于间隙过小，剪切作用增强，塑性剪切面将增大，因此最大冲裁力将推迟出现，其值也将增大。曲线 2 同时表示了冲裁力的第二峰值，这是由于间隙过小出现了第二次剪切现象的结果。曲线 3 表示了脆性材料在合理间隙冲裁时的冲裁力曲线，它有两个明显的特点，一是最大冲裁力明显增大了，二是最大冲裁力出现得较早。

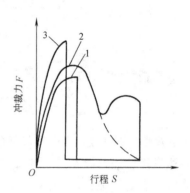

图 3-19　冲裁力随凸模行程
变化的曲线
1—塑性材料（合理间隙）　2—塑性材料
（过小间隙）　3—脆性材料（合理间隙）

二、冲裁力的计算

通常说的冲裁力是指冲裁力的最大值，它是选用压力机和设计模具的重要依据之一。

平刃口冲裁模的冲裁力 F 一般按下式计算

$$F = KLt\tau_b \tag{3-24}$$

式中，F 为冲裁力（N）；L 为冲裁周边长度（mm）；t 为材料厚度（mm）；τ_b 为材料抗剪强度（MPa）；K 为系数。

系数 K 是考虑到实际生产中，模具间隙值的波动和不均匀、刃口的磨损、板料力学性能和厚度波动等因素的影响而给出的修正系数，一般取 $K = 1.3$。

为计算简便，也可按下式估算冲裁力

$$F \approx Lt\sigma_b \tag{3-25}$$

式中，σ_b 为材料抗拉强度（MPa）。

三、卸料力、推件力及顶件力的计算

板料经冲裁后，由于弹性变形恢复的作用，将使冲落部分的材料梗塞在凹模内，而冲裁剩下的材料则紧箍在凸模上。为使冲裁工作继续进行，必须将箍在凸模上的料卸下，将卡在凹模内的料推出。从凸模上卸下箍着的料所需要的力称卸料力；将梗塞在凹模内的料顺冲裁方向推出所需要的力称推件力；逆冲裁方向将料从凹模内顶出所需要的力称顶件力（图 3-20）。

卸料力、推件力和顶件力是从压力机、卸料装置或顶件装置

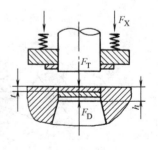

图 3-20　卸料力、推
件力和顶件力

中获得的，所以在选择设备的公称压力或设计冲模时应分别予以考虑。影响这些力的因素较多，主要有材料的力学性能、材料的厚度、模具间隙、凹模洞口的结构、搭边大小、润滑情况等，一般常用下列经验公式计算：

卸料力 $F_X = K_X F$ (3-26)

推件力 $F_T = n K_T F$ (3-27)

顶件力 $F_D = K_D F$ (3-28)

式中，F 为冲裁力（N）；n 为同时梗塞在凹模内的工件（或废料）数

$$n = \frac{h}{t}$$

h 为凹模洞口的直壁高度（mm）；t 为材料厚度（mm）；K_X、K_T、K_D 为卸料力系数、推件力系数、顶件力系数，见表3-9。

表 3-9 卸料力系数、推件力系数和顶件力系数

料厚 t/mm		K_X	K_T	K_D
钢	≤0.1	0.065 ~ 0.075	0.1	0.14
	>0.1 ~ 0.5	0.045 ~ 0.055	0.063	0.08
	>0.5 ~ 2.5	0.04 ~ 0.05	0.055	0.06
	>2.5 ~ 6.5	0.03 ~ 0.04	0.045	0.05
	>6.5	0.02 ~ 0.03	0.025	0.03
铝、铝合金		0.025 ~ 0.08	0.03 ~ 0.07	
纯铜、黄铜		0.02 ~ 0.06	0.03 ~ 0.09	

注：卸料力系数 K_X 在冲多孔、大搭边和轮廓复杂制件时取上限值。

四、压力机公称压力的确定

压力机的公称压力必须大于或等于冲压力。计算总冲压力 F_Z，原则上只计算同时发生的力，并应根据不同的模具结构分别对待。

采用弹性卸料装置和下出料方式的冲裁模时

$$F_Z = F + F_X + F_T$$ (3-29)

采用弹性卸料装置和上出料方式的冲裁模时

$$F_Z = F + F_X + F_D$$ (3-30)

采用刚性卸料装置和下出料方式的冲裁模时

$$F_Z = F + F_T$$ (3-31)

五、降低冲裁力的方法

如果所需冲裁力受到现有设备公称压力的限制，或者要使冲裁过程平稳以减少压力机振动，常用下列方法来降低冲裁力。

（1）阶梯凸模冲裁 在多凸模的冲模中，可将凸模设计成不同长度（图3-21），使各凸模冲裁力的最大峰值不同时出现，以降低总的冲裁力。采用阶梯凸模方法应注意以下两点：

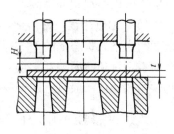

图 3-21 凸模的阶梯布置法

1）在几个凸模直径相差较大，相距又很近的情况下，应先冲大孔，后冲小孔，避免小凸模产生折断或倾斜。

2）凸模间的高度差 H 与板料厚度 t 有关，即 $t<3$mm 时，$H=t$；$t>3$mm 时，$H=0.5t$。

（2）斜刃冲裁 斜刃冲裁是将凸模（或凹模）刃口平面做成与其轴线倾斜一个角度，冲裁时刃口就不是全部同时切入，而是逐步地将材料切离，因而能显著降低冲裁力。

为了获得平整的工件，落料时凸模应为平刃，将凹模作成斜刃（图3-22a、b）；冲孔时则凹模应为平刃，凸模为斜刃（图3-22c、d、e）。斜刃还应当对称布置，以免冲裁时模具因承受单向侧压力而发生偏移，啃伤刃口（图3-22a～e）。向一边斜的斜刃只能用于切舌或切开（图3-22f）。

设计斜刃冲裁模时，斜刃角 φ 和斜刃高度 H 与板料厚度 t 有关，可查阅相关设计手册，平刃部分的宽度取 0.5～3mm（图3-22）。

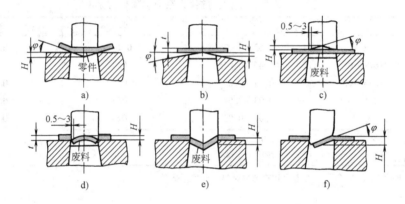

图 3-22 各种斜刃的形式

a）、b）落料用 c）、d）、e）冲孔用 f）切舌用

斜刃冲裁力可用下面简化公式计算

$$F_x = KF \tag{3-32}$$

式中，F_x 为斜刃口的冲裁力（N）；F 为平刃口的冲裁力（N）；K 为减力系数，与斜刃高度 H 有关。当 $H=t$ 时，$K=0.4～0.6$；$H=2t$ 时，$K=0.2～0.4$。

斜刃冲模虽有降低冲裁力使冲裁过程平稳的优点，但模具制造复杂，刃口易磨损，修磨困难，冲件不够平整，且不适于冲裁外形复杂的冲件，因此在一般情况下尽量不用，只用于大型冲件或厚板的冲裁。

最后应当指出，采用斜刃冲裁或阶梯凸模冲裁时，冲裁力虽然降低了，但冲裁行程却延长了，所以冲裁功并不减少。

（3）加热冲裁 材料加热后抗剪强度显著降低，例如，10钢在加热到700℃时的抗剪强度约为室温状态下的1/3，因此加热冲裁能够降低冲裁力。但加热带来的问题很多，不仅增加了工序和能源消耗，而且加热后会产生很厚的氧化皮，给后续加工带来很多麻烦。因此，加热冲裁一般只适用于厚板或表面质量及精度要求不高的零件。

六、冲模压力中心的确定

冲压力合力的作用点称为模具的压力中心，模具的压力中心应该通过压力机滑块的中心线。对于有模柄的冲模来说，须使压力中心通过模柄的中心线。否则，冲压时滑块就会承受偏心载荷，导致滑块导轨和模具导向部分不正常的磨损，还会使合理间隙得不到保证，从而影响制件质量和降低模具寿命，甚至损坏模具。在实际生产中，可能出现冲模压力中心在冲压过程中发生变化的情况，或者由于冲件的形状特殊，从模具结构考虑，不宜使压力中心与模柄中心线相重合的情况，这时应注意使压力中心的偏离不致超出所选用压力机允许的范围。

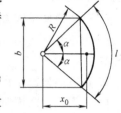

图 3-23 圆弧段的压力中心

冲裁形状对称的冲件时，其压力中心位于冲件轮廓图形的几何中心。冲裁直线段时，其压力中心位于直线段的中点。冲裁圆弧线段时，其压力中心的位置（图 3-23）按下式计算

$$x_0 = R \frac{180° \times \sin\alpha}{\pi\alpha} \qquad (3-33)$$

或
$$x_0 = R \frac{b}{l} \qquad (3-34)$$

式中，l 为弧长；R 为半径；b 为弦长。

确定复杂形状冲裁件的压力中心和多凸模模具的压力中心时，常采用下面几种方法。

（1）多凸模冲裁时的压力中心　根据理论力学，对于平行力系，合力对某轴之力矩等于各分力对同轴力矩之和，而冲裁力 F 与冲裁的周边长度 L 成正比，由此可得压力中心坐标（x_0、y_0）。

$$x_0 = \frac{L_1 x_1 + L_2 x_2 + \cdots + L_n x_n}{L_1 + L_2 + \cdots + L_n} = \frac{\sum_{i=1}^{n} L_i x_i}{\sum_{i=1}^{n} L_i} \qquad (3-35)$$

$$y_0 = \frac{L_1 y_1 + L_2 y_2 + \cdots + L_n y_n}{L_1 + L_2 + \cdots + L_n} = \frac{\sum_{i=1}^{n} L_i y_i}{\sum_{i=1}^{n} L_i} \qquad (3-36)$$

（2）冲裁复杂形状零件时的压力中心　冲裁复杂形状零件时，其压力中心的计算公式与多凸模冲裁压力中心求解公式相同。具体求法按下面步骤进行：

1）选定坐标轴 x 和 y。

2）将组成图形的轮廓线划分为若干简单的线段，求出各线段长度和各线段的重心位置。

3）然后按上面公式算出压力中心的坐标。

第八节　冲裁模分类及典型冲裁模结构分析

一、冲裁模的分类

冲裁模的形式很多，一般可按下列不同特征分类。

（1）按工序性质分类　可分为落料模、冲孔模、切断模、切边模、切舌模、剖切模、

整修模、精冲模等。

（2）按工序组合程度分类　可分为单工序模(俗称简单模)、复合模和级进模(俗称连续模)。

（3）按模具导向方式分类　可分为无导向的开式模和有导向的导板模、导柱模等。

（4）按卸料与出件方式分类　可分为固定卸料式与弹压卸料式模具、顺出件与逆出件式模具。

（5）按挡料或定距方式分类　分为挡料销式、导正销式、侧刃式等模具。

（6）按凸、凹模所用材料不同分类　可分为钢模、硬质合金模、钢带冲模、锌基合金模、橡胶冲模等。

（7）按自动化程度分类　可分为手动模、半自动模和自动模。

二、典型冲裁模的结构分析

尽管有的冲裁模很复杂，但总是分为上模和下模，上模一般固定在压力机的滑块上，并随滑块一起运动，下模固定在压力机的工作台上。下面分别叙述各类冲裁模的结构、工作原理、特点及应用场合。

1. 单工序模

（1）无导向单工序冲裁模　图3-24所示为无导向固定卸料式落料模。上模由凸模2和模柄1组成，凸模2直接用一个螺钉吊装在模柄1上，并用两个销钉定位。下模由凹模4、下模座5、固定卸料板3组成，并用四个螺钉联接，两个销钉定位。导料板与固定卸料板制成一体。送料方向的定距由回带式挡料装置6来完成。

无导向冲裁模的特点是结构简单、制造周期短、成本较低，但模具本身无导向，需依靠压力机滑块进行导向，安装模具时调整凸、凹模间隙较麻烦且不易均匀。因此冲裁件质量差，模具寿命低，操作不够安全。一般适用于冲裁精度要求不高、形状简单、批量小的冲裁件。

（2）导板式单工序冲裁模　图3-25所示为固定导板导向式落料模。该模具的主要特点是上模与下模的导向是靠凸

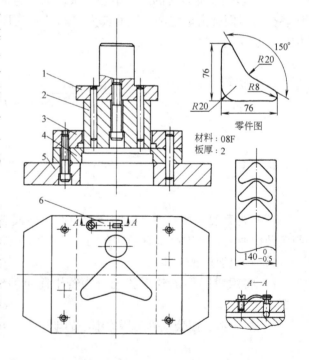

图 3-24　无导向固定卸料式落料模
1—模柄　2—凸模　3—固定卸料板
4—凹模　5—下模座　6—回带式挡料销

模2与导板4的小间隙配合(H7/h6)实现的。这类模具的安装调整比无导向式模具方便，工件质量比较稳定，模具寿命较高，操作安全。这种模具的缺点是必须采用行程可调压力机，保证使用过程中凸模与导板不脱离，以保持其导向精度，甚至在刃磨时也不允许凸模与导板

脱离，以免损害其导向精度。

凸模 2 采用了工艺性很好的直通式结构，与凸模固定板 1 的型孔可取 H9/h8间隙配合，而不需一般模具采用的过渡配合。这是因为凸模与导板已有了良好的配合且始终不脱离。

（3）导柱式单工序冲裁模　图 3-26所示为导柱式落料模，模具上、下模之间的相对运动用导柱 11 与导套 10 导向。凸、凹模在进行冲裁之前，导柱已经进入导套，从而保证了在冲裁过程中凸模 3 和凹模 15 之间间隙的均匀性。

条料的送进定位依靠导料板 18 和挡料销 17 实现，弹压卸料装置由卸料板 12、卸料螺钉 1 和橡胶 22 组成。在凸、凹模进行冲裁工作之前，由于橡胶的作用，卸料板先压住板料，上模继续下压时进行冲裁分离，此时橡胶被压缩。上模回程时，由于橡胶恢复，推动卸料板把箍在凸模上

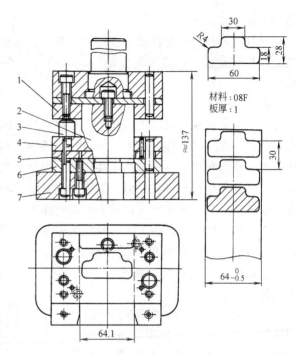

材料：08F
板厚：1

图 3-25　固定导板导向式冲裁模
1—凸模固定板　2—凸模　3—限位柱
4—导板　5—导料板　6—凹模　7—下模座

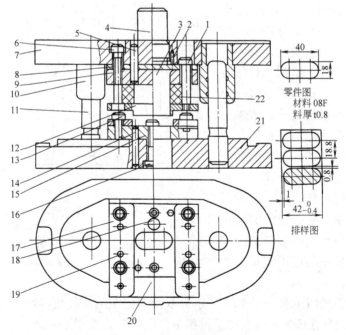

零件图
材料 08F
料厚 t0.8

排样图

图 3-26　导柱式落料模
1—卸料螺钉　2—防转销　3—凸模　4—模柄　5、14、19—圆柱销钉
6、13、16—内六角圆柱头螺钉　7—上模座　8—垫板　9—凸模固定板
10—导套　11—导柱　12—卸料板　15—凹模　17—挡料销
18—导料板　20—承料板　21—下模座　22—橡胶

的边料卸下来。

导柱式冲裁模的导向比导板模的可靠,其精度高、寿命长、使用安装方便,但轮廓尺寸较大、模具较重、制造工艺复杂、成本较高。它广泛用于生产批量大、精度要求高的冲裁件。

2. 级进模

级进模可在压力机一次行程中,在模具的不同位置上同时完成数道冲压工序。级进模所完成的同一零件的不同冲压工序是按一定顺序、相隔一定步距排列在模具的送料方向上的,压力机一次行程得到一个或数个冲压件。因此其生产效率很高,减少了模具和设备的数量,便于实现冲压生产自动化。但级进模结构复杂,制造困难,成本高。多用于生产批量大、精度要求较高、需要多工序冲裁的小零件的加工。

由于级进模工位数较多,因而用级进模冲制零件时,必须解决条料或带料的准确定位问题,才可能保证冲压件的质量。根据级进模定位零件的特征,级进模有以下两种典型结构。

(1)固定挡料销和导正销定位的级进模 图 3-27 所示为固定挡料销和导正销定位的级进模。工作零件包括冲孔凸模 3、落料凸模 4、凹模 7,定位零件包括导板兼卸料板 5、始用挡料销 10、固定挡料销 8、导正销 6。上下模靠导板兼卸料板 5 导向。工作时,用手按入始用挡料销限定条料的初始位置,进行冲孔。始用挡料销在弹簧作用下复位后,条料再送进一个步距,以固定挡料销粗定位;落料时以装在落料凸模端面上的导正销进行精定位,保证零件上的孔与外圆的相对位置精度。模具的导板兼作卸料板和导料板。采用这种级进模,当冲压件的形状不适合用装在凸模上的导正销定位时,可在条料上的废料部分冲出工艺孔,利用装在凸模固定板上的导正销进行导正。

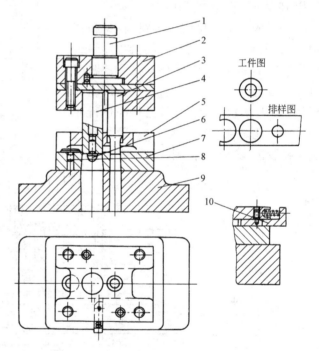

图 3-27 固定挡料销和导正销定位的级进模
1—模柄 2—上模座 3—冲孔凸模 4—落料凸模
5—导板兼卸料板 6—导正销 7—凹模 8—固定
挡料销 9—下模座 10—始用挡料销

(2)侧刃定距的级进模 图 3-28 所示为双侧刃定距的冲孔落料级进模。侧刃是特殊功用的凸模,其作用是在压力机每次冲压行程中,沿条料边缘切下一块长度等于步距的料边。由于沿送料方向上,侧刃前后两导料板的间距不同,前宽后窄形成一个凸肩,所以条料上只有切去料边的部分方能通过,通过的距离即等于步距。为了减少料尾损耗,尤其是对于工位较多的级进模,可采用两个侧刃前后对角排列的方式,该模具就是这样排列的。此外,由于该模具冲裁的板料较薄(0.3mm),又是侧刃定距,所以需要采用弹压卸料代替刚性卸料。

　　侧刃定距的级进模定位精度较高，生产效率高，送料操作方便，但材料的消耗增加，冲裁力增大。

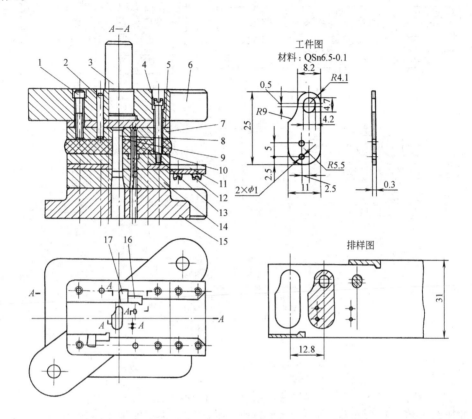

图 3-28　双侧刃定距的冲孔落料级进模
1—内六角圆柱头螺钉　2—销钉　3—模柄　4—卸料螺钉　5—垫板　6—上模座
7—凸模固定板　8、9、10—凸模　11—导料板　12—承料板　13—卸料板
14—凹模　15—下模座　16—侧刃　17—侧刃挡块

　　（3）级进模的排样设计　应用级进模冲压时，排样设计十分重要，不但要考虑材料的利用率，还应考虑零件的精度要求、冲压成形规律、模具结构及模具强度等问题。具体应注意以下几点：

　　1）零件精度对排样的要求。零件精度要求高的，除了注意采用精确的定位方法外，还应尽量减少工位数，以减少工位积累误差；孔距公差较小的应尽量在同一工步中冲出。

　　2）模具结构对排样的要求。当零件较大或零件虽小但工位较多时，应尽量减少工位数，可采用连续—复合排样法(图 3-29a)，以减小模具轮廓尺寸。

　　3）模具强度对排样的要求。孔距小的冲件，其孔要分步冲出(图 3-29b)；工位之间凹模壁厚小的，应增设空步(图 3-29c)；外形复杂的冲件应分步冲出，以简化凸、凹模形状，增强其强度，便于加工和装配(图 3-29d)。侧刃的位置应尽量避免导致凸、凹模局部工作而损坏刃口(图 3-29b)，将侧刃与落料凹模刃口距离增大 0.2 ~ 0.4mm，就是为了避免落料凸、凹模切下条料端部的极小宽度。

　　4）零件成形规律对排样的要求。需要弯曲、拉深、翻边等成形工序的零件在采用级进

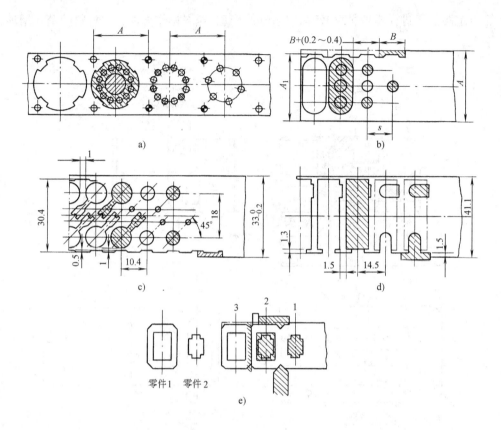

图3-29 级进模的排样设计

模进行冲压时，位于成形过程变形部位上的孔，一般应安排在成形工步之后冲出，落料或切断工步一般安排在最后工位上。

全部为冲裁工步的级进模，一般是先冲孔后落料或切断。先冲出的孔可作为后续工位的定位孔；若该孔不适合定位或当定位精度要求较高时，则应冲出辅助定位工艺孔（导正销孔图3-29a）。

套料级进冲裁时（图3-29e），按由里向外的顺序，先冲内轮廓后冲外轮廓。

3. 复合模

复合模可在压力机的一次行程中，在一副模具的同一位置上完成数道冲压工序，压力机一次行程一般得到一个冲压件。复合模也是一种多工序的冲模。它在结构上的主要特征是有一个既是落料凸模又是冲孔凹模的凸凹模。复合模按照工作零件的安装位置不同，分为正装式复合模和倒装式复合模两种类型。

（1）正装式复合模（又称顺装式复合模） 图3-30所示为正装式落料冲孔复合模，凸凹模6在上模，落料凹模8和冲孔凸模11在下模。工作时，板料以导料销13和挡料销12定位。上模下压，凸凹模外形和凹模8进行落料，落下的冲件卡在凹模中，同时冲孔凸模与凸凹模内孔进行冲孔，冲孔废料卡在凸凹模孔内。卡在凹模中的冲件由顶件装置从凹模中顶出。该模具采用装在下模座底下的弹顶器推动顶杆和顶件块，弹性元件的高度不受模具有关空间的限制，顶件力的大小容易调节，可获得较大的顶件力。卡在凸凹模内的冲孔废料由推件装置推出。每冲裁一次，冲孔废料被推下一次，凸凹模孔内不积存废料，胀力小，不易破裁。由于采用了固定挡料销和导料销，因此在卸料板上须钻出让位孔，或者采用活动导料销和挡料销。

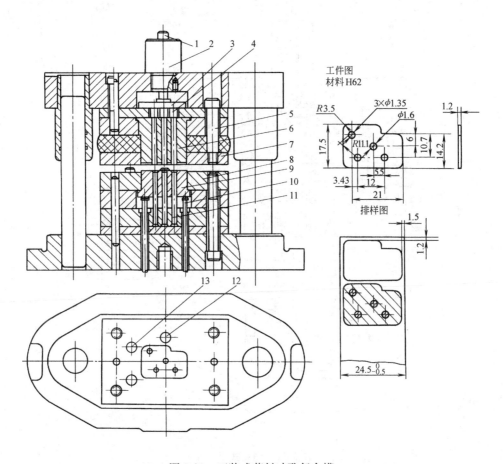

图 3-30 正装式落料冲孔复合模

1—打杆 2—旋入式模柄 3—推板 4—推杆 5—卸料螺钉 6—凸凹模 7—卸料板
8—落料凹模 9—顶件块 10—带肩顶杆 11—冲孔凸模 12—挡料销 13—导料销

可以看出，正装式复合模工作时，板料是在压紧的状态下分离的，因此冲出的冲件平直度较高。但冲孔废料落在下模工作面上不易清除，有可能影响操作和安全，从而影响了生产率。

（2）倒装式复合模 图 3-31 所示为倒装式复合模。凸凹模 3 装在下模，落料凹模 5 和冲孔凸模 6 装在上模。模具工作时，条料沿两个导料销 1 送至活动挡料销 2 处定位。冲裁时，上模向下运动，因弹压卸料板与安装在凹模型孔内的推件板 10 分别高出凸凹模和落料凹模的工作面约 0.5mm，故首先将条料压紧。上模继续向下，同时完成冲孔和落料。冲孔废料直接由冲孔凸模从凸凹模内孔推下，无顶件装置，结构简单，操作方便。卡在凹模中的冲件由打杆 7、推板 8、推杆 9 和推件板 10 组成的刚性推件装置推出。

倒装式复合模的冲孔废料直接由冲孔凸模从凸凹模内孔推下，其结构简单，操作方便。但凸凹模内积存废料，胀力较大，因此倒装式复合模因受凸凹模最小壁厚的限制，不易冲制孔壁过小的工件。同时，采用刚性推件的倒装式复合模，板料不是处在被压紧的状态下冲

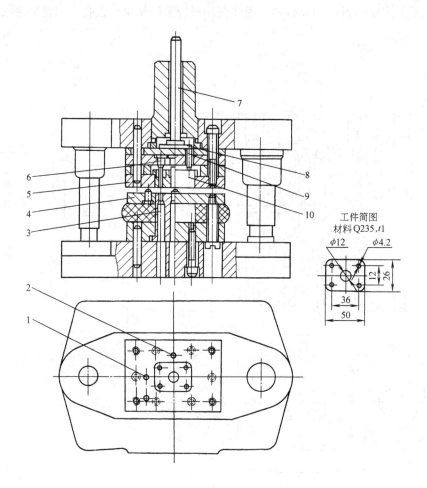

图 3-31 倒装式复合模

1—导料销 2—挡料销 3—凸凹模 4—弹压卸料板 5—落料凹模
6—冲孔凸模 7—打杆 8—推板 9—推杆 10—推件板

裁，因而平面度不高。这种结构适用于冲裁较硬的或厚度大于 0.3mm 的板料。

从正装式和倒装式复合模结构分析中可以看出，两者各有优缺点。正装式较适用于冲制材料较软的或板料较薄的平面度要求较高的冲裁件，还可以冲制孔边距离较小的冲裁件。倒装式不宜冲制孔边距离较小的冲裁件，但其结构简单，又可以直接利用压力机的打杆装置进行推件，卸件可靠，便于操作，并为机械化出件提供了有利条件，故应用十分广泛。

总之，复合模的生产率较高，冲裁件的内孔与外缘的相对位置精度高，板料的定位精度要求比级进模低，冲模的轮廓尺寸较小。但复合模结构复杂，制造精度要求高、成本高、复合模主要用于生产批量大、精度要求高的冲裁件。

4. 三类模具的特点与选用

表 3-10 是三类模具的特点比较，设计时必须根据冲裁件的生产批量、尺寸精度要求、形状大小和复杂程度和生产条件等多方面因素进行考虑。

表 3-10　单工序模、级进模和复合模的特点比较

项　　目	单 工 序 模	级 进 模	复 合 模
冲压精度	较低	较高（IT10~IT13）	高（IT8~IT11）
制件平整程度	一般	不平整，高质量件须校平	因压料较好，制件平整
冲模制造的难易程度及价格	容易、价格低	简单形状制件的级进模比复合模制造难度低，价格也较低	复杂形状制件的复合模比级进模制造难度低，相对价格低
生产率	较低	最高	高
使用高速自动压力机的可能性	有自动送料装置，可以连冲，但速度不能太高	适用于高速自动压力机	不宜用高速自动压力机
材料要求	条料要求不严格，可用边角料	条料或卷料，要求严格	除用条料外，小件可用边角料，但生产率低
生产安全性	不安全	比较安全	不安全，要有安全装置

（1）根据制件的生产批量决定模具类型　一般来说，小批量生产时，应力求模具结构简单、生产周期短、成本低，宜采用单工序模；大批量生产时，模具费用在冲裁件成本中所占比例相对较小，可选用复合模或级进模。

（2）根据制件的尺寸精度要求决定模具类型　复合模的冲压精度高于级进模，而级进模又高于单工序模。

（3）根据制件的形状大小和复杂程度决定模具类型　一般情况下，对于大型制件，为便于制造模具并简化模具结构，应采用单工序模；对于小型且形状复杂的制件，常用复合模或级进模。

第九节　冲裁模主要部件和零件的设计与选用

一、冲模零件的分类

尽管各类冲裁模的结构形式和复杂程度不同，但组成模具的零件种类是基本相同的，根据它们在模具中的功用和特点，可以分成两类。

（1）工艺零件　这类零件直接参与完成工艺过程并和毛坯直接发生作用，包括工作零件、定位零件、卸料和压料零件。

（2）结构零件　这类零件不直接参与完成工艺过程，也不和毛坯直接发生作用，包括导向零件、支撑零件、紧固零件和其他零件。

冲模零件的详细分类见表 3-11。

表 3-11 冲模零件分类

工 艺 零 件			结 构 零 件			
工作零件	定位零件	卸料和压料零件	导向零件	支撑零件	紧固零件	其他零件
凸模 凹模 凸凹模	挡料销 始用挡料销 导正销 定位销、定位板 导料销、导料板 侧刃、侧刃挡块 承料板	卸料装置 压料装置 顶件装置 推件装置 废料切刀	导柱 导套 导板 导筒	上、下模座 模柄 凸、凹模固 定板 垫板 限位支撑装置	螺钉 销钉 键	弹性件 传动零件

应该指出，由于新型的模具结构不断涌现，尤其是自动模、级进模等的不断发展，所以模具零件也在增加。传动零件及用以改变运动方向的零件（如侧楔、滑板、铰链接头等）用得越来越多。

目前，冷冲模最新标准有 GB/T 2851—2008、GB/T 2861.1～11—2008、JB/T 7645—2008～JB/T 7649—2008。

二、工作零件

1. 凸模

（1）凸模的结构类型

1）标准圆凸模。按 JB/T 5825—2008 规定，圆凸模有三种结构形式：A 型和 B 型圆凸模及快换圆凸模。其中，A 型圆凸模的结构形式如图 3-32b 所示，直径尺寸范围 $d=1.1～30.2mm$。

B 型圆凸模的结构形式与 A 型稍有不同，它没有中间过渡段，如图 3-32a 所示。直径尺寸范围 $d=3.0～30.2mm$。

快换圆凸模的结构形式如图 3-32c 所示，其固定段按 h6 级制造，与通用模柄为小间隙配合，便于更换。而 A 型和 B 型圆凸模的固定段均按 m6 级制造。

2）凸缘式凸模。如图 3-33 所示，凸缘式凸模的工作段截面一般是非圆形的，而固定段截面则取圆形、方形、矩形等简单形状，以便加工固定板的型孔。但当固定段取圆形时，必须在凸缘边缘处加骑缝螺钉或销钉。凸缘式凸模工作段的工艺性不好，因此当刃口形状复杂时不宜采用。

3）直通式凸模。直通式凸模的截面形状沿全长是一样的，便于成形磨削或线切割加工，且可以先淬火，后精加工，因此得到了广泛应用。直通式凸模的固定方法有以下几种：

① 用螺钉吊装固定凸模。图 3-34 给出三种固定凸模的结构形式。其中，图 3-34a 的固定板不加工固定凸模的形孔，因此须增加两个销子对凸模进行定位。图 3-34b 的固定板要加工出通孔，通常按凸模实际尺寸配作成 H7/n6 配合。

② 用低熔点合金或环氧树脂固定凸模。当凸模截面尺寸较小、不允许用螺钉吊装固定时，可采用低熔点合金或环氧树脂固定凸模。

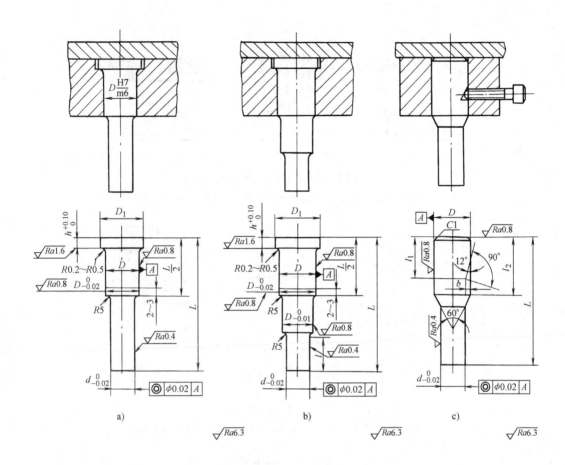

图 3-32 标准圆凸模

图 3-35 给出了用低熔点合金固定凸模的基本结构形式。低熔点合金的硬度和强度较低，一般冲裁板厚不大于 2mm 时是可靠的。

图 3-36 给出了用环氧树脂固定凸模的几种结构形式及其适用范围。

（2）凸模长度计算 凸模长度主要根据模具结构，并考虑修磨、操作安全、装配等的需要来确定。当按冲模典型组合标准选用时，则可取标准长度，否则应该进行计算。例如，采用固定卸料板和导料板冲模（图 3-37），其凸模长应按下式计算

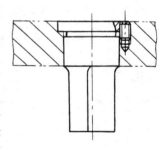

图 3-33 凸缘式凸模

$$L = h_1 + h_2 + h_3 + h \tag{3-37}$$

式中，h_1 为凸模固定板厚度（mm）；h_2 为固定卸料板厚度（mm）；h_3 为导料板厚度（mm）；h 为增加长度（mm），它包括凸模的修磨量、凸模进入凹模的深度（0.5 ~ 1mm）、凸模固定板与卸料板之间的安全距离（一般取 10 ~ 20mm）等。

如果是弹压卸料装置，则没有导料板厚度 h_3 这一项，而应考虑固定板至卸料板间弹性元件的高度。

（3）凸模的强度与刚度校核 在一般情况下，凸模的强度和刚度是足够的，没必要进行校核，但是当凸模的截面尺寸很小而冲裁的板料厚度较大，或者根据结构需要确定的凸模

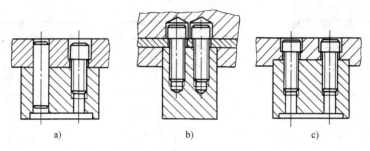

图 3-34 用螺钉吊装的凸模

a) 固定板不加工型孔 b) 固定板有通型孔 c) 固定板有不通型孔

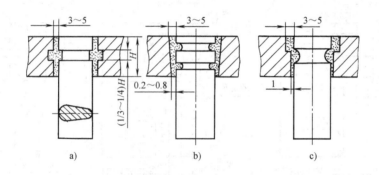

图 3-35 用低熔点合金固定凸模

a) 固定板型孔有槽沟 b) 固定板型孔有倒锥 c) 固定板型孔有台阶

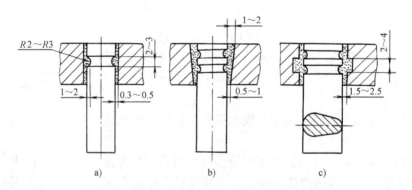

图 3-36 用环氧树脂固定凸模

a) 用于板厚不大于 0.8mm b) 用于板厚不大于 2mm c) 用于板厚大于 2mm

特别细长时，则应进行承压能力和抗纵弯曲能力的校核。

1）承压能力的校核。凸模的承压能力按下式校核

$$\sigma = \frac{F}{A} \leqslant [\sigma] \tag{3-38}$$

对于圆形凸模，当推件力或顶件力为零时，将 $F = \pi d t \tau$ 代入上式可得

$$d \geqslant \frac{4t\tau}{[\sigma]} \tag{3-39}$$

式中，σ 为凸模最小截面的压应力（MPa）；F 为凸模纵向所承受的压力，它包括冲裁力和推

件力(或顶件力)(N);A 为凸模最小截面积(mm^2);d 为凸模工作部分最小直径(mm);t 为材料厚度(mm);τ 为冲裁材料的抗剪强度(MPa);$[\sigma]$ 为凸模材料的许用抗压强度(MPa)。

凸模材料的许用抗压强度大小取决于凸模材料及热处理,对于 T8A、T10A、Cr12MoV、GCr15 等工具钢,淬火硬度为 58 ~ 62HRC 时可取 $[\sigma] = (1.0 \sim 1.6) \times 10^3 \mathrm{MPa}$;当凸模有特殊导向时,可取 $[\sigma] = (2 \sim 3) \times 10^3 \mathrm{MPa}$。

2)失稳弯曲应力的校核。根据凸模在冲裁过程中的受力情况,可以把凸模看作压杆,所以,凸模不发生失稳纵弯的最大冲裁力可以用欧拉极限力公式确定。

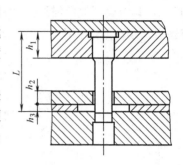

图 3-37 凸模长度的计算

凸模无导向时,相当于一端固定,另一端自由的压杆,由欧拉公式可解得凸模不发生失稳弯曲的最大长度 L_{max} 为

$$L_{max} \leqslant \sqrt{\frac{\pi^2 EJ}{4nF}} \tag{3-40}$$

式中,E 为凸模材料的弹性模量,对于模具钢,可取 $E = 2.2 \times 10^5 \mathrm{MPa}$;$J$ 为凸模最小截面惯性矩(mm^4);n 为安全系数,淬火钢 $n = 2 \sim 3$;F 为凸模所受总压力(N)。

对于圆凸模,$J = \pi d^4/64$,取 $n = 3$,代入上式可得圆凸模无导向时最大允许长度为

$$L_{max} \leqslant 95 \frac{d^2}{\sqrt{F}} \tag{3-41}$$

对于一般截面形状的凸模,当无导向时,最大允许长度为

$$L_{max} \leqslant 425 \sqrt{\frac{J}{F}} \tag{3-42}$$

凸模有导向时,相当于一端固定,另一端铰支的压杆,凸模不发生失稳弯曲的最大长度为

$$L_{max} \leqslant \sqrt{\frac{2\pi^2 EJ}{nF}} \tag{3-43}$$

同理,对于圆凸模,上式可简化为

$$L_{max} \leqslant 270 \frac{d^2}{\sqrt{F}} \tag{3-44}$$

对于一般截面形状的凸模,则为

$$L_{max} \leqslant 1200 \sqrt{\frac{J}{F}} \tag{3-45}$$

2. 凹模

凹模类型很多,凹模的外形有圆形和矩形;结构有整体式和镶拼式;刃口有平刃和斜刃。

(1)凹模的外形结构及其固定方法 图 3-38a、b 所示为 JB/T 5830—2008 中的两种圆凹模及其固定方法。这两种圆凹模的尺寸都不大,直接装在凹模固定板中,主要用于冲孔。在实际生产中,由于冲裁件的形状和尺寸千变万化,因而大量使用外形为圆形或矩形的凹模

板，在其上面开设所需要的凹模洞口，用螺钉和销钉直接固定在模板上，如图 3-38c 所示。这种凹模板已经有相关标准(JB/T 7643.1—2008 和 JB/T 7643.4—2008)。

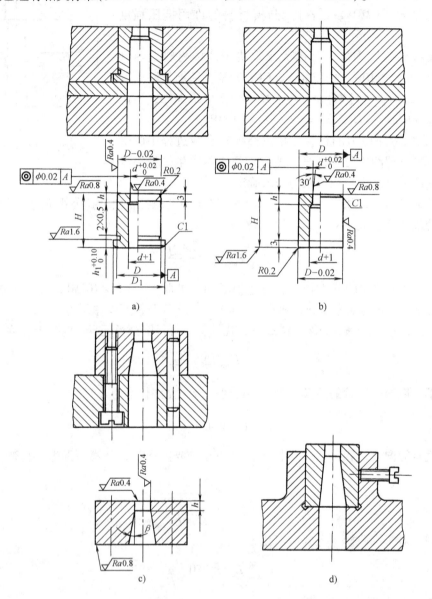

图 3-38 凹模形式及其固定

凹模采用螺钉和销钉定位固定时，要保证螺孔(或沉孔)间、螺孔与销孔间及螺孔、销孔与凹模刃壁间的距离不能太近，否则会影响模具寿命。孔距的最小值可参考相关设计手册。

图 3-38d 所示为快换式冲孔凹模的固定方法。

(2) 凹模孔口的结构形式 凹模型孔侧壁的形状有两种基本类型：一种是与凹模面垂直的直刃壁；另一种是与凹模面稍倾斜的斜刃壁。

常用的直刃壁型孔有三种结构形式。图 3-39a 所示为全直壁型孔，只适用于顶件式模具，如凹模型孔内带顶板的落料模与复合模。图3-39b与图3-39c所示为阶梯形直刃壁型孔，适用于推件式模具，其中图3-39b适用于圆孔，图3-39c适用于非圆型孔。直刃壁型孔的特点是刃口强度高，修磨后刃口尺寸不变，制造方便。

较实用的斜刃壁凹模只有一种，如图3-39d所示，这种凹模孔口内不易积存废料，磨损后修磨量较小，刃口强度较低，修磨后孔口尺寸会增大，但是由于角度 α 不大（$15' \sim 30'$），所以增大量不多。这种刃口一般用于形状简单、精度要求不高冲件的冲裁，并一般用于下出件的模具。

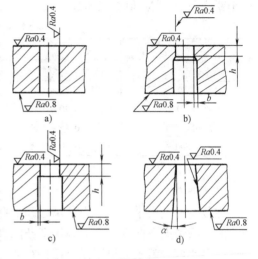

（3）整体式凹模轮廓尺寸的确定 冲裁时凹模承受冲裁力和侧向挤压力的作用。由于凹模结构形式和固定方法不同，受力情况又比较复杂，目前尚不用理论计算方法确定凹模轮廓尺寸。在生产中，通常根据冲裁的板料厚度和冲件的轮廓尺寸，或者凹模孔口刃壁间距离，按经验公式来确定（表3-12）。

凹模厚（高）度 H

图3-39 凹模型孔侧壁形状

$$H = ks(\geqslant 8) \tag{3-46}$$

式中，s 为垂直送料方向的凹模刃壁间最大距离（mm）；k 为系数，考虑板料厚度的影响，其值查表3-13。

垂直于送料方向的凹模宽度 B

$$B = s + (2.5 \sim 4.0)H \tag{3-47}$$

表3-12 凹模孔壁至边缘的距离（s_2） （单位：mm）

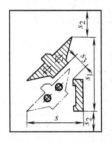 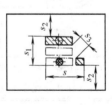 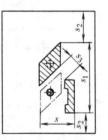

材料宽度	材料厚度 t			
B	$\leqslant 0.8$	$>0.8 \sim 1.5$	$>1.5 \sim 3.0$	$>3.0 \sim 5.0$
$\leqslant 40$	20	22	28	32
$>40 \sim 50$	22	25	30	35
$>50 \sim 70$	28	30	36	40
$>70 \sim 90$	34	36	42	46
$>90 \sim 120$	38	42	48	52
$>120 \sim 150$	40	45	52	55

注：1. s_2 的公差视凹模型孔的复杂程度而定，一般不超过 ± 8mm。

2. s_3 一般 $\geqslant 5$mm，但对于冲裁板料厚度 $t < 0.5$mm上的小孔，壁厚可以适当减小。

送料方向的凹模长度

$$L = s_1 + 2s_2 \tag{3-48}$$

式中，s_1 为送料方向的凹模刃壁间最大距离（mm）；s_2 为送料方向的凹模刃壁至凹模边缘的最小距离（mm），其值查表 3-12。

表 3-13　凹模厚度系数　　　　　　　　　　　　　（单位：mm）

s	材料厚度 t		
	≤1	>1~3	>3~6
≤50	0.30~0.40	0.35~0.50	0.45~0.60
>50~100	0.20~0.30	0.22~0.35	0.30~0.45
>100~200	0.15~0.20	0.18~0.22	0.22~0.30
>200	0.10~0.15	0.12~0.18	0.15~0.22

3. 凸凹模

在复合冲裁模中，由于内外缘之间的壁厚决定于冲裁件的孔边距，所以当冲裁件孔边距较小时必须考虑凸凹模强度。为保证凸凹模强度，其壁厚不应小于允许的最小值。如果小于允许的最小值，就不宜采用复合模进行冲裁。

倒装复合模的冲孔废料容易积存在凸凹模型孔内，所受胀力大，凸凹模最小壁厚要大些。正装复合模的冲孔废料由装在上模的打料装置推出，凸凹模型孔内不积存废料，胀力小，最小壁厚可小于倒装复合模的凸凹模最小壁厚值。目前复合模的凸凹模最小壁厚值按经验数据确定，倒装式复合模的最小壁厚见表 3-14。

表 3-14　倒装复合模的最小壁厚　　　　　　　　　（单位：mm）

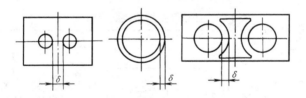

材料厚度 t	0.1	0.15	0.2	0.4	0.5	0.6	0.7	0.8	0.9	1	1.2	1.4	1.5	1.6
最小壁厚 δ	0.8	1	1.2	1.4	1.6	1.8	2.0	2.3	2.5	2.7	3.2	3.6	3.8	4
材料厚度 t	1.8	2	2.2	2.4	2.6	2.8	3	3.2	3.4	3.6	4	4.5	5	5.5
最小壁厚 δ	4.4	4.9	5.2	5.6	6	6.4	6.7	7.1	7.4	7.7	8.5	9.3	10	12

4. 凸、凹模的镶拼结构

对于大、中型的凸、凹模或形状复杂、局部薄弱的小型凸、凹模，如果采用整体式结构，将给加工或热处理带来困难，而且当发生局部损坏时，就会造成整个凸、凹模的报废，因此常采用镶拼结构的凸、凹模。

镶拼结构有镶接和拼接两种：镶接是将局部易磨损部分另做一块，然后装入凹模体或凹模固定板内；拼接则是将整个凸、凹模的形状按分段原则分成若干块，分别加工后拼接起来。

设计镶拼结构的一般原则如下：

1）凹模的尖角部分可能由于应力集中而开裂，因而应在刃口的尖角处或转角处拼接，拼块的角度≥90°，避免出现锐角（图3-40j）。

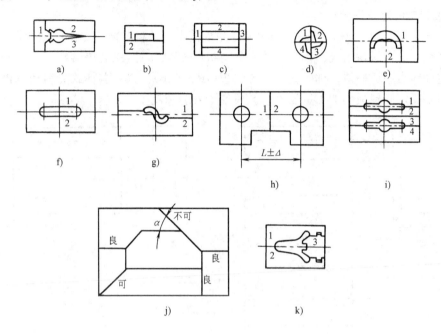

图3-40 镶拼结构实例

2）如工件有对称线，应按对称线分割镶拼（图3-40c、d）；对于外形为圆形的凹模，应尽量按径向分割（图3-40d）。

3）当凹模型孔的孔距精度要求较高时，可采用镶拼结构，通过研磨拼合面达到要求（图3-40h）。

4）刃口凸出或凹进的部分易磨损，应单独做成一块拼块，以便于加工和更换（图3-40a、k）；圆弧部分尽量单独分块，拼接线应位于离切点4～7mm的直线处；大圆弧和长直线可以分为几块；拼接线应与刃口垂直，而且不宜过长，一般为12～15mm。

5）凸模与凹模的拼接线应至少错开3～5mm，以免冲裁件产生毛刺。

镶拼结构的凸、凹模拼块的固定方法有：最常用的是螺钉、销钉固定；锥套、框套固定，热套、低熔点合金及环氧树脂浇注等方法也有一定的应用。

综上所述，镶拼结构具有明显的优点：节约了模具钢；拼块便于加工，刃口尺寸和冲裁间隙容易控制和调整，模具精度较高，寿命较长；避免了应力集中，减少或消除了热处理变形与开裂的危险；便于维修与更换已损坏或过分磨损部分，延长了模具总寿命，降低了模具成本。缺点是为保证镶拼后的刃口尺寸和凸、凹模间隙，对各拼块的尺寸要求较严格。

三、定位零件

为了保证模具正常工作和冲出合格冲裁件，必须保证坯料或工序件对模具的工作刃口处于正确的相对位置，即必须定位。

条料在模具送料平面中必须有两个方向的限位：一是在与送料方向垂直的方向上限位，

保证条料沿正确的方向送进,称为条料横向定位或送进导向;二是在送料方向上的限位,控制条料一次送进的距离(步距),称为条料纵向定位或送料定距。对于块料或工序件的定位,基本上也是在两个方向上的限位。

1. 条料横向定位装置

(1) 导料板　在固定卸料式冲模和级进冲裁模中,条料的横向定位使用导料板。

导料板一般由两块组成,称为分体式导料板(图3-41a)。在简单落料模上,有时将导料板与固定卸料板制成一体,称为整体式导料板(图3-41b)。采用整体式导料板的模具结构较简单,但是固定卸料板的加工量较大,且不便于安装和调整。

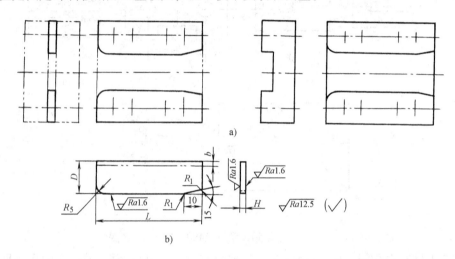

图 3-41　导料板结构

a) 分体式导料板　b) 整体式导料板

为使条料顺利通过,两导料板间的距离应等于条料最大宽度加上一个间隙值。导料板高度取决于挡料方式和板料厚度,采用固定挡料销时的导料板高度见表3-15。

(2) 导料销　在复合冲裁模上,通常采用导料销进行导料。导料销有固定式和弹顶式两种基本类型,前者多用于顺装式复合模,后者多用于倒装式复合模。在弹压卸料倒装式落料模上,也可采用导料销进行导料。固定式和活动式导料销的选用可参见 JB/T 7649.10—2008 和 JB/T 7649.5～7—2008。

设计时,两个导料销的中心距应尽可能取大一些,以便于送料,并有利于防止条料偏斜。

采用导料销的优点是对条料宽度没有严格要求,且可使用边角料。

表 3-15　导料板高度　　　　　　　　　　　　　(单位:mm)

板料厚度 t	导料板长度			
	送料时条料需抬起		送料时条料不需抬起	
	≤200	>200	≤200	>200
≤1	4	6	4	4
>1～2	6	8	4	6
>2～3	8	10	6	6
>3～4	10	12	8	8
>4～6	12	15	10	10

（3）侧压装置　如图 3-42 所示，在一侧导料板上装两个横向弹顶元件，组成侧压装置。在级进冲裁模上设置侧压装置后，将迫使条料在送进时始终紧贴基准导料板，可减小送料误差，提高工件内形与外形的位置尺寸精度。图 3-42a 所示为簧片式侧压装置，其结构简单，但侧压力较小，只适用于板厚为 0.3～1mm 的薄料。当板厚小于 0.3mm 时，不宜采用侧压装置。图 3-42b 所示为弹簧式侧压装置，适于厚料。自动送料的模具不宜采用侧压装置。

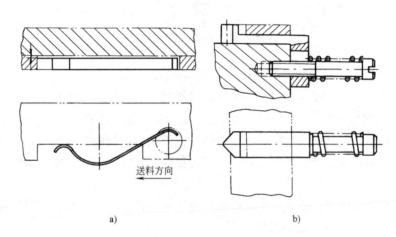

送料方向

a)　　　　　　　　　　　　b)

图 3-42　侧压装置
a）簧片式　b）弹簧式

2. 条料纵向定位装置

在落料模与复合模中，纵向定位的主要作用是保证纵向搭边值；而在级进冲裁模中，还将影响制件的几何尺寸精度，因此要求更高。

（1）固定挡料销　固定挡料销装在凹模型孔出料一侧，利用落料以后的废料孔边进行挡料，控制送料距离，国家标准规定的固定挡料销如图 3-43 所示。其中，B 型用于废料孔较窄时的挡料，但应用不多，一般采用 A 型。

固定挡料销主要用在落料模与顺装复合模上，在 2～3 个工位的简单级进模上有时也用。采用固定挡料销定距时，如果模具为弹性卸料方式，卸料板上要开避让孔，以防卸料板与挡料销碰撞。

（2）活动挡料销　活动挡料销是一种可以伸缩的挡料销。国家标准结构的活动挡料销如图 3-44 所示。其中，图 3-44a 所示为弹簧弹顶挡料装置，图 3-44b 所示为扭簧弹顶挡料装置，图 3-44c 所示为橡胶弹顶挡料销。活动挡料销通常安装在倒装落料模或倒装复合模的弹压卸料板上。

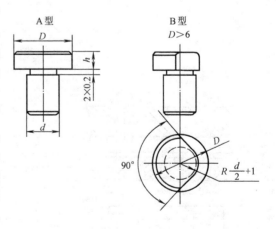

图 3-43　固定挡料销

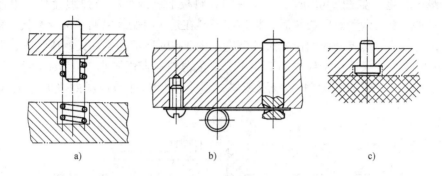

图 3-44　活动挡料销

a) 弹簧弹顶挡料销　b) 扭簧弹顶挡料销　c) 橡胶弹顶挡料销

（3）回带式挡料装置　图 3-45 所示为回带式挡料装置，它是一种装在固定卸料板上的挡料装置。送料时，由搭边撞击挡料销端头斜面，使挡料销抬起并越过搭边。这时挡料销已套在落料后的废料孔内，及时回拉条料，使搭边抵住挡料销圆弧面，便可定距。送料过程为一推一拉。

使用回带式挡料装置，由于每次送料须用搭边撞击挡料销，因此，板料不能太薄，一般应不小于 0.8mm，且软铝板也不适用。

（4）始用挡料装置　在级进模中为解决首件定位问题，须设置始用挡料装置，其使用情况可参照图 3-27。使用时，用手按压始用挡料块，使其端头伸出导料板的导向面，便可起挡料作用。不按压时，始用挡料块在弹簧力作用下复位，并缩进导料板内 0.5～1mm，不妨碍正常送料。在两个工位的级进模上，使用挡料销定距需用一个始用挡料装置。每增加一个工位就需增加一个始用挡料装置，使操作很不方便。因此，工位多的级进模是不适合采用挡料销定距的。图 3-46 所示为国家标准中的始用挡料装置。

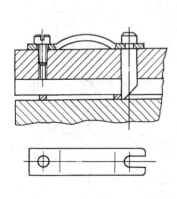

图 3-45　回带式挡料销

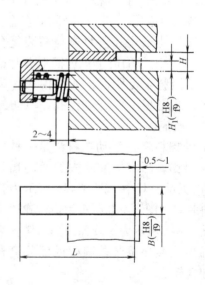

图 3-46　始用挡料销

（5）侧刃与侧刃挡块　图3-28所示为使用侧刃定距的级进模。国家标准中的侧刃结构如图3-47所示。侧刃按工作端面形状分为平面型（Ⅰ型）和台阶型（Ⅱ型）两类，每类又有三个型号（A型、B型和C型）。台阶型多用于厚度为1mm以上板料的冲裁，冲裁前凸出部分先进入凹模导向，以免由于侧压力导致侧刃损坏。

A型侧刃的冲裁刃口为直角形，在两次冲裁的角部，条料边很容易留下波峰状的毛刺，使送料精度降低，如图3-48a所示。B型侧刃的冲裁刃口为单燕尾形，能克服A型侧刃的缺点，即使在角部留下毛刺，对定距和导料也没有影响。C型侧刃的冲裁刃口为双燕尾形，可完全避免毛刺的影响，如图3-48b所示。但燕尾形刃口的磨损较严重，强度也较差，因此不适于冲厚料。在板厚不超过0.5mm且要求定距准确时，可考虑采用B型侧刃或C型侧刃。

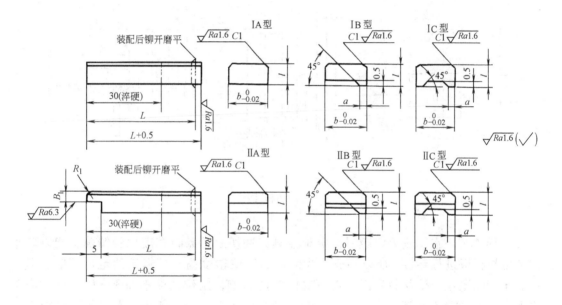

图3-47　侧刃

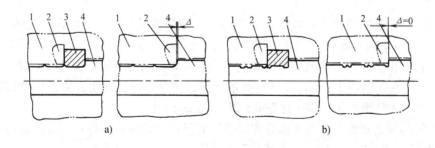

图3-48　不同类型侧刃的比较

1—导料板　2—侧刃挡块　3—侧刃　4—条料

在少、无废料冲裁时，常以冲废料后再切断代替落料，这时常须将侧刃的冲切刃口形状设计成为工件边缘的部分形状，称为成形侧刃。

侧刃断面的关键尺寸是宽度 b，其他尺寸按 JB/T 7648.1—2008 规定选取。宽度 b 原则上等于送料步距，但对长方形侧刃和侧刃与导正销兼用的模具，其宽度为

$$b = [s + (0.05 \sim 0.1)]_{-\delta_c}^{0} \tag{3-49}$$

式中，b 为侧刃宽度(mm)；s 为送进步距(mm)；δ_c 为侧刃制造偏差，可按公差与配合国家标准 h6。

侧刃凹模按侧刃实际尺寸配制，留单边间隙。侧刃数量可以是一个，也可以是两个(图 3-28)。两个侧刃可以在条料两侧并列布置，也可以对角布置，对角布置能够保证料尾的充分利用。

一般导料板通常用普通钢板制造，导料板台阶处容易磨损，为此，在导料板台阶处镶嵌一淬硬的挡料块，即侧刃挡块，如图 3-49 所示。

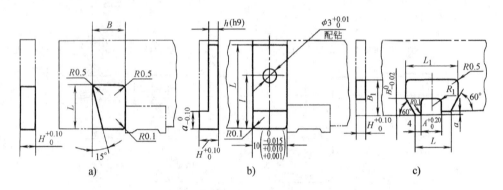

图 3-49　侧刃挡块
a) A 型　b) B 型　c) C 型

(6) 导正销　在用侧刃定距时，由于经侧刃冲切后的条料宽度比较精确，能以较小的间隙沿导料板进行导料，所以一般认为侧刃的定位精度高于挡料销的定位精度。但两者同属于接触定位，受材料变形、毛刺等因素的影响，定位精度不高于 ±0.1mm。当工件内形与外形的位置精度要求较高时，无论挡料销定距，还是侧刃定距，都不可能满足要求。这时，可设置导正销提高定距精度。导正销通常与挡料销配合使用，也可以与侧刃配合使用。

国家标准的导正销结构形式如图 3-50 所示。导正销的结构形式主要根据孔的尺寸选择。A 型用于导正 $d = 2 \sim 12$mm 的孔，B 型用于导正 $d < 10$mm 的孔，B 型导正销采用弹簧压紧结构，如果送料不正确，可以避免导正销的损坏，这种导正销还可用于级进模上对条料工艺孔进行导正。C 型导正销用于 $d = 4 \sim 12$mm 孔的导正，这种导正销拆装方便，模具刃磨后导正销长度可以调节。D 型导正销用于导正 $d = 12 \sim 50$mm 的孔。

导正销的头部由圆锥形的导入部分和圆柱形的导正部分组成。导正部分的直径和高度尺寸及公差很重要。导正销的基本尺寸可按下式计算

$$d = d_p - a \tag{3-50}$$

式中，d 为导正销的基本尺寸(mm)；d_p 为冲孔凸模直径(mm)；a 为导正销与冲孔凸模直径的差值，即双面导正间隙(mm)，见表 3-16。

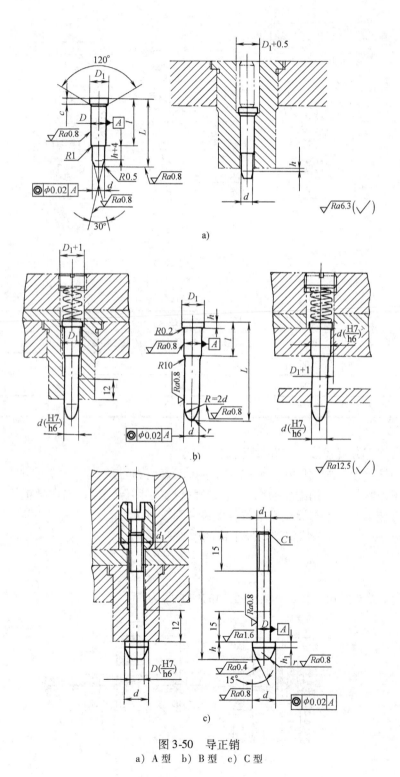

图 3-50 导正销
a) A 型 b) B 型 c) C 型

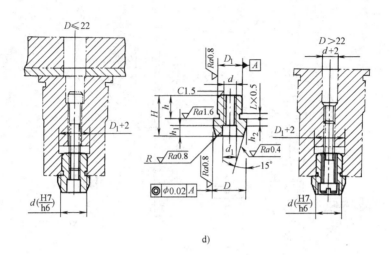

d)

图3-50　导正销(续)

d)　D型

表3-16　双面导正间隙 Z　　　　　　　　　　(单位:mm)

条料厚度	冲孔凸模直径						
t	1.5~6	>6~10	>10~16	>16~24	>24~32	>32~42	>42~62
≤1.5	0.04	0.06	0.06	0.08	0.09	0.10	0.12
>1.5~3	0.05	0.07	0.08	0.10	0.12	0.14	0.16
>3~5	0.06	0.08	0.10	0.12	0.16	0.18	0.20

导正销圆柱部分直径按 h6~h9 级制造。

导正销圆柱部分的高度尺寸一般取$(0.5~0.8)t$(t 为板厚)。

由于导正销常与挡料销配合使用,挡料销的位置必须保证导正销在导正的过程中条料有少许活动的可能。挡料销与导正销的位置关系如图3-51所示。

按图3-51a 方式定位,挡料销与导工销的中心距为

$$e = c - \frac{D_\mathrm{p} - d}{2} + 0.1 \tag{3-51}$$

按图3-51b 方式定位,挡料销与导正销的中心距为

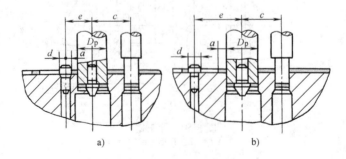

a)　　　　　　　　　　b)

图3-51　挡料销与导正销的位置关系

$$e = c + \frac{D_p - d}{2} - 0.1 \qquad (3\text{-}52)$$

式中，c 为步距(mm)；D_p 为落料凸模直径(mm)；d 为挡料销头部直径(mm)。

（7）定位板和定位销 定位板和定位销一般用于块料、单个毛坯或工序件的定位。工件定位面可以选择外形，也可以选择内孔，要根据工件的形状、尺寸大小及定位精度来考虑。外形比较简单的工件一般采用外缘定位(图 3-52a)，外轮廓较复杂的一般可采用内孔定位(图 3-52b)。

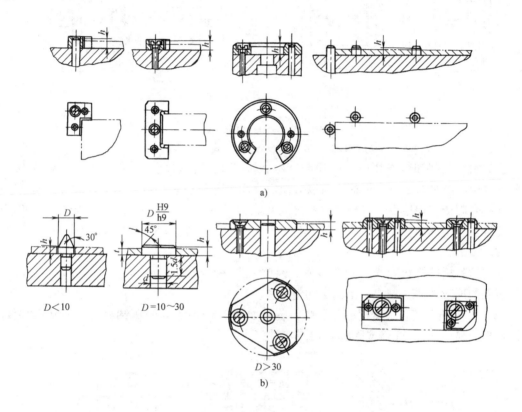

图 3-52 定位板及定位销
a) 外缘定位 b) 内孔定位

定位板厚度及定位销高度可按表 3-17 选取。

表 3-17 定位板厚度及定位销高度 （单位：mm）

材料厚度 t	<1	1~3	>3~5
高度(厚度)	$t+2$	$t+1$	t

四、卸料、推件、顶件零件

卸料、推件和顶件装置的作用是当冲模完成一次冲压之后，把冲件或废料从模具工作零件上卸下来，以便冲压工作继续进行。通常，卸料是指把冲件或废料从凸模上卸下来，推件和顶件一般是指把冲件或废料从凹模中卸出来。

1. 卸料装置

（1）固定卸料装置　常用的固定卸料装置如图 3-53 所示。其中，图 3-53a 是与导料板制成一体的卸料板，其结构简单，但装配调整不便；图 3-53b 是分体式卸料板，导料板装配方便，应用较多；图 3-53c 是悬臂式卸料板，用于窄长件的冲孔或切口后的卸料；图 3-53d 是拱桥式卸料板，用于空心件或弯曲件冲底孔后的卸料。

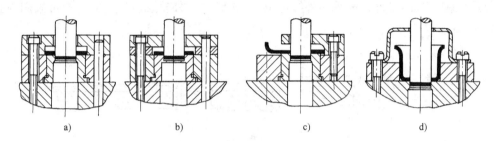

图 3-53　固定卸料装置

a）一体式　b）分体式　c）悬臂式　d）拱桥式

当卸料板仅起卸料作用时，凸模与卸料板的双边间隙取决于板料厚度，一般为 0.2 ～ 0.5mm，板料薄时取小值，板料厚时取大值。当固定卸料板兼起导板作用时，与凸模一般按 H7/h6 配合制造，但应保证导板与凸模之间间隙小于凸、凹模之间间隙，以保证凸、凹模的正确配合。固定卸料板厚度应取凹模厚度的 0.8 倍，当板料厚度超过 3mm 时，可与凹模厚度一致。

固定卸料板的卸料力大，卸料可靠。因此，当冲裁板料较厚（大于 0.5mm）、平面度要求不很高的冲裁件时，一般采用固定卸料装置。

（2）弹压卸料装置　常用的弹压卸料装置如图 3-54 所示。弹压卸料装置的基本零件包括卸料板、弹性元件（弹簧或橡胶）、卸料螺钉等。

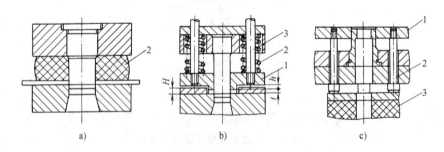

图 3-54　弹压卸料装置

1—卸料板　2—弹性元件　3—卸料螺钉

弹压卸料装置的卸料力较小，但它既起卸料作用又起压料作用，所得冲裁零件质量较好，平面度较高。因此，质量要求较高的冲裁件或薄板冲裁（$t < 1.5$mm）宜采用弹压卸料装置。

图 3-54a 所示为最简单的弹压卸料方法，用于简单冲裁模；图 3-54b 所示为以导料板为送进导向的冲模中使用的弹压卸料装置。卸料板凸台部分的高度为

$$h = H - (0.1 \sim 0.3)t \tag{3-53}$$

式中，h 为卸料板凸台高度（mm）；H 为导料板高度（mm）；t 为板料厚度（mm）。

弹压卸料板的型孔与凸模之间应有合适的间隙。当弹压卸料板无精确导向时，其型孔与凸模之间的双边间隙可取 0.1~0.3mm。为了确保卸料可靠，装配模具时，弹压卸料板的压料面应凸出凸模端面 0.2~0.5mm。当弹压卸料板起导向作用时（卸料板本身又以两个以上小导柱导向），其型孔与凸模按 H7/h6 配合制造，但其间隙应比凸、凹模间隙小。此时，凸模与固定板以 H7/h6 或 H8/h7 配合。

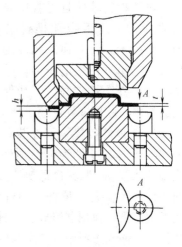

图 3-55　废料切刀装置

（3）废料切刀装置　对于落料或成形件的切边，如果冲件尺寸大或板料厚度大，则卸料力大，往往采用废料切刀代替卸料板，将废料切开而卸料。如图 3-55 所示，当凹模向下切边时，同时把已切下的废料压向废料切刀，从而将其切开。对于冲件形状简单的冲裁模，一般设两个废料切刀；对于冲件形状复杂的冲裁模，可以用弹压卸料加废料切刀进行卸料。

图 3-56 所示为国家标准中的废料切口的结构。图 3-56a 为圆废料切刀，用于小型模具和切薄板废料；图 3-56b 为方形废料切刀，用于大型模具和切厚板废料。废料切刀的刃口长度应比废料宽度大些，刃口比凸模刃口低，其值 h 大约为板料厚度的 2.5~4 倍，并且不小于 2mm。

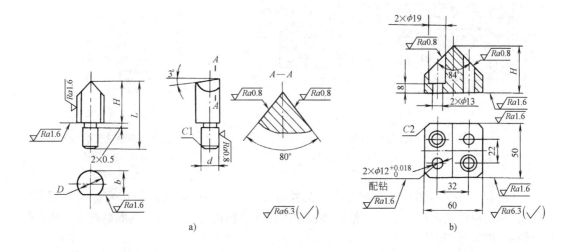

a)　　　　　　　　　　　　　　　　b)

图 3-56　废料切刀的结构

2. 推件与顶件装置

（1）推件装置　推件装置一般是刚性的，由打杆、推板、连接推杆和推件块组成，如图 3-57a 所示。有的刚性推件装置不需要推板和连接推杆组成中间传递结构，而由打杆直接推动推件块，甚至直接由打杆推件，如图 3-57b 所示。

由于刚性推件装置的推件力大，工作可靠，所以应用十分广泛，不但用于倒装式冲模中的推件，而且用于正装式冲模中的卸件或推出废料（图 3-30），尤其是冲裁板料较厚的冲裁模时，宜用这种推件装置。

对于板料较薄且平直度要求较高的冲裁件，宜用弹性推件装置，如图3-58所示。它以弹性元件的弹力代替打杆给予推件块的推力。采用这种结构，冲件质量较高，但冲件容易嵌入边料中，取出零件麻烦。

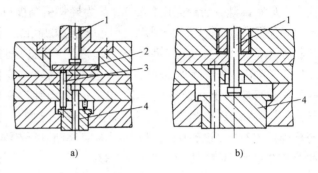

图 3-57　刚性推件装置
1—打杆　2—推板　3—连接推杆　4—推件块

（2）顶件装置　顶件装置一般是弹性的。图3-30即为弹性顶件的正装式复合模。顶件装置的典型结构如图3-59所示，它由顶杆、顶件块和装在下模底下的弹顶器组成。这种结构的顶件力容易调节，工作可靠，冲裁件平面度较高。但冲件容易嵌入边料中，产生与弹性推件同样的问题。弹顶器可以做成通用的，其弹性元件是弹簧或橡胶。大型压力机本身具有气垫作为弹顶器。

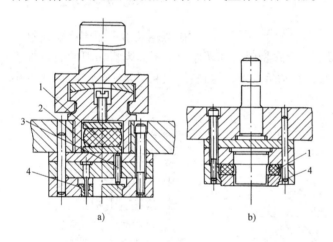

图 3-58　弹性推件装置
1—橡胶　2—推板　3—连接推杆　4—推件块

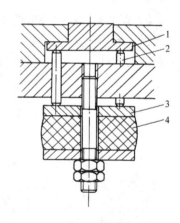

图 3-59　弹性顶件装置
1—顶件块　2—顶杆
3—托板　4—橡胶

推件块和顶件块与凹模为间隙配合，其外形尺寸一般按公差与配合国家标准 h8 制造，也可以根据板料厚度取适当间隙。推件块和顶件块与凸模的配合呈较松的间隙配合，也可以根据板料厚度取适当间隙。

五、模架及零件

1. 模架

根据国家标准，模架主要有两大类：导柱模模架和导板模模架。

（1）导柱模模架　导柱模模架按导向结构分滑动导向和滚动导向两种。滑动导向模架的精度等级分为Ⅰ级和Ⅱ级。滚动导向模架的精度等级分为0Ⅰ级和0Ⅱ级。

按导柱位置的不同，模架分为以下四种：

1）中间导柱模架。如图3-60a所示，导柱分布在矩形凹模的对称中心线上，两个导柱的直径不同，可避免上模与下模装错而发生啮模事故。适用于单工序模和工位少的级进模。

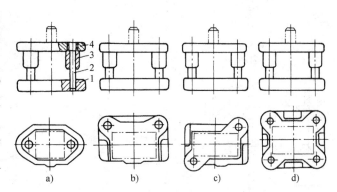

2）后侧导柱模架。图 3-60b 所示为后侧导柱模架，导柱分布在模座的后侧，且直径相同。其优点是工作面敞开，适于大件边缘冲裁；缺点是刚性与安全性最差，工作不够平稳，常用于小型冲模。

3）对角导柱模架。图 3-60c 所示为对角导柱模架，导柱分布在矩形凹模的对角线上，既可以横向送料，又可以纵向送料。适于各种

图 3-60　导柱位置不同的模架

a) 中间导柱模架　b) 后侧导柱模架　c) 对角导柱模架　d) 四导柱模架
1—下模座　2—导柱　3—导套　4—上模座

冲裁模使用，特别适于级进冲裁模使用。为避免上、下模的方向装错，两导柱直径制成一大一小。

4）四导柱模架。图 3-60d 所示为四导柱模架，四个导柱分布在矩形凹模的两对角上。模架的刚性很好，导向非常平稳、准确可靠，但价格较高。一般用于大型冲模和要求模具刚性与精度都很高的精密冲裁模，以及同时要求模具寿命很高的多工位自动级进模。

（2）导板模模架　导板模模架有两种结构形式，如图 3-61 所示。导板模模架的特点是：作为凸模导向用的弹压导板与下模座以导柱导套为导向构成整体结构，凸模与固定板是间隙配合而不是过渡配合，因而凸模在固定板中有一定的浮动量。这种结构形式可以起到保护凸模的作用，一般用于带有细凸模的级进模。

2. 导向装置

常用的导向装置有导板式、导柱导套式、滚珠导向式。

（1）导板式导向装置　导板导向装置分为固定导板和弹压导板导向两种。导板的结构已标准化。

（2）导柱导套式导向装置　如图 3-62 所示，将导柱与导套制成小间隙配合，为 H6/h5 时称为一级模架，为 H7/h6 时称为二级模架。其中图 3-62a 为常用形式，导柱导套与模座均为 H7/r6 过盈配合。由于图 3-62b 所示的导套和导柱分别用压板 5 和螺钉 6 固定在上、下模座上，因此导柱、导套与模座可以采用过渡配合 H7/m6 代替过盈配合，容易保证导柱和导套的轴线垂直于模座平面，使模架的导向精度只决定于加工精度，而容易制成精密模架。

为了保证使用中的安全性与可靠性，设计与装配模具时，还应注意：当模具处于闭合位置时，导柱上端面与上模座的上平面应留 10～15mm 的距离，导柱下端面与下模座下平面应留 2～5mm 的距离；导套与上模座上平面应留不小于 3mm 的距离，同时上模座开横槽，以便排气和出油。

（3）滚珠导向装置　滚珠导向装置是一种无间隙导向，其精度高、寿命长，适用于精密冲裁模、硬质合金模、高速冲模及其他精密模具。

滚珠导向装置的结构如图 3-63 所示，它由导柱、导套、滚珠和钢球保持器等组成。滚珠导向装置及其组成零件均已标准化。滚珠与导柱、导套之间保持有 0.01～0.02mm 的过

盈量。

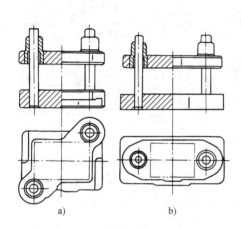

图 3-61　导板模模架

a）对角导柱弹压模架

b）中间导柱弹压模架

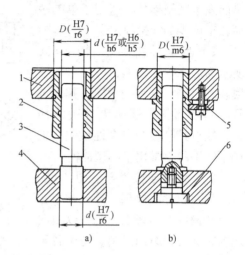

图 3-62　导柱导套滑动导向类型

a）普通型　b）精密型

1—上模座　2—导套　3—导柱　4—下模座

5—压板　6—螺钉

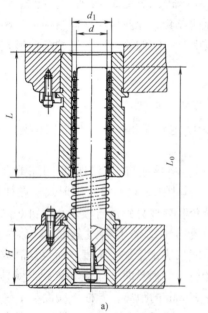

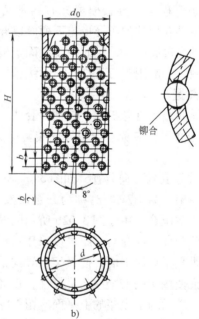

图 3-63　滚珠导向装置

a）结构图　b）钢球保持圈

设计时有关尺寸如下：

导套内径

$$d_1 = d + 2d_0 - (0.01 \sim 0.02)$$

$$(3-54)$$

式中，d_0 为滚珠直径（mm）；d 为导柱直径（mm）。

为了不损害导向精度，冲压过程中不允许导柱与导套脱离。为此，保持圈应有足够的高度 H

$$H = \frac{S}{2} + (3 \sim 4) \frac{b}{2} \tag{3-55}$$

式中，S 为压力机行程（mm）；b 为滚珠中心距（mm）。

为了防止保持圈在工作时下沉、脱离导套而减少配合长度，可在导柱上另加一个支撑弹簧。

总之，冲模的导向十分重要，应根据生产批量，冲压件的形状、尺寸及公差，冲裁间隙大小，制造和装拆等因素全面考虑，合理选择导向装置的类型和具体结构形式。

3. 上、下模座

上、下模座的作用是直接或间接地安装冲模的所有零件，分别与压力机滑块和工作台连接并传递压力。因此，必须十分重视上、下模座的强度和刚度。

设计模具时，应尽量选用标准模架，而标准模架的形式和规格就决定了上、下模座的形式和规格。如果需要自行设计模座，模座一般采用 Q235 或 45 钢制造；导柱、导套仍选用标准件；应尽量参考标准的有关几何参数，如矩形模座的长度应比凹模板长度长 40 ~ 70mm，其宽度可以略大于或等于凹模板的宽度。模座的厚度可参照标准模座确定，一般为凹模板厚度的 1.0 ~ 1.5 倍，以保证有足够的强度和刚度。

所选用或设计的模座必须与所选压力机的工作台和滑块的有关尺寸相适应，并进行必要的校核。

六、其他支承零件

1. 模柄

中、小型模具一般是通过模柄将上模固定在压力机滑块上的。常用模柄的形式有以下几种。

（1）旋入式模柄　如图 3-64a 所示，旋入式模柄通过螺纹与上模座连接。骑缝螺钉用于防止模柄转动。这种模柄装卸方便，但与上模座的垂直度误差较大，主要用于中、小型有导柱的模具上。

（2）压入式模柄　如图 3-64b 所示，压入式模柄的固定段与上模座孔采用 H7/m6 过渡配合，并加骑缝销防止转动。装配后模柄轴线与上模座垂直度比旋入式模柄好，主要用于上模座较厚而又没有开设推板孔的场合。

（3）凸缘模柄　如图 3-64c 所示，上模座的沉孔与凸缘为 H7/h6 配合，并用三个或四个内六角圆柱头螺钉进行固定。由于沉孔底面的表面粗糙度值较大，与上模座的平行度也较差，所以装配后模柄的垂直度远不如压入式模柄。这种模柄的优点在于凸缘的厚度一般不到模座厚度的一半，凸缘模柄以下的模座部分仍可加工出型孔，以便容纳推件装置的推板。

（4）浮动模柄　如图 3-64d 所示，由于在模柄接头 1 与活动模柄 3 之间加了一个凹球面垫块 2，因此，模柄与上模座不是刚性连接，允许模柄在工作过程中产生少许倾斜。采用浮动模柄，可避免压力机滑块由于导向精度不高对模具导向装置产生不利影响，减少模具导向件的磨损，延长使用寿命。浮动模柄主要用于滚动导向模架，在压力机导向精度不高时，选

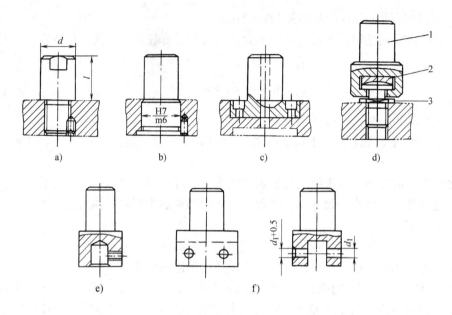

图 3-64 模柄类型

a) 旋入式 b) 压入式 c) 凸缘式 d) 浮动式 e) 通用式 f) 槽形式

1—模柄接头 2—凹球面垫块 3—活动模柄

用一级精度滑动导向模架也可采用。但选用浮动模柄的模具必须使用行程可调压力机，保证在工作过程中导柱与导套不脱离。

（5）通用模柄　如图 3-64e 所示，将快换凸模插入模柄孔内，配合为 H7/h6，再用螺钉从模柄侧面将其固紧，防止卸料时拔出。根据需要可更换不同直径的凸模。

（6）槽形模柄　如图 3-64f 所示，槽形模柄便于固定非圆凸模，并使凸模结构简单、容易加工。凸模与模柄槽可取 H7/m6 配合，在侧面打入两个横销，防止拔出。槽形模柄主要用于弯曲模，也可以用于非圆孔冲孔模、切断模等。

2. 凸模固定板

标准凸模固定板有圆形、矩形和单凸模固定板等多种形式。选用时，根据凸模固定和紧固件合理布置的需要确定其轮廓尺寸，其厚度一般为凹模厚度的 60% ~ 80%。

固定板与凸模为过渡配合（H7/n6 或 H7/m6），压装后将凸模端面与固定板一起磨平。对于弹压导板等模具，浮动凸模与固定板采用间隙配合。

3. 垫板

在凸模固定板与上模座之间加一块淬硬的垫板，可避免硬度较低的模座因局部受凸模较大的冲击力而出现凹陷，致使凸模松动，拼块凹模与下模座之间也加垫板。

垫板的平面形状尺寸与固定板相同，其厚度一般取 6 ~ 10mm。如果结构需要，如在用螺钉吊装凸模时，为在垫板上加工吊装螺钉的沉孔，可适当增大垫板的厚度。

如果模座是用钢板制造的，当凸模截面面积较大时，可以省去垫板。

4. 紧固件

螺钉、销钉在冲模中起紧固定位作用，设计时主要是确定它的规格和紧定位置。

螺钉拧入的深度不能太浅，否则紧固不牢靠；也不能太深，否则拆装工作量大。圆柱销钉的配合深度一般不小于其直径的两倍，也不宜太深。

七、弹性元件的选用

1. 弹簧的选用与计算

卸料弹簧的选择与计算步骤如下：

1）初定弹簧数量 n，一般选 $2 \sim 4$ 个，结构允许时可选 6 个。

2）根据总卸料力 F_x 和初选的弹簧个数 n，计算出每个弹簧应有的预压力 F_y：

$$F_y = \frac{F_x}{n} \tag{3-56}$$

3）根据预压力 F_y 预选弹簧规格，选择时应使弹簧的极限工作压力 F_j 大于预压力 F_y，一般可取 $F_j = (1.5 \sim 2)F_y$。

4）计算弹簧在预压力 F_y 作用下的预压缩量 h_y：

$$h_y = F_y \frac{h_j}{F_j} \tag{3-57}$$

式中，h_j 为弹簧极限压缩量（mm）；F_j 为弹簧极限工作负荷（N）；F_y 为弹簧预压力（N）。

5）校核弹簧最大允许压缩量是否大于实际工作总压缩量，即

$$h_j \geqslant h = h_y + h_x + h_m \tag{3-58}$$

式中，h 为总压缩量（mm）；h_x 为卸料板的工作行程（mm），一般可取 $h_x = t + 1$，t 为板料厚度；h_m 为凸模或凸凹模的刃磨量，一般可取 $h_m = 4 \sim 10$mm。

如果不满足上述关系，则必须重新选择弹簧规格，直到满足为止。

例 3-3　如果采用图 3-54b 所示的卸料装置，冲裁板厚为 0.6mm 的低碳钢垫圈，设冲裁卸料力为 1350N，试选用和计算所需要的卸料弹簧。

解　1）根据模具的安装位置，拟选弹簧个数 $n = 4$。

2）计算每个弹簧应有的预压力 F_y：

$$F_y = \frac{F_x}{n} = \frac{1350}{4}\text{N} = 337.5\text{N} \approx 340\text{N}$$

3）由 $2F_y$ 估算弹簧的极限工作负荷 F_j：

$$F_j = 2F_y = 2 \times 340\text{N} = 680\text{N}$$

查有关弹簧规格，初选弹簧的规格为：$d = 4$mm、$D_2 = 22$mm、$t = 7.12$mm、$n = 7.5$ 圈、$h_0 = 60$mm、$F_j = 670$N、$h_j = 20.9$mm。

4）计算弹簧预压缩量 h_y：

$$h_y = F_y \frac{h_j}{F_j} = \frac{340 \times 20.9}{670}\text{mm} = 10.6\text{mm}$$

5）校核：

$$h = h_y + h_x + h_m = (10.6 + 0.6 + 1 + 6)\text{mm} = 18.2\text{mm} < 20.9\text{mm}$$

因此，所选弹簧是合适的。

2. 橡胶的选用与计算

橡胶允许承受的负荷较大，安装调整灵活方便，是冲裁模中常用的弹性元件。

橡胶的选用与计算步骤如下：

1）根据工艺性质和模具结构确定橡胶的性能、形状和数量。冲裁卸料用较硬橡胶，拉

深压料用较软橡胶。

2）根据卸料力求橡胶横截面尺寸。

橡胶产生的压力按下式计算

$$F = Ap \tag{3-59}$$

所以，橡胶横截面面积为

$$A = \frac{F}{p} \tag{3-60}$$

式中，F 为橡胶所产生的压力，设计时取大于或等于卸料力（N）；p 为橡胶所产生的单位面积压力（N/mm^2），与压缩量有关，其值可按图 3-65 确定，设计时取预压量下的单位压力；A 为橡胶横截面面积（mm^2）。

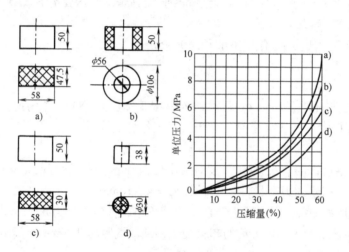

图 3-65　橡胶特性曲线
a）、c）矩形　b）圆筒形　d）圆柱形

3）求橡胶高度尺寸。

为了使橡胶不因多次反复压缩而损害其弹性，其极限压缩量 h_j 应按下式确定

$$h_j = \varepsilon_j H \tag{3-61}$$

式中，H 为橡胶在自由状态下的高度（mm）；ε_j 为橡胶极限压缩率。对于合成橡胶，可取 $\varepsilon_j = 35\% \sim 45\%$；对于聚氨酯橡胶，可取 $\varepsilon_j \leqslant 35\%$。硬度越高，$\varepsilon_j$ 值越小。

橡胶预压缩量

$$h_y = \varepsilon_y H$$

式中，ε_y 为橡胶预压缩率。

上两式相减得橡胶高度 H 的计算公式为

$$H = \frac{h_j - h_y}{\varepsilon_j - \varepsilon_y} = \frac{h_g}{\varepsilon_j - \varepsilon_y} \tag{3-62}$$

式中，h_g 为橡胶工作压缩量（mm）。

4）校核橡胶高度与直径之比。如果超过 1.5，则应把橡胶分成若干块，在其间垫以钢垫圈；如果小于 0.5，则应重新确定其尺寸。

八、冲模的组合结构

为了便于模具的专业化生产，国家标准规定了冲模的标准组合结构。图 3-66 所示为冲模典型组合结构。各种典型组合结构还细分为不同的形式，以适应冲压加工的实际需要。

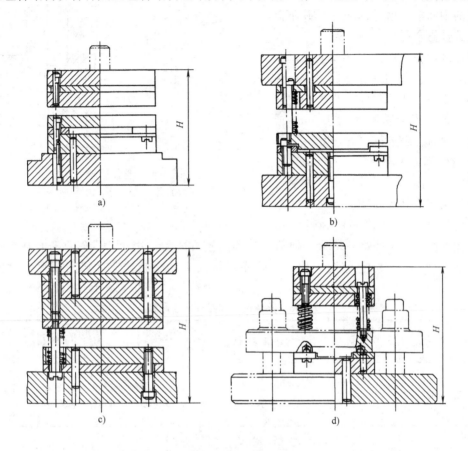

图 3-66　冲模组合结构

a）固定卸料典型组合　b）弹压卸料典型组合　c）复合模典型组合　d）导板模典型组合

　　每一种组合结构的零件数量、规格及其固定方法等都已标准化，设计时根据凹模周界的大小选用，并进行必要的校核（如闭合高度等）。

第十节　精 密 冲 裁

一、整修

1. 整修原理

　　整修原理如图 3-67 所示。它利用整修模沿冲裁件外缘或内孔刮去一层薄薄的切屑，以除去普通冲裁时在断面上留下的塌角、毛面和毛刺等，从而提高冲裁件尺寸精度，并得到光滑而垂直的切断面。整修冲裁件的外形称为外缘整修，整修冲裁件的内孔称为内缘整修。

　　整修的原理与冲裁完全不同，而与切削加工相似。整修工艺首先要合理确定整修余量，过大或过小的余量都会影响整修后工件的质量，影响模具寿命。总的整修余量大小与冲裁件材料、厚度、外形等有关，也与冲裁件切断面的加工状况有关，即与凸、凹模间隙有关。如整修前采用大间隙冲裁，则为了切去切断面上带锥度的粗糙毛面，整修余量就要大一些；而采用小间隙落料时，只是切去二次剪切所形成的中间粗糙区及潜裂纹，并不需要很大的整修余量。

整修次数与工件的板料厚度及形状有关，应尽可能采用一次整修。对板料厚度小于3mm、外形简单工件，一般只需一次整修；当板料厚度大于3mm或工件有尖角时，需进行多次整修。

2. 整修模工作部分尺寸的计算

整修模工作部分尺寸的计算方法与普通冲裁相同，见表3-18。计算公式中考虑了整修工件在整修后的弹性变形

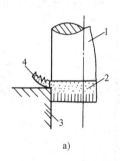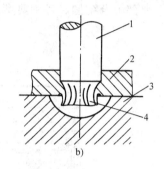

图 3-67　整修原理示意图

a）外缘整修　b）内缘整修

1—凸模　2—工件　3—凹模　4—切屑

量。外缘整修时，工件略有增大，但刃口锋利的模具增大量很小，一般小于0.005mm，计算时可以不计入。内缘整修时，孔径回弹变形量大于外缘整修，计算凸模尺寸时应考虑进去。

表 3-18　整修模工作部分尺寸计算

工序名称 工作部分尺寸	外 缘 整 修	内 缘 整 修
整修凹模尺寸	$D_d = (D_{max} - K\Delta)^{+T_d}_{0}$ $K = 0.75$，$T_d = 0.25\Delta$	凹模一般只起支承毛坯的作用，型孔形状及尺寸可不作严格规定
整修凸模尺寸	$D_p = (D_{max} - K\Delta - Z)^{0}_{-T_p}$ $Z = 0.01 \sim 0.025mm$，$T_p = 0.25\Delta$， $K = 0.75$	$d_p = (d_{min} + K\Delta + \varepsilon)^{0}_{-T_p}$ $K = 0.75$，$T_p = 0.2\Delta$

注：D_{max} 为外缘整修件的上极限尺寸；d_{min} 为内缘整修件的下极限尺寸；Δ 为整修件的公差；ε 为整修后孔的收缩量，铝为 $0.005 \sim 0.01mm$，黄铜为 $0.007 \sim 0.012mm$，软钢为 $0.008 \sim 0.015mm$。

二、带齿圈压板精密冲裁（精冲法）

1. 精冲的机理

如图3-68所示，精冲时的加工条件与普通冲裁有很大的不同。首先，件2带有齿形圈（称为齿圈压板），可对冲裁轮廓周围的材料施加很大的压力，其次在凹模4内设置有反顶杆5，可对凸模下的板料施加较大的压力。另外将凹模刃口制成小圆角，其主要作用是扩大压应力分布的区域，抑制裂纹的生成。在上述条件下冲裁时，冲裁轮廓周围的材料便处于较强的三向压应力状态，材料的塑性得到了很大的提高。

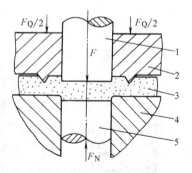

图 3-68　精冲机理

1—凸模　2—齿圈压板　3—板料

4—凹模　5—反顶杆

精冲的冲裁间隙极小，凸模 1 与凹模 4 之间的双面间隙 Z 值一般不超过板厚 t 的 1%，冲小孔时可加大到板厚 t 的 2% 左右。精冲是在尽可能提高材料塑性的情况下，使板料 3 几乎处于纯剪切状态。所以精冲的切断面几乎全部是光面，即塑性剪切面几乎贯穿整个板厚，而且很垂直，只是在材料分离的最后阶段可能出现很小的撕裂面和毛刺。

2. 精冲工艺与精冲模

（1）精冲的工艺过程　以落料为例，精冲的工艺过程如图 3-69 所示，各分图表示的是在一次冲裁过程中不同的工作状态。

1）将板料送入模具，如图 3-69a 所示。

2）合模，压料板压紧料，如图 3-69b 所示。

3）凸模切入板料，同时压料板与反顶杆保持对板料的压力，如图 3-69c 所示。

4）开启模具，如图 3-69d 所示。

5）先卸料，后顶出工件，以免将工件顶回到废料孔内，如图 3-69e 所示。

6）移走工件，准备下次冲裁，如图 3-69f 所示。

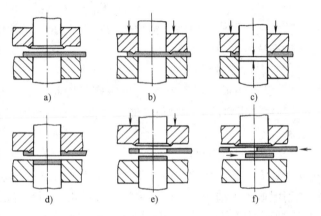

（2）精冲件的工艺性　精冲件的结构工艺性主要表现在零件形状及其圆角半径、槽宽、悬臂、孔径、孔边距等。为了改善精冲件的工艺性，圆角半径在允许的范围内应尽量取大些；应尽量增大槽宽和悬臂宽度，减小其长度；应尽量增大孔径和孔边

图 3-69　精冲的工艺过程

距。精冲件的形状应力求简单、规则，避免尖角。按 JB/T 9175.1—1999，根据精冲件实现精冲的难易程度分为三级：S_1 为容易的，S_2 为中等的，S_3 为困难的。在 $S_1 \sim S_3$ 范围以外的，一般不适于精冲。详见有关设计手册。

（3）精冲力的计算　精冲的冲裁力、带齿压料板的压料力、顶（推）板的反压力等作用情况如图 3-70 所示。

1）冲裁力的计算公式为

$$F = 1.25Lt\tau_b \approx Lt\sigma_b \qquad (3-63)$$

式中，F 为冲裁力（N）；L 为冲裁周边长度的总和（mm）；t 为板料厚度（mm）；τ_b 为材料的抗剪强度（MPa）；σ_b 为材料的抗拉强度（MPa）。

2）带齿压料板的压料力的公式为

$$F_Y = (0.3 \sim 0.6)F \qquad (3-64)$$

式中，F_Y 为压料力（N）。

3）顶（推）件块反压力的公式为

$$F_F = Ap \qquad (3-65)$$

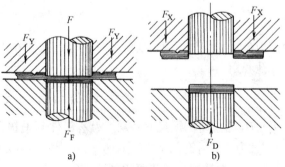

图 3-70　精冲时各种力的作用情况
a）冲裁力 F　压料力 F_Y　反压力 F_F
b）卸料力 F_X　顶件力 F_D

式中，F_F 为顶(推)件块反压力(N)；A 为精冲零件的承压面积(mm^2)；p 为单位面积反压力，$p = 20 \sim 70MPa$。

4）精冲总压力 F_Z 的计算公式为

$$F_Z = F + F_Y + F_F \tag{3-66}$$

F_Z、F、F_Y、F_F 为选择专用精冲压力机公称压力的依据。如果选用通用压力机，又是简易精冲模，则以总压力 F_Z 作为选择公称压力的依据。

5）卸料力和顶(推)件力的计算公式为

卸料力

$$F_X = (0.1 \sim 0.15)F \tag{3-67}$$

顶(推)件力

$$F_D = (0.1 \sim 0.15)F \tag{3-68}$$

精冲上、下模开启后，精冲压力机的低压系统会供给足够的卸料力和顶(推)件力，故可不进行这两种力的计算。

（4）精冲模的设计

1）凸、凹模间隙。精冲凸、凹模间隙很小，一般双边间隙仅为材料厚度的 $0.5\% \sim 1\%$，与精冲板料厚度、材料性能及零件的形状等有关。精冲凸、凹模间隙值可参考有关设计资料。

2）凸、凹模刃口尺寸及圆角半径。精冲凸、凹模刃口尺寸的确定与普通冲裁模刃口尺寸的计算方法基本相同。但由于精冲条件与普通冲裁条件有很大的不同，所以精冲件的尺寸精度不但取决于精冲凸、凹模刃口尺寸精度，而且与凸、凹模间隙大小、带齿压料板的压力和推(顶)件块的反压力、刃口圆角、板料厚度及材料性能等有关。

考虑上述各因素和模具使用时的磨损情况，精冲凸、凹模刃口尺寸按下式计算：

落料时

$$D_d = \left(D_{max} - \frac{3\Delta}{4} \right)_0^{+\delta_d} \tag{3-69}$$

凸模刃口尺寸按凹模刃口实际尺寸配制，保证双边间隙值。

冲孔时

$$d_p = \left(d_{min} + \frac{3\Delta}{4} \right)_{-\delta_p}^0 \tag{3-70}$$

凹模刃口尺寸按凸模刃口实际尺寸配制，保证双边间隙值。

孔心距

$$L_d = \left(L_{min} + \frac{\Delta}{2} \right) \pm \frac{\Delta}{8} \tag{3-71}$$

式中，D_d 为落料凹模尺寸；D_{max} 为落料件的上极限尺寸；Δ 为工件公差；d_p 为冲孔凸模尺寸；d_{min} 为冲孔件孔的下极限尺寸；L_d 为凹模孔心距的尺寸；L_{min} 为工件孔心距的下极限尺寸；δ_p、δ_d 为精冲凸、凹模的制造公差，取 $\Delta/4$，或外形按 IT5、内形按 IT6 制造。

凸、凹模刃口圆角半径的取值很重要，特别是落料凹模的圆角半径和冲孔凸模的圆角半径。半径太小，精冲零件上断面可能出现撕裂现象；半径太大，断面上的塌角将增大。圆角半径值与板料厚度、材料性能及带齿压料板的压力有关。落料凹模圆角半径一般取0.01 ~

0.03mm，冲孔凸模圆角半径一般取 0.01mm 以下。在实际生产中，应先取较小值试冲，当加大压料力仍得不到理想断面时，再加大圆角半径。

3）齿圈压板。齿圈的平面布置如图 3-71 所示。对于形状复杂的精冲件，在有特殊要求

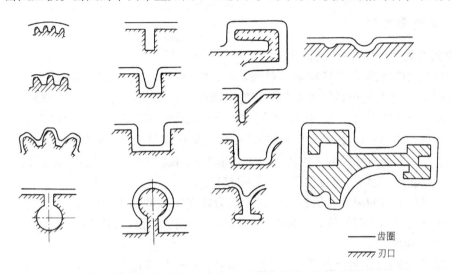

图例：
—— 齿圈
////// 刃口

图 3-71　齿圈的平面布置

的部位，应尽量作成与冲裁轮廓线相似，其余部分可以简化。局部精冲的零件，只需在精冲部分相应作出齿圈，其余部分则不必作出。冲小孔不必设齿圈；冲大孔(孔径大于板料厚度的 10 倍)时，则应在推(顶)件块上设齿圈。对于板料厚度大于 1mm 的细齿形精冲，可设两重齿圈。

当板料厚度在 3.5mm 以下时，只需在带齿压料板上设齿圈，即单面齿圈；当板料厚度在 3.5mm 以上时，则在带齿压料板和凹模上均要设齿圈，即双面齿圈，而且上、下齿圈应稍微错开。

齿圈的齿形尺寸参考有关手册。

4）精冲模结构。由于精冲压力大，凸、凹模间隙很小，因而精冲模具的精度很高。图 3-72 所示为在专用压力机上使用的固定凸模式精冲模，其凸凹模固定在上模座上。带齿压料板压力由上柱塞 1 通过连接推杆 3 和 5、活动模板 7 传递；顶件块的反压力由下柱塞 17 通过顶块 15 和顶杆 13 传递。

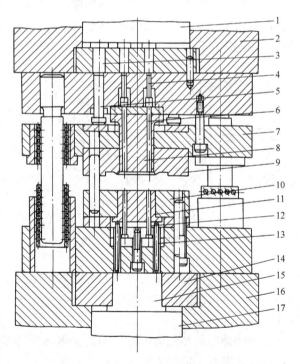

图 3-72　固定凸模式精冲模
1—上柱塞　2—上工作台　3、4、5—连接推杆　6—推杆
7—活动模板　8—凸凹模　9—带齿压料板　10—凹模
11—顶件块　12—冲孔凸模　13—顶杆　14—下垫板
15—顶块　16—下工作台　17—下柱塞

这种模具由于装在专用压力机上，上模座和下模座均受承力环支撑，故受力平稳，结构刚度好。适用于生产大型、窄长、形状复杂及内孔多、板料厚或需要级进精冲零件。

精冲模还有活动凸模式结构形式和简易精冲模。

三、半精密冲裁

1. 小间隙圆角刃口冲裁（又称光洁冲裁）

图3-73为小间隙圆角刃口冲裁示意图。凸、凹模间隙很小，双面冲裁间隙一般不超过 0.01 ~ 0.02mm，并且与板料厚度无关。凸模与凹模的一对刃口之一取小圆角刃口，圆角半径一般取板料厚度的10%。落料时，凹模刃口为小圆角；冲孔时，凸模刃口为小圆角。

采用小间隙圆角刃口冲裁，加强了冲裁变形区的压应力，起到抑制裂纹的作用，改变了普通冲裁条件，因而所得到的工件质量高于普通冲裁件，但低于精冲件。断面粗糙度 Ra 值可达 0.4 ~ 1.6μm，工件尺寸公差可达 IT8 ~ IT11 级。

小间隙圆角刃口冲裁方法比较简单，冲裁力比普通冲裁约大50%，但对设备无特殊要求。该冲裁方法适用于塑性较好的材料，如软铝、纯铜、黄铜、05F 和 08F 等软钢。

2. 负间隙冲裁

图3-74为负间隙冲裁示意图。负间隙冲裁是指凸模尺寸比凹模尺寸大，对于圆形零件，凸模比凹模大 $(0.1 ~ 0.2)t$（t 为板料厚度）；对于非圆形零件，凸出的角部比内凹的角部差值大。凹模刃口圆角半径可取板料厚度的5% ~ 10%，而凸模越锋利越好。为了防止刃口相碰，凸模的工作端面到凹模端面必须保持 0.1 ~ 0.2mm 的距离。一次冲裁冲件不能全部挤入凹模，而是应借助下一次冲裁，将它挤入并推出凹模。

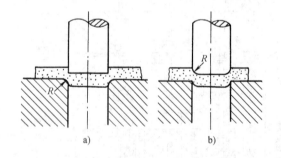

图 3-73　小间隙圆角刃口冲裁示意图
a) 落料　b) 冲孔

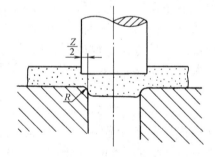

图 3-74　负间隙冲裁示意图

采用了负间隙和圆角凹模，大大加强了冲裁变形区的压应力，其冲裁机理实质上与小间隙圆角刃口冲裁相同。工件断面粗糙度 Ra 值可达 0.4 ~ 0.8μm，尺寸公差可达 IT8 ~ IT11 级。

负间隙冲裁的冲裁力比普通冲裁大得多，冲裁铝件时，冲裁力为普通冲裁的 1.3 ~ 1.6 倍；冲裁黄铜时，冲裁力则高达普通冲裁的 2.25 ~ 2.8 倍。该冲裁方法只适用于铝、铜及黄铜、低碳钢等硬度低、塑性很好的材料。即使冲裁这些材料，凹模的硬度也要很高，且工作表面要抛光到 Ra 值达 0.1μm。

3. 上、下冲裁

图3-75为上、下冲裁工艺过程示意图，其中图3-75a所示为上、下凹模压紧材料，上凸

模开始冲裁；图 3-75b 所示为上凸模挤入材料深度达$(0.15\sim0.3)t$(t 为板料厚度)后停止挤入；图 3-75c 所示为下凸模向上冲裁，上凸模回升；图 3-75d 所示为下凸模继续向上冲裁，直至材料分离。

上、下冲裁的变形特点与普通冲裁相似，所不同的是经过上下两次冲裁，获得上下两个光面，光面在整个断面上的比例增加，板厚的中间有毛面，没有毛刺，因而工件的断面质量得到提高。

4. 对向凹模冲裁

图 3-76 为对向凹模冲裁工艺过程示意图。图 3-76a 所示为送料定位；图 3-76b 所示为带凸台凹模压入材料；图 3-76c 所示为带凸台凹模下压到一定深度后停止不动；图 3-76d 所示为凸模下推材料分离。

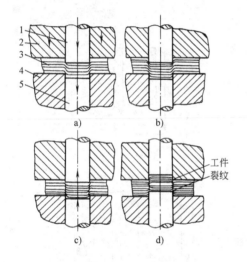

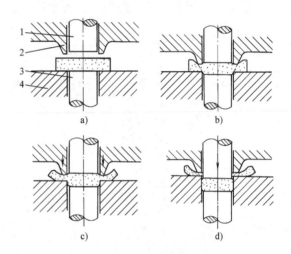

图 3-75　上、下冲裁示意图	图 3-76　对向凹模冲裁工艺过程示意图
1—上凸模　2—上凹模　3—坯料	1—凸模　2—带凸台凹模　3—顶杆　4—平凹模
4—下凹模　5—下凸模	

冲裁时，随着两个凹模之间距离的缩小，一部分材料被挤入平凹模内，同时也有一部分材料被挤入带凸台凹模内。因此，在冲完的工件两面都有塌角，而完全没有毛刺。

对向凹模冲裁过程属于整修过程，冲裁力比较小，模具寿命比较高，对高强度的材料、厚板或脆性材料也可以进行冲裁。但需使用专用的三动压力机。

第十一节　其他冲裁模

一、非金属材料冲裁模

非金属材料的种类很多，按性质可分为两大类：一类是纤维或弹性的软质材料，如纸板、皮革、毛毡、橡胶、聚乙烯、聚氯乙烯等；另一类是脆性的硬质材料，如云母、酚醛纸胶板、布基酚醛层压板等。两类非金属材料的性质有很大差别，因此所采用的冲裁方法也不相同。

1. 软质非金属材料的冲裁及冲裁模

对于软质的纸板、皮革、石棉及橡胶等软质非金属材料，即使采用冲金属板的精密冲裁方法，也不能获得具有光面的断面。在生产中，对这类材料都是采用尖刃剁切法，可以得到光滑、整齐的断面。图 3-77 所示为非金属垫圈冲裁模，冲孔与落料一次完成。尖刃剁切时，冲孔只需要用凸模，落料只需要用凹模，冲裁前须将被冲材料置于平整的硬木板或塑料板上。尖刃很容易损坏，为了延长其使用寿命，木板的上下面应尽量平行。冲裁时，刃口切入木板不要过深，以能将材料切断为限度。木板还要经常移动位置，当整块木板压痕过多时，要将木板重新刨平后使用。

尖刃的结构形式主要有两种，如图 3-78 所示，其中图 3-78a 用于冲孔，图 3-78b 用于落料。尖刃斜角 α 可参考表 3-19 选取。

如果工件形状复杂，仍采用普通冲裁模。

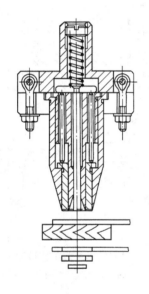

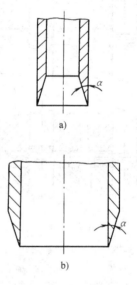

a)

b)

图 3-77　非金属垫圈冲裁模　　　　　图 3-78　尖刃的结构形式

表 3-19　尖刃斜角 α

材 料 名 称	$\alpha/(°)$	材 料 名 称	$\alpha/(°)$
烘热的硬化橡胶板	8 ~ 12	石棉	20 ~ 25
皮革、毛毡、棉布纺织品	10 ~ 15	纤维板	25 ~ 30
纸、纸板、马粪纸	15 ~ 20	红纸板、纸胶板、布胶板	30 ~ 40

2. 脆性和硬质非金属材料的冲裁及冲裁模

硬和脆的非金属材料，如云母、酚醛纸胶板、布基酚醛层压板等通常采用普通冲裁模冲裁。形状复杂的和板料厚度较大的零件，还应进行预热后冲裁。为了保证冲裁件的断面质量，应适当增加压料力，冲裁间隙比金属材料的小。

非金属材料冲裁模的凸、凹模刃口尺寸的计算方法与金属材料冲裁模的凸、凹模刃口尺寸的计算方法相似。但必须注意两点：一是非金属材料冲裁后弹性恢复量一般都比较大；二是如果是预热冲裁，温度降低后工件会收缩。非金属材料冲裁模的凸、凹模刃口尺寸的计算公式可参考有关设计资料。

二、锌基合金冲裁模

1. 锌基合金冲裁模的特点及应用

锌基合金冲裁模是以锌基合金材料制作冲模工作部分等零件的一种简易模具。它的主要优点是：设计与制造简单，不需要使用高精度机械加工设备和较高水平的钳工技术，生产周期短，锌合金可以重复使用，具有良好的技术经济效果。

锌基合金具有一定强度，可以制造冲裁模、拉深模、弯曲模、成形模等，适用于薄板零件的中小批量生产和新产品的试制。

2. 锌基合金的成分和性能

锌基合金是以锌为基体，由锌、铝、铜三种元素并加入微量的镁所组成的合金。用于冲压模的锌合金成分（质量分数）为：$w_{Zn} = 92\% \sim 93\%$、$w_{Al} = 4.0\% \sim 4.2\%$、$w_{Cu} = 3.0\% \sim 3.5\%$、$w_{Mg} = 0.03\% \sim 0.05\%$。其物理性能和力学性能为：熔点约为 380℃，凝固收缩率为 $1\% \sim 1.2\%$，$\sigma_b = 220 \sim 260MPa$，$\sigma_{bc} = 500 \sim 550MPa$，硬度为 $120 \sim 130HBW$。其铸造性能类似于青铜，易切削性类似于铝合金。

3. 锌基合金冲裁模的设计

（1）设计原则　根据锌基合金冲裁模的工作特性，设计落料模时，冲裁凹模选用锌合金，而凸模采用工具钢制造。设计冲孔模时，冲裁凸模选用锌合金，而凹模采用工具钢制造。对于复合模，凸模和凹模选用锌合金，而凸凹模采用工具钢制造。当冲孔质量要求不高，批量不大时（1000 件以下），冲孔模凹模可选用锌合金，而凸模采用工具钢制造。

（2）冲裁间隙　对于锌合金模来说，冲裁凸、凹模间隙不是由模具加工时得到的，而是在冲裁过程中依靠锌基合金模自动调整形成的。落料时，锌基合金凹模的型孔利用钢质凸模浇铸而成，凸、凹模之间的起始间隙近似为零。由于凸模和凹模具有比较大的硬度差，初始冲裁时软质的凹模受侧向挤压力而产生径向变形，使凸、凹模之间形成间隙，同时刃口侧壁产生急剧磨损，使间隙增大。当冲制了一定数量的零件后，便达到合理间隙，这时磨损也相应减少，并相对稳定在合理间隙下冲裁。这个由锌基合金材料磨损形成的相对稳定间隙，称为动态平衡间隙。随冲裁次数的不断增加，刃口端面在板料压力的作用下产生的塌角也不断增大，这部分金属自动补偿刃口侧壁的磨损，使之始终维持正常间隙冲裁，称为自动补偿磨损。因此，锌基合金冲模是否能继续使用，不是以刃口变钝来判断，而主要是根据凹模刃口端面出现的过大塌角是否影响冲件的质量来决定是否重修。

（3）锌基合金冲裁模的设计

1）凸、凹模刃口尺寸和公差的确定。对于锌合金落料模，只设计和计算钢质凸模，钢质凸模的刃口尺寸 D_p，为

$$D_p = (D_{max} - Z_{min} - x\Delta)_{-\delta_p}^{\ 0} \tag{3-72}$$

对于锌合金冲孔模，只设计和计算钢质凹模，钢凹模的刃口尺寸 d_d 为

$$d_d = (d_{min} + Z_{min} + x\Delta)_{0}^{+\delta_d} \tag{3-73}$$

式中，D_{max} 为落料件上极限尺寸；d_{min} 为冲孔件孔的下极限尺寸；Z_{min} 为最小双边合理间隙，

可按钢模冲裁间隙选取；Δ 为制件公差；x 为系数，零件公差等级为 IT11～IT13 时，取 $x=0.75$；零件公差等级在 IT14 以下时取 $x=0.5$；δ_p 为钢凸模制造精度，可按 IT6 选用；δ_d 为钢凹模制造精度，可按 IT7 选用。

2）锌基合金凸、凹模的设计。锌基合金凹模主要受径向力、轴向力和弯矩等的作用，因此要求有足够的高度和壁厚，以保证强度。对于冲裁轮廓在 1m 以下的中、小型冲裁件，其高度和壁厚可按图 3-79 确定。对冲裁轮廓在 1m 以上的大型冲裁件，还应考虑冲裁轮廓的形状和锌基合金冷却收缩时产生的内应力，对有尖角处的危险部位应适当增大局部截面尺寸。

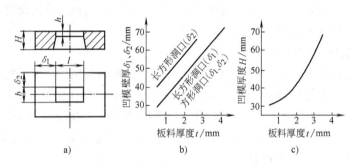

图 3-79　锌基合金凹模的厚度和壁厚

锌基合金凹模洞口形状一般采用直刃壁结构（图 3-79a），刃壁高度 h 比普通冲裁模大 2～5mm。

锌基合金凸模用于冲孔，凸模结构形式多采用组合式、镶拼式，如图 3-80 所示。凸模长度应根据结构的需要来确定。通常，锌合金凸模受抗压强度和结构设计的限制，冲孔直径不宜小于 $\phi50$mm。

另外，根据锌基合金模具的特点，最好采用有导向装置和弹性卸料装置的模具结构。凸模进入凹模的深度要比材料厚度大 2～4mm。

4. 锌基合金冲裁模的制造

以落料模为例，锌基合金凹模的制造方法有铸造法、铸造挤切法和镶拼法。

铸造法如图 3-81 所示，在下模座排料孔中填满干砂 6，放上排料孔型芯 3（砂芯、砖芯或芯框），再在下模座上安放用 2～4mm 厚的钢板做成的模框 4，模框外侧的四周填上湿砂 5 并压紧，以防合金泄漏流出。然后将凸模连同上模座一起压在排料孔型芯

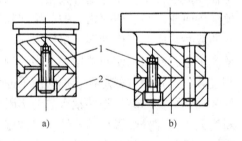

图 3-80　锌基合金凸模结构形式
a）组合式　b）镶拼式
1—凸模固定部分　2—锌合金

上（凸模须预热至 180～200℃）。将熔化的锌合金浇注于模框内（浇注温度为 420～450℃），并轻微搅动合金熔液，直到达到预定浇注高度。待合金完全凝固且温度约为 150～250℃ 时拔出凸模。这时可以用水使锌基合金凹模急冷，以提高其力学性能。最后铣削锌基合金上平面，加工螺钉孔、销钉孔，安装凹模、卸料板等即可投入使用。对于合金用量在 20～30kg 以上的模具，为防止合金温度和凸模预热温度造成模架变形，可在模架外平板上浇注。

对于小型凹模，模框可做成如图 3-82 所示的厚模框结构，紧固螺钉孔及销孔直接开在模框上，使加工、安装和操作都很方便，并具有一定的通用性。

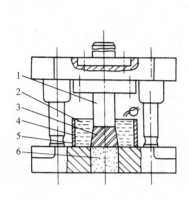

图 3-81　锌基合金凹模的铸造法
1—凸模　2—锌基合金　3—型芯
4—模框　5—湿砂　6—干砂

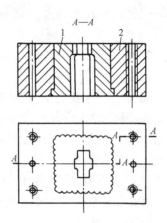

图 3-82　厚模框结构
1—锌基合金　2—厚模框

铸造挤切法适用于具有尖角及形状复杂的零件，因为锌基合金的自然收缩圆角 $R \approx$ 1mm，采用铸造的方法很难充满型腔。铸造挤切法是先铸造成实心模块，沿钢凸模刃口轮廓划线(或压印)，按线周边留 0.2~0.3mm 余量进行机械加工，最后用钢凸模对正挤切成形。

镶拼法用于大型冲裁模具，先用锌基合金铸成镶拼模块，采用机械加工方法进行粗加工，然后拼块组合，以螺钉、销钉紧固，最后用钢凸模挤切成形。

三、聚氨酯橡胶冲裁模

1. 聚氨酯橡胶冲裁模的特点及应用

聚氨酯橡胶模是将高强度、硬度、耐磨、耐油、耐老化、抗撕裂性能好的聚氨酯橡胶作为冲压模具的工作零件，用以代替普通冲模的钢凸模、凹模或凸凹模进行冲压工作的一种模具。这种模具具有结构简单，制造容易，生产周期短，成本低等优点。它最适用于薄板材料的冲裁，同时也可用于弯曲、胀形、拉深及翻边等工艺。其缺点是较钢模冲裁力大，冲裁时搭边值较大，生产率不高。

2. 聚氨酯橡胶的选用

由于原料的配比不同，聚氨酯的硬度变化范围比较大，目前国产聚氨酯橡胶的牌号有8260、8270、8280、8290、8295 等，其邵氏硬度分别为 67A、75A、85A、90A、93A。根据冲压工艺的要求，牌号 8290、8295 主要用于冲裁模；牌号 8260、8270、8280 主要用于各种成形模和弹性元件，其压缩比不能超过 35%。

3. 聚氨酯橡胶冲裁模的设计

用聚氨酯橡胶模冲裁，落料时凹模用聚氨酯，凸模仍用金属材料；冲孔时凸模用聚氨酯，凹模仍用金属材料。

(1) 冲裁变形过程　如图 3-83 所示，聚氨酯橡胶冲裁模的冲裁变形过程与一般钢模不同。压力机滑块下行时，装在容框内的聚氨酯橡胶产生弹性变形，以较高的压力迫使被冲材料沿钢质凸模刃口发生弯曲、拉伸等变形，直到材料断裂分离。在冲裁过程中，由于橡胶始终把材料压在钢模上，故冲件平整。同时因为橡胶紧贴着钢模刃口流动，成为无间隙冲裁，所以冲裁件基本无毛刺。

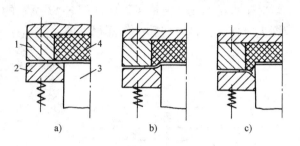

图 3-83 聚氨酯橡胶冲裁过程
1—容框 2—卸料板 3—凸模 4—聚氨酯橡胶

根据聚氨酯橡胶模冲裁的特点，冲裁搭边值应比钢模冲裁时大（约为 3~5mm）。冲孔孔径不能太小，否则所需橡胶的单位面积压力太大，冲裁很困难。

（2）钢质凸、凹模刃口尺寸的计算　聚氨酯冲裁凸、凹模刃口尺寸的计算与普通冲裁有些不同。其落料件外形尺寸决定于钢凸模刃口尺寸，冲孔孔径决定于钢凹模刃口尺寸。设计时可按下式计算：

落料
$$D_p = (D_{max} - x\Delta)_{-\delta_p}^{0} \tag{3-74}$$

冲孔
$$d_d = (d_{min} + x\Delta)_{0}^{+\delta_d} \tag{3-75}$$

式中，D_p 为钢凸模的刃口尺寸；d_d 为钢凹模的刃口尺寸；Δ 为冲裁件公差；δ_p 为钢凸模制造公差；δ_d 为钢凹模制造公差；x 为系数，一般为 0.5~0.7。

（3）聚氨酯橡胶冲裁模的设计

1）聚氨酯容框的设计。容框内形与钢凸模刃口轮廓相似，但每边比凸模约大 0.5~1.5mm。其容框尺寸 D_r 为

$$D_r = D_p + 2(0.5~1.5) \tag{3-76}$$

当料厚为 0.05mm 时，单边间隙取 0.5mm；当料厚为 0.1~1.5mm 时，单边间隙取 1~1.5mm。

2）聚氨酯橡胶厚度的设计。聚氨酯橡胶的厚度太大时，弹性模量较小，在同样的压缩量情况下所产生的单位面积压力较小，零件不易冲下来；厚度太小时，弹性模量较大，需要的冲裁力大，橡胶的寿命低。橡胶的厚度一般以 12~15mm 为宜。

聚氨酯橡胶在压入容框前处于自由状态下的尺寸 D 应比容框尺寸略大（过盈配合）。其值按下式计算

$$D = D_r + 0.5 \tag{3-77}$$

3）顶杆和卸料板的设计。顶杆（或推杆、顶件块）和卸料板是聚氨酯橡胶冲裁模的重要零件，这是由于顶杆的作用控制了橡胶的冲压深度，改变了应力的分布，增大了刃口处的剪切力，提高了冲裁件的质量和橡胶的使用寿命。因此，顶杆和卸料板的工作部分应具有合理的结构形式与几何参数。

顶杆工作部分的形式根据冲孔直径 d 的大小分为三种（图 3-84）：

当 $d > 5mm$ 时，选用 a 型；

当 $2.5mm \leqslant d \leqslant 5mm$ 时，选用 b 型；

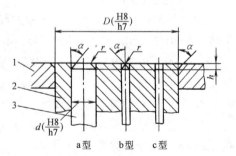

图 3-84 顶杆和卸料板的几何参数
1—卸料板 2—凸凹模 3—顶杆

当 $d < 2.5$mm 时，选用 c 型。

顶杆和卸料板的主要几何参数是端头处的橡胶冲压深度 h 和倒角 α，这两个参数主要决定于板料的厚度，见表3-20。在同一个模具内，为保证橡胶的变形程度一致，保证各刃口剪切力相近，各顶杆与卸料板的橡胶冲压深度 h 应相等，如图3-84 所示。

表 3-20　顶杆和卸料板的几何参数

料厚 t/mm	h/mm	α/(°)	r/mm
<0.1	0.4 ~ 0.6	45 ~ 55	0.5
0.1 ~ 0.3	0.6 ~ 1.0	55 ~ 65	0.5
0.3 ~ 0.5	1.2	65 ~ 70	0.5

4）聚氨酯橡胶冲裁模的典型结构。将聚氨酯容框设置在上模的称上装式结构，设置在下模的称下装式结构。聚氨酯橡胶冲裁可以用于单工序模，也可以用于复合模。图3-85 所示的聚氨酯复合冲裁模，在冲裁时顶杆端头橡胶的冲压深度是固定的，冲裁结束后按下顶出机构 7 将凸凹模孔内废料顶出。

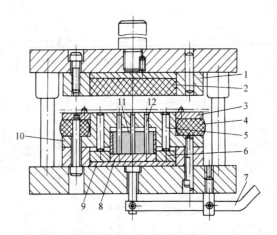

图 3-85　聚氨酯橡胶复合冲裁模的典型结构

1—容框　2—聚氨酯橡胶　3—卸料板　4—卸料橡皮

5、12—顶杆　6、8—限位器　7—顶出机构

9—顶板　10—凸凹模　11—环氧树脂顶杆固定板

第四章　弯　曲

弯曲是将板料、棒料、型材或管料等弯成一定形状和角度的零件的一种冲压成形工序。采用弯曲成形的零件种类繁多，常见的如汽车大梁、自行车车把、门窗铰链、各种电器零件的支架等。

第一节　弯曲变形过程及变形特点

一、弯曲变形过程

这里以在两种最基本的弯曲模(V形压弯模和U形压弯模)中板料受力变形的基本情况为例，来分析弯曲变形过程。如图4-1所示，在板料 A 处，凸模施加弯曲力 P(U形)或 $2P$ (V形)，在凹模的圆角半径支撑点 B 处产生反作用力 P，这样就形成弯曲力矩 $M = PL$，该弯曲力矩使板料产生弯曲。在弯曲过程中，随着凸模进入凹模深度的不同，凹模圆角半径支撑点的位置及弯曲件毛坯弯曲半径 r 将发生变化，即支撑点距离 L 和弯曲半径 r 逐渐减小，而弯曲力 P 逐渐增大，弯矩 M 也增加。当毛坯的弯曲半径达到一定值时，毛坯在弯曲凸模圆角半径处开始产生塑性变形，最后将板料弯曲成与凸模形状一致的工件。图4-2所示为V形弯曲模中校正弯曲的过程。弯曲开始阶段为自由弯曲，随着凸模下压，板料的弯曲半径与支撑点距离逐渐减小。在弯曲行程接近终了时，弯曲半径继续减小，而直边部分反而向凹模方向变形(图4-2c)，直至板料与凸、凹模完全贴合。

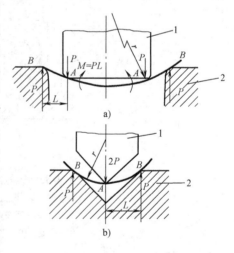

图4-1　弯曲毛坯受力情况
a) 弯曲前　b) 弯曲后
1—凸模　2—凹模

为了分析弯曲变形规律，以V形件为例，观察工件侧边的坐标网格及断面形态在弯曲前后的变化情况。从图4-3中可以看出：

1) 弯曲变形区主要在弯曲件的圆角部分，此处的正方形网格变成了扇形。远离圆角的直边部分没有变形，靠近圆角部分的直边则有少量的变形。

2) 在弯曲变形区内，板料的外层(靠凹模一侧)切向纤维因受拉而伸长($\overset{\frown}{b'b'} > \overline{bb}$)；内层(靠凸模一侧)切向纤维受压缩而缩短($\overset{\frown}{a'a'} < \overline{aa}$)。由内、外表面至板料中部，其缩短和伸长的程度逐渐变小。在缩短与伸长两变形区域之间，必有一层金属纤维的长度在变形前

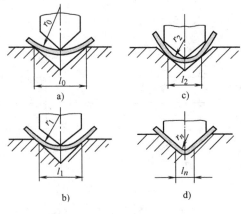

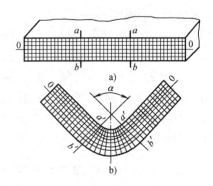

图 4-2 V 形弯曲模校正弯曲过程

图 4-3 弯曲前后坐标网格的变化

a) 弯曲前 b) 弯曲后

后保持不变，称之为应变中性层。

3) 在弯曲变形区中，板料变形后产生厚度变薄的现象，r/t 越小，厚度变薄越大。板料厚度由 t 变薄至 t_1，其比值 $\eta = t_1/t$ 称为变薄系数。

4) 在弯曲变形区内，板料横断面的形状变化分为两种情况：宽板（板宽 b 与板厚 t 之比大于3）弯曲时，横断面形状几乎不变，仍为矩形；而窄板（$b/t < 3$）弯曲时，原矩形断面变成了扇形，如图 4-4 所示。生产中，一般为宽板弯曲。

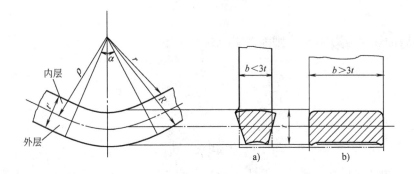

图 4-4 板料弯曲后横断面的形状

a) 窄板 b) 宽板

二、弯曲变形程度及其表示方法

1. 弯曲变形程度及其表示（r/t）

板料在外弯曲力矩的作用下，先产生较小的弯曲变形。设弯曲变形区应变中性层曲率半径为 ρ，弯曲中心角为 α（图 4-5），则距应变中性层为 y 处的材料的切向应变为

$$\varepsilon_\theta = \ln \frac{(\rho + y)\alpha}{\rho \alpha} = \ln\left(1 + \frac{y}{\rho}\right) \approx \frac{y}{\rho} \tag{4-1}$$

切向应力 σ_θ 为

$$\sigma_\theta = E\frac{y}{\rho}$$

式中，E 为材料的弹性模量。

切向应力应变的分布情况如图 4-5a 所示。由外区拉应力过渡到内区压应力，必有一层纤维的切向应力为零，此层称为应力中性层。弹性弯曲变形区材料的变形程度及应力的大小，完全取决于该层至应变中性层的距离与应变中性层曲率半径的比值 $\frac{y}{\rho}$，而与弯曲中心角度 α 的大小无关。显然，弯曲变形区内、外表面的应力应变值最大。对于厚度为 t 的板料，当其内弯曲半径为 r 时，板料表面的应力 $\sigma_{\theta\max}$ 与 $\varepsilon_{\theta\max}$ 为

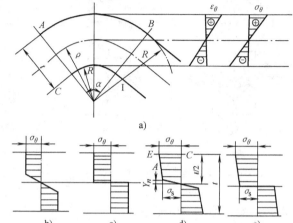

图 4-5　各种弯曲的应力分布
a）弹性弯曲　b）没有硬化的弹—塑性弯曲
c）没有硬化的纯塑性弯曲
d）、e）有硬化的弹—塑性弯曲和纯塑性弯曲

$$\varepsilon_{\theta\max} = \pm\frac{\frac{t}{2}}{r+\frac{t}{2}} = \pm\frac{1}{1+2\frac{r}{t}} \quad (4\text{-}2)$$

$$\sigma_{\theta\max} = \pm E\varepsilon_{\theta\max} = \pm\frac{E}{1+2\frac{r}{t}} \quad (4\text{-}3)$$

假定材料的屈服应力为 σ_s，则弹性弯曲的条件是

$$|\sigma_{\theta\max}| < \sigma_s$$

或

$$\frac{E}{1+2\frac{r}{t}} < \sigma_s$$

$$\frac{r}{t} > \frac{1}{2}\left(\frac{E}{\sigma_s}-1\right)$$

r/t 称为板料的相对弯曲半径，是表示板料弯曲变形程度的重要参数。相对弯曲半径 r/t 越小，表示弯曲变形程度越大。

2. 弹—塑性弯曲与纯塑性弯曲的概念

在弯曲过程中，如前所述，凸模作用在板料上的弯曲力 P 与力臂 L 构成外力矩（$M_外$），板料在外力矩的作用下，材料内部必然会产生抵抗变形的抗弯内力矩（$M_内$）。外力矩不断增大，抗弯内力矩也随之增大。由于材料内部的切向应力构成了抗弯内力矩，因此材料内部的切向应力也不断增大。当所弯曲的板料内弯曲半径减小到使其相对弯曲半径 $r/t = \frac{1}{2}\left(\frac{E}{\sigma_s}-1\right)$ 时，板料内、外表面材料首先由弹性变形状态过渡到塑性变形状态，随着外力矩的不断增大，板料的相对弯曲半径 r/t 不断减小，使得塑性变形由内、外表面向中心逐步扩展，这时的弯曲称为弹—塑性弯曲，如图 4-5b、d 所示。

外力矩不断增大，板料内部的抗弯内力矩也同步地增大，板料相对弯曲半径 r/t 进一步

减小，这时材料内部基本上全是塑性变形区，只有中间极薄的一层为弹性变形区，可以忽略不计，这时的弯曲称为纯塑性弯曲，如图 4-5c、e 所示。

三、宽板与窄板弯曲变形区的应力、应变分析

设板料弯曲变形区的主应力和主应变的方向分别为切向(σ_1、ε_1)、宽度方向(σ_2、ε_2)和厚度方向(σ_3、ε_3)。变形区的应力应变状态(指主应力、主应变状态，下同)与相对弯曲半径和相对宽度 b/t 等因素有关，r/t 越小，表示弯曲变形程度越大。随着变形程度的增加，内、外层的切向应力和应变都随之发生明显的变化，宽度方向和厚度方向的应力和应变也发生较大的变化。板料的相对宽度 b/t 不同，弯曲时的应力应变状态也不一样。在自由弯曲状态下，窄板与宽板的应力应变状态如下。

(1) 窄板弯曲　板料在弯曲时，主要表现是内、外层纤维的压缩和伸长，切向应变是最大的主应变，其外层应变为正，内层应变为负。

根据材料塑性变形体积不变条件 $\varepsilon_1 + \varepsilon_2 + \varepsilon_3 = 0$ 可知，板料宽度方向应变 ε_2 和厚度方向应变 ε_3 的符号一定与最大的切向应变 ε_1 的符号相反。

在宽度方向，外层应变为负，内层应变为正。这从窄板弯曲变形区断面形状从矩形变成扇形也可以看出，外层材料宽度方向收缩，内层材料宽度方向扩张。

在厚度方向，外层应变为负，内层应变为正。

窄板弯曲的应力状态：在切向，外层纤维受拉，切向应力为拉应力；内层纤维受压，切向应力为压应力。在宽度方向，由于材料弯曲时可以不受拘束而自由变形，则从矩形断面变成扇形断面，可以认为内、外层的 $\sigma_2 \approx 0$。在厚度方向，由于弯曲时板料纤维之间相互压缩，因此内、外层应力均为压应力。

由此可见，窄板弯曲时，内、外层的应变是立体的，应力状态是平面的，如图 4-6a 所示。

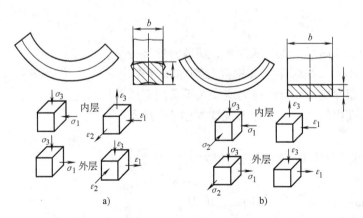

图 4-6　弯曲变形的应力与应变状态
a) 窄板　b) 宽板

(2) 宽板弯曲　宽板弯曲时，切向和厚度方向的应变与窄板相同。在宽度方向，由于板料宽度宽，变形阻力较大，弯曲后板宽基本不变，因此内、外层宽度方向的应变接近于零($\varepsilon_2 \approx 0$)。

宽板弯曲的应力状态：切向和厚度方向的应力状态与窄板相同。在宽度方向，由于材料不能自由变形，外层材料在宽度方向为拉应力；同样，内层材料在宽度方向为压应力。

　　可见，宽板弯曲时，内、外层的应变状态是平面的，应力状态是立体的（图4-6b）。

四、弯曲时应力和弯矩的计算

　　窄板弯曲时，其应力状态为平面应力状态；宽板弯曲时，其应力状态为立体应力状态，但其内、外层的切向应力均为最大主应力。为了简化计算，可以把变形区的应力状态近似简化为只有切向应力作用的线性应力状态，按弯曲变形程度大小不同，分别研究线性弹—塑性弯曲和线性纯塑性弯曲时切向应力的分布及弯矩的计算问题。

　　为了容易计算先假定：

　　1）弯曲过程中，毛坯变形区内任意位置上的横截面始终为平面。

　　2）弯曲过程中，毛坯变形区内横截面的形状尺寸不变，中性层位置仍在板料中间。

　　3）弯曲件内、外层切向应力和应变的关系与单向拉伸状态下的应力应变关系完全一致。

1. 线性弹—塑性弯曲弯矩

　　（1）设定应力函数　弯曲毛坯变形区内切向应变在板厚方向上的分布可用式（4-1）表示，即

$$\varepsilon_\theta = \frac{y}{\rho}$$

　　在弯曲过程中的某一时刻，可以认为中性层的曲率半径 ρ 为一个常量。由上式可见，变形区内各点的切向应变与该点到中性层的距离成正比。因此，弯曲时塑性变形区内切向应力与应变之间的函数关系为

$$\sigma_\theta = f_1(\varepsilon_\theta) = f_1\left(\frac{y}{\rho}\right)$$

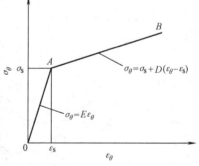

　　线性弹—塑性弯曲时，变形区内弹、塑性变形部分的应力分布规律不同，在弯矩计算中要分别加以计算。为了简化计算，塑性变形部分的应力应变关系采用直线来表示。毛坯断面内的切向应力分布规律如图4-7所示的折线形式。

图4-7　应力—应变曲线

　　弹性变形范围内（OA部分）切向应力值为

$$\sigma_\theta = \varepsilon_\theta E \tag{4-4}$$

　　塑性变形范围内（AB部分）切向应力值为

$$\sigma_\theta = \sigma_s + D(\varepsilon_\theta - \varepsilon_s) \tag{4-5}$$

式中，E 为弹性模量；σ_s 为屈服强度；D 为硬化模数；ε_s 为与屈服强度相对应的切向应变。

　　（2）弯矩计算　先在弯曲变形区任意位置取一横截面，该横截面上的应力分布如图4-8所示。在距中性层 y 处取一微元面积 $\mathrm{d}A$，微元面积上对中性层的微弯矩 $\mathrm{d}M$ 为

$$\mathrm{d}M = \sigma_\theta y \mathrm{d}A$$

　　该横截面切向应力形成的弯矩为

$$M = 2 \int_0^{\frac{t}{2}} \sigma_\theta y \mathrm{d}A \tag{4-6}$$

式中，$\mathrm{d}A$ 为微元面积，其值为

$$\mathrm{d}A = b\mathrm{d}y$$

因为 $y = \rho\, \varepsilon_\theta$，$\mathrm{d}y = \rho\, \mathrm{d}\varepsilon_\theta$，所以

$$\mathrm{d}A = b\rho\mathrm{d}\varepsilon_\theta$$

将 y 及 $\mathrm{d}A$ 之值代入式(4-6)得

$$M = 2b\rho^2 \int_0^{\frac{t}{2}} \sigma_\theta \varepsilon_\theta \mathrm{d}\varepsilon_\theta$$

利用式(4-4)及式(4-5)，把切向应力值代入上式得

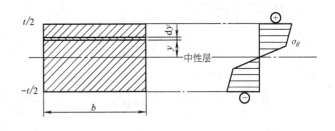

图 4-8　任意横截面及其应力分布

$$M = 2b\rho^2 \left\{ \int_0^{\varepsilon_s} E\varepsilon_\theta^2 \mathrm{d}\varepsilon_\theta + \int_{\varepsilon_s}^{\varepsilon_b} \sigma_s \varepsilon_\theta \mathrm{d}\varepsilon_\theta + \int_{\varepsilon_s}^{\varepsilon_b} D(\varepsilon_\theta - \varepsilon_s)\varepsilon_\theta \mathrm{d}\varepsilon_\theta \right\} \tag{4-7}$$

式中，b 为毛坯宽度；ρ 为中性层曲率半径；ε_s 为弹性变形区与塑性变形区分界点上的切向应变；ε_b 为毛坯内、外表面的切向应变。

分析式(4-7)可知，线性弹—塑性弯曲时的弯矩由三部分组成：

1）第一项为弹性变形部分切向应力形成的弯矩。

2）第二项表示不考虑硬化时塑性变形部分切向应力形成的弯矩。

3）第三项为硬化现象使塑性变形部分形成弯矩的增量。

对式(4-7)积分可得

$$M = b\rho^2 \left\{ (E - D)\varepsilon_s \left(\varepsilon_b^2 - \frac{\varepsilon_s^2}{3} \right) + \frac{2}{3} D\, \varepsilon_b^3 \right\} \tag{4-8}$$

毛坯内、外表面的切向应变 ε_b 之值取决于弯曲的曲率半径 ρ，可以利用式(4-1)以 $y = t/2$ 代入后得

$$\varepsilon_b = \frac{t}{2\rho}$$

与屈服强度对应的切向应变 ε_s 的值，可用下式表示

$$\varepsilon_s = \frac{t}{2\rho_s}$$

式中，ρ_s 为弯曲过程中毛坯内、外表面开始屈服时中性层的曲率半径。

因为

$$\sigma_s = \varepsilon_s E = \frac{tE}{2\rho_s}$$

所以

$$\rho_s = \frac{tE}{2\sigma_s} \tag{4-9}$$

将 ε_b 及 ε_s 的值代入式(4-8)，整理后得

$$M = \left[\frac{3}{2} - \frac{3D}{2E} - \frac{2\rho^2\sigma_s^2}{E^2 t^2} + \frac{2\rho^2 D\sigma_s^2}{E^3 t^2} + \frac{tD}{2\rho\sigma_s} \right] W\sigma_s = mW\sigma_s \tag{4-10}$$

式中，W 为弯曲毛坯的断面系数，$W = \dfrac{bt^2}{6}$。

m——相对弯矩，在弹—塑性弯曲中，其值为

$$m = \frac{3}{2} - \frac{3D}{2E} - \frac{2\rho^2\sigma_s^2}{E^2 t^2} + \frac{2\rho^2 D\sigma_s^2}{E^3 t^2} + \frac{tD}{2\rho\sigma_s}$$

2. 线性纯塑性弯曲

线性纯塑性弯曲时，毛坯断面内切向应力的分布如图4-5e所示。其弯矩仍可利用式 (4-7)进行计算，但其中第一项数值为零，而且第二项与第三项积分式中的下限也为零，于是式(4-7)变成如下形式

$$M = 2b\rho^2 \int_0^{\varepsilon_b} (\sigma_s + D\varepsilon_\theta)\varepsilon_\theta \mathrm{d}\varepsilon_\theta = \frac{\sigma_s bt^2}{4} + \frac{Dbt^3}{12\rho} = \left[\frac{S}{W} + \frac{tD}{2\rho\sigma_s}\right]W\sigma_s = mW\sigma_s \quad (4\text{-}11)$$

式中，S 为弯曲毛坯断面静矩，对于板料，$S = \frac{bt^2}{4}$；W 为弯曲毛坯断面系数，对于板料，$W = \frac{bt^2}{6}$；m 为相对弯矩，其值为

$$m = \frac{S}{W} + \frac{tD}{2\rho\sigma_s} = k_1 + k_0\frac{t}{2\rho}$$

式中，k_1 为反映弯曲毛坯断面形状特征的系数，$k_1 = \frac{S}{W}$；k_0 为反映弯曲毛坯材料性能特点的系数，$k_0 = \frac{D}{\sigma_s}$。

弯曲件的 S、W、D、σ_s 等及相对弯矩 m、系数 k_1 与 k_0 的数值可查有关设计手册。

3. 无硬化线性纯塑性弯曲(r/t 较小时热弯曲)弯矩

相对弯曲半径 r/t 较小时的热弯可看作无硬化线性纯塑性弯曲。由于没有硬化现象，所以毛坯断面内切向应力是恒定不变的，如图4-5c所示。这种情况下的弯矩仍可利用式 (4-11)计算，令 $D = 0$，于是得

$$M = \frac{bt^2}{4}\sigma_s = S\sigma_s \tag{4-12}$$

五、板料塑性弯曲的变形特点

1. 应变中性层位置的内移

板料发生弹性弯曲时，应变中性层位于板料横断面中间。板料发生塑性弯曲时，设板料原来长度、宽度和厚度分别为 l、b、t，弯曲后成为外半径为 R、内半径为 r、宽度为 b_1、厚度为 t_1 和弯曲中心角为 α 的形状(图4-9)，根据变形前后金属材料体积不变的条件，得

$$tlb = \pi(R^2 - r^2)\frac{\alpha}{360°}b_1 \tag{4-13}$$

塑性弯曲后，其应变中性层长度不变，所以

$$l = \alpha\rho \tag{4-14}$$

式(4-13)和式(4-14)联解后，以 $R = r + \eta t$ 代入，得塑性弯曲时应变中性层位置为

$$\rho = \left(\frac{r}{t} + \frac{\eta}{2}\right)\eta\beta t \tag{4-15}$$

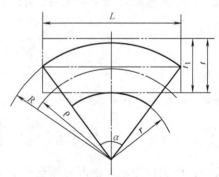

图4-9　应变中性层的确定

式中，η 为变薄系数，$\eta = t_1/t < 1$，其值由表 4-1 查得；β 为展宽系数，$\beta = b_1/b$，当 $b/t > 3$ 时，$\beta = 1$；b、b_1 为弯曲前后毛坯的宽度和平均宽度；t、t_1 为弯曲前后的毛坯厚度。

表 4-1 变薄系数 η 值

r/t	0.1	0.25	0.5	1.0	2.0	3.0	4.0	5	>10
η	0.82	0.87	0.92	0.96	0.985	0.992	0.995	0.998	1

一般生产中，板料的 b/t 均大于 3，$\beta = 1$，所以由式（4-15）可得

$$\rho = \left(\frac{r}{t} + \frac{\eta}{2} \right) \eta t = \left(r + \frac{1}{2} \eta\, t \right) \eta \qquad (4\text{-}16)$$

从上式可以看出，应变中性层位置与相对弯曲半径 r/t 和变薄系数 η 的数值有关。弯曲时，随着凸模下行，r/t 和 η 不断减小，所以板料的应变中性层不断内移。弯曲变形程度越大，应变中性层内移量越大。

2. 变形区内板料的变薄和增长

板料弯曲时，外层纤维受拉使厚度减薄，内层纤维受压使厚度增加。由于应变中性层的内移，外层拉伸区逐步扩大，内层压缩区不断减小，外层的减薄量大于内层的增厚量，从而使板料的厚度变薄。根据材料塑性变形体积不变的条件，厚度的减薄必然使板料的长度增加。相对弯曲半径越小，板料厚度的减薄量越大，板料长度的增加量也越大。因此，对于 r/t 值较小的弯曲件，要注意厚度的过分变薄将影响弯曲件的质量，同时在计算弯曲件毛坯长度时，必须考虑弯曲后板料的增长。一般要通过试验才能确定准确的毛坯展开尺寸。

3. 变形区板料剖面的畸变、翘曲和破裂

相对宽度 b/t 较小的板料弯曲时，由于外层材料切向受拉，引起板料宽度和厚度的收缩。内层材料切向受压，使板宽和板厚增加，所以弯曲变形结果使板料横截面变为扇形，内外层发生微小的翘曲（图 4-10a）。相对宽度较大的板料弯曲时，横截面形状虽然变化不大，但在端部可能出现翘曲和不平（图 4-10b）。弯曲时，板料外表面的切向拉应力最大，当外表面的等效应力 $\bar{\sigma}$ 超过板料材料的强度极限 σ_b 时，就会沿着板料折弯线方向拉裂，如图 4-10c 所示。相对弯曲半径 r/t 越小，变形程度越大，最外层纤维切向拉裂的可能性也越大。

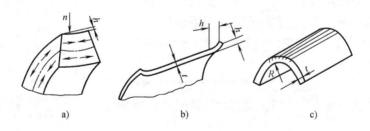

图 4-10 板料弯曲后的畸变、翘曲和破裂
a）翘曲　b）翘曲和不平　c）拉裂

第二节 最小弯曲半径

由弯曲变形区的应力应变分析可知，相对弯曲半径 r/t 越小，弯曲的变形程度越大，外表面材料所受的拉应力和拉伸应变越大。当相对弯曲半径减小到某一数值，弯曲件外表面纤维的拉伸应变超过材料塑性变形的极限时就会产生裂纹或折断。在保证弯曲件毛坯外表面纤维不发生破坏的条件下，工件所能弯成的内表面最小圆角半径称为最小弯曲半径 $r_{\min}$。生产中用它来表示材料弯曲时的成形极限。

一、影响最小弯曲半径的因素

1. 材料的力学性能

影响材料最小弯曲半径的力学性能主要是塑性，材料塑性指标（ε、δ、ψ 等）越高，其弯曲时塑性变形的稳定性越好，可以采用的最小弯曲半径越小。

2. 零件弯曲中心角的大小

理论上弯曲变形区仅局限于圆角部分，直边部分不参与变形，因而与弯曲中心角无关。但是在实际弯曲过程中，由于板料纤维之间的相互牵制作用，圆角附近的直边部分材料也参与了弯曲变形，即扩大了弯曲变形区的范围。圆角附近的材料参与变形以后，分散了圆角部分的弯曲应变，圆角部分外表面纤维的拉伸应变得到一定程度的下降，这对防止材料外表面开裂十分有利。弯曲中心角越小，圆角部分外表面纤维的变形分散效应越显著，最小弯曲半径的数值也越小。

3. 板料的轧制方向与弯曲线夹角的关系

板料经过多次轧制，其力学性能具有方向性，当弯曲件的弯曲线与板料轧制方向垂直时，最小弯曲半径数值最小；因此，当弯曲件的弯曲线与板料轧制方向平行时，最小弯曲半径最大。所以对于 r/t 较小的弯曲件，应尽可能使弯曲线垂直于轧制方向。如果零件有两个以上弯曲线相互垂直，可安排弯曲线与轧制方向成 45° 夹角。

4. 板料表面及冲裁断面的质量

弯曲件毛坯一般由冲裁获得，其断面存在冷作硬化层，弯曲时，冲裁件断面上的断裂带及毛刺在拉应力的作用下会产生应力集中，导致弯曲件从侧边开始破裂。因此在弯曲前，应将毛坯上的毛刺去除。如弯曲件毛坯带有较小的毛刺，弯曲时应使带毛刺的一面朝内（即朝弯曲凸模方向），以避免因应力集中而产生破裂。

5. 板料的相对宽度

图 4-11 所示为弯曲件相对宽度 b/t 对最小弯曲半径的影响，当弯曲件的相对宽度较小时，其影响比较明显；当 $b/t > 10$ 时，其影响不大。

6. 板料厚度

弯曲变形区内切向应变在厚度方向呈线性规律变化，在外表面最大，在应变中性层为零。当板料厚度较小时，切向应变变化的梯度大，能很快地由外表面的最大值衰减为零，

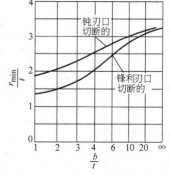

图 4-11 板料相对宽度对最小弯曲半径的影响

这样与切向变形最大的外表面相邻近的金属材料，可以起到阻碍外表面材料产生局部不稳定塑性变形的作用，因此可以得到较大的变形或采用较小的最小弯曲半径。

二、最小弯曲半径值确定

1. 最小弯曲半径的近似理论计算

弯曲变形区外表面纤维的变形程度与弯曲半径有如下关系

$$\delta = \frac{(r + \eta t)\alpha - \rho\,\alpha}{\rho\,\alpha} = \frac{r + \eta t - \rho}{\rho} \tag{4-17}$$

式中，δ 为伸长率；r 为弯曲件内表面圆角半径（mm）；η 为变薄系数；t 为材料厚度（mm）；ρ 为应变中性层曲率半径（mm）。

则弯曲半径为

$$r = \rho(1 + \delta) - \eta t \tag{4-18}$$

若以断面收缩率 ψ 表示变形程度，则 ψ 与 δ 有如下关系

$$\delta = \frac{\psi}{1 - \psi} \tag{4-19}$$

根据式（4-15），$\rho = \left(\dfrac{r}{t} + \dfrac{\eta}{2}\right)\eta\,\beta\,r$，当板料宽度大于板料厚度的 3 倍时 $\beta = 1$，则

$$\rho = \left(\frac{r}{t} + \frac{\eta}{2}\right)\eta\,t \tag{4-20}$$

将上式与式（4-19）代入式（4-18），化简后得

$$r = \frac{2 - 2\psi - \eta}{2(\eta + \psi - 1)}\eta\,t \tag{4-21}$$

从上式可见，如果 ψ 达到拉伸试验所得到的最大断面收缩率 ψ_{max}，则此时的 r 即为最小弯曲半径 r_{min}，即

$$r_{min} = \frac{2 - 2\psi_{max} - \eta}{2(\eta + \psi_{max} - 1)}\eta\,t \tag{4-22}$$

如不考虑材料变薄，取 $\eta = 1$，则

$$r_{min} = \frac{1 - 2\psi_{max}}{2\psi_{max}}t \tag{4-23}$$

2. 最小弯曲半径的经验值确定

由于影响最小弯曲半径大小的因素很多，因此按式（4-22）和式（4-23）计算所得的结果与实际的 r_{min} 有一定误差。在实际生产中，主要参考经验数据来确定各种材料的最小弯曲半径。表 4-2 为各种金属材料在不同状态下的最小弯曲半径的数值。

表 4-2　最小弯曲半径 r_{min} （单位：mm）

材　　料		压弯线与轧制纹向垂直	压弯线与轧制纹向平行
08F、08Al		$0.2t$	$0.4t$
10、15、Q195		$0.5t$	$0.8t$
20、Q215A、Q235A		$0.8t$	$1.2t$
25、30、35、40、Q275A		$1.3t$	$1.7t$
65Mn	T	$2.0t$	$4.0t$
	Y	$3.0t$	$6.0t$

（续）

材　料		压弯线与轧制纹向垂直	压弯线与轧制纹向平行
12Cr18Ni9	I	$0.5t$	$2.0t$
	BI	$0.3t$	$0.5t$
	R	$0.1t$	$0.2t$
1J79	Y	$0.5t$	$2.0t$
	M	$0.1t$	$0.2t$
3J1	Y	$3.0t$	$6.0t$
	M	$0.3t$	$0.6t$
3J53	Y	$0.7t$	$1.2t$
	M	$0.4t$	$0.7t$
TA2	冷作硬化	$3.0t$	$4.0t$
TA5		$5.0t$	$6.0t$
TB2		$7.0t$	$8.0t$
H62	Y	$0.3t$	$0.8t$
	Y2	$0.1t$	$0.2t$
	M	$0.1t$	$0.1t$
HPb59-1	Y	$1.5t$	$2.5t$
	M	$0.3t$	$0.4t$
BZn15-20	Y	$2.0t$	$3.0t$
	M	$0.3t$	$0.5t$
QSn6.5-0.1	Y	$1.5t$	$2.5t$
	M	$0.2t$	$0.3t$
QBe2	Y	$0.8t$	$1.5t$
	M	$0.2t$	$0.2t$
T2	Y	$1.0t$	$1.5t$
	M	$0.1t$	$0.1t$
1050A、1035	Y	$0.7t$	$1.5t$
	M	$0.1t$	$0.2t$

三、提高弯曲极限变形程度的方法

弯曲件变形区的变形程度受到该材料最小弯曲半径 r_{min} 的限制。如果由于设计上的需要，则弯曲件的内弯曲半径一定要小于 r_{min}，可采用下述措施：

1）弯曲件分两次弯曲，第一次采用较大的弯曲半径（ $>r_{min}$ ），第二次按要求的弯曲半径弯曲。

2）先退火以增加材料塑性再进行弯曲，以获得所需的弯曲半径，或者在工件许可的情况下采用热弯。

3）先在弯曲件弯曲圆角内侧开槽，如图4-12所示，再进行弯曲。

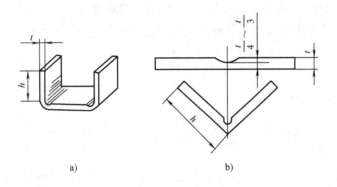

图4-12　开槽后弯曲
a）U形件　b）V形件

第三节　弯曲卸载后的回弹

一、回弹原因及表现形式

弯曲变形和所有的塑性成形工艺一样，均伴有弹性变形。弯曲卸载后，由于中性层附近的弹性变形及内、外层总变形中弹性变形部分的恢复，使弯曲件的弯曲中心角和弯曲半径变得和模具尺寸不一致的现象称为回弹（也称为弹复）。

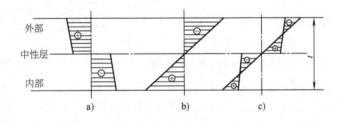

图4-13　纯塑性弯曲卸载过程中工件断面上切向应力的分布

回弹现象产生于弯曲变形结束后的卸载过程。弯曲时，工件在塑性弯矩 M 的作用下，其弯曲变形区断面上切向应力的分布如图4-13a所示。假设在塑性弯矩的相反方向外加一个假想的弹性弯矩 M'_s，其大小和塑性弯矩相等，这时工件所受的外力矩之和为零，相当于卸载后工件处于不受任何外力的自由状态，也就是弯曲后工件从弯曲模中取出后的状态。假想的弹性弯矩在断面上引起的切向应力的分布如图4-13b所示。

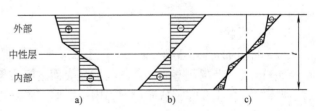

图4-14　弹—塑性弯曲时工件断面上切向应力的变化

塑性弯矩和假想的弹性弯矩在工件断面上的合成应力，便是卸载后弯曲件处于自由状态下断面上的残余应力，如图4-13c所示。同理可以得出弹—塑性弯曲时工件断面上切向应力的变化情况(图4-14)。

弯曲回弹的表现形式有两种,如图4-15所示。弯曲半径,由回弹前的工件弯曲半径 r 变为回弹后的 r';弯曲中心角由回弹前的工件弯曲中心角 α(凸模的角度)变为回弹后的工件实际角度 α'。弯曲中心角的变化值称回弹角 $\Delta\alpha$。

$$\Delta\alpha = \alpha - \alpha'$$

二、影响回弹的因素

影响弯曲件回弹的因素很多,主要有以下几种。

1. 材料的力学性能

材料的屈极强度 σ_s 越高,弹性模量 E 越小,弯曲变形的回弹也越大。若材料的力学性能不稳定,其回弹值也不稳定。材料的屈服强度 σ_s 越高,则材料在一定的变形程度时,其变形区断面内的应力也越大,因而将引起更大的弹性变形,故回弹值也越大。弹性模量 E 越大,则抵抗弹性变形的能力越强,故回弹值越小。

2. 相对弯曲半径 r/t

相对弯曲半径 r/t 越小,弯曲变形区的总切向变形程度越大,塑性变形部分在总变形中所占的比例越大,而弹性变形部分所占的比例则越小,因而回弹值越小。反之,当相对弯曲半径增大时,回弹值越大,这就是曲率半径很大的零件不易弯曲成形的原因。

3. 弯曲中心角 α

弯曲中心角 α 越大,表示弯曲变形区的长度越长(图4-15),回弹积累值也越大,故回弹角 $\Delta\alpha$ 越大,但对弯曲半径的回弹影响不大。

4. 弯曲方式及校正力的大小

自由弯曲时的回弹角比校正弯曲时大,这是因为校正弯曲时,材料受到凸、凹模的压缩作用,不仅使弯曲变形区毛坯外侧的拉应力有所减小,在外侧靠近中性层附近的切向也会出现和毛坯内侧切向一样的压缩应力。随着校正力的增加,切向压应力区向毛坯的外表面不断扩展,以致毛坯的全部或大部分断面均产生切向压缩应力。这样内、外层材料

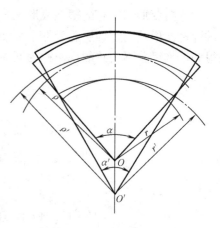

图4-15　弯曲变形的回弹

回弹的方向取得一致,使其回弹量比自由弯曲时大为减少。因此校正力越大,回弹值越小。

5. 工件形状

U形件的回弹小于V形件。对于复杂形状的弯曲件,若一次弯曲成形,由于弯曲时各部分材料的互相牵制及弯曲件表面与模具表面之间摩擦力的影响,使弯曲件弯曲时各部分材料的应力状态有所改变,从而使回弹困难,回弹角减小。

6. 模具间隙

在弯曲U形件时,模具凸、凹模间隙对弯曲件的回弹有直接的影响。间隙减小,回弹减小;相反,当间隙较大时,材料处于松动状态,工件的回弹就大。

三、回弹值的确定

1. 理论计算

图 4-16 所示为弯曲件变形区外表面的加载和卸载过程。加载为沿折线 OAB，卸载沿线段 BC。卸载过程结束时，毛坯外表面金属因回弹产生的弹性应变 ε_{sp} 值，可由图 4-16 中曲线卸载部分所表示的应变之间的关系得到，其值为

$$\varepsilon_{sp} = \varepsilon_{be} - \varepsilon_{re} \tag{4-24}$$

式中，ε_{be} 为卸载前的总应变值，$\varepsilon_{be} = \dfrac{t}{2\rho}$（$\rho$ 是弯曲件应变中性层回弹前的曲率半径）；ε_{sp} 为卸载过程中产生的弹性应变值，$\varepsilon_{sp} = \dfrac{Mt}{2EI}$；$\varepsilon_{re}$ 为卸载后的残余应变值，$\varepsilon_{re} = \dfrac{t}{2\rho'}$（$\rho'$ 是弯曲件应变中性层回弹后的曲率半径）。

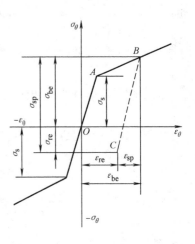

图 4-16　弯曲件变形区外表面的加载和卸载过程

将 ε_{sp}、ε_{be} 及 ε_{re} 之值代入式(4-24)，经整理得

$$\frac{1}{\rho} - \frac{1}{\rho'} = \frac{M}{EI} \tag{4-25}$$

上式为卸载前后弯曲件应变中性层曲率半径之间关系。由式(4-25)可得

$$\rho' = \frac{\rho EI}{EI - M\rho} \tag{4-26}$$

$$\text{或}\quad \rho = \frac{\rho' EI}{EI + M\rho'} \tag{4-27}$$

式中，E 为弹性模量；I 为弯曲毛坯断面惯性矩；M 为卸载弯矩，其值等于加载时的弯矩。

将 $I = \dfrac{bt^3}{12}$，$M = W\sigma_{sp} = \dfrac{bt^2}{6}\sigma_{sp}$ 及 $\rho = r + \dfrac{t}{2}$，$\rho' = r' + \dfrac{t}{2}$ 代入式(4-26)或式(4-27)整理后，可得卸载前后弯曲件内表面的圆角半径之间的关系为

$$r = \frac{2r't(E - \sigma_{sp}) - t^2\sigma_{sp}}{2Et + 2\sigma_{sp}(2r' + t)} \tag{4-28}$$

$$r' = \frac{2rt(E + \sigma_{sp}) + t^2\sigma_{sp}}{2Et - 2\sigma_{sp}(2r + t)} \tag{4-29}$$

式中，r 为弯曲件回弹前的内弯曲半径；r' 为弯曲件回弹后的内弯曲半径；σ_{sp} 为卸载弯矩引起的卸载应力，它表示卸载过程中弯曲变形区外层金属纤维所受切向应力的变化量（图 4-16）。其值由 $M = W\sigma_{sp}$ 与式(4-11)比较可得以下计算公式

$$\sigma_{sp} = m\sigma_s \tag{4-30}$$

当弯曲半径较大、材料厚度较小时，为简化计算，设 $\rho = r$，$\rho' = r'$，经整理可得下列简化公式

$$r' = \frac{Etr}{Et - 2\sigma_{sp}r} \tag{4-31}$$

或
$$r = \frac{Etr'}{Et + 2\sigma_{sp}r'} \qquad (4\text{-}32)$$

利用上述公式，可以根据凸模的圆角半径来计算工件回弹后的实际内弯曲半径，或者根据工件实际所需的内弯曲半径来确定凸模的圆角半径。

如果弯曲件两个直边部分所构成的角度精度要求高，还需要对角度的回弹值进行计算。两直边之间夹角的回弹值与 $\Delta\alpha$ 相同，即
$$\Delta\alpha = \alpha - \alpha' \qquad (4\text{-}33)$$

根据卸载前后弯曲毛坯应变中性层长度不变的条件
$$\rho\,\alpha = \rho'\alpha'$$

把式（4-33）改写成
$$\Delta\alpha = \rho\,\alpha\left(\frac{1}{\rho} - \frac{1}{\rho'}\right)$$

将式（4-25）中的 $\dfrac{1}{\rho} - \dfrac{1}{\rho'} = \dfrac{M}{EI}$ 代入上式，得
$$\Delta\alpha = \frac{M\rho}{EI}\alpha = \frac{M\rho'}{EI}\alpha' \qquad (4\text{-}34)$$

将 $M = W\sigma_{sp} = \dfrac{bt^2}{6}\sigma_{sp}$，$I = \dfrac{bt^3}{12}$，$\rho' = r' + \dfrac{t}{2}$ 及 $\rho = r + \dfrac{t}{2}$ 之值代入式（4-34），经整理可得到回弹角的计算公式为
$$\Delta\alpha = \frac{\alpha\sigma_{sp}}{E}\left(2\,\frac{r}{t} + 1\right) = \frac{\alpha'\sigma_{sp}}{E}\left(2\,\frac{r'}{t} + 1\right) \qquad (4\text{-}35)$$

2. 经验值选用

上述理论计算方法较繁复，在实际弯曲时影响回弹值的因素又较多，而且各因素相互影响，因此计算结果往往不准确，在生产实践中通常采用经验数值。各种弯曲方法与弯曲角度的回弹经验值可查有关资料。

四、提高弯曲件精度的措施

由于弯曲件在弯曲过程中总存在着弹性变形，所以要完全消除弯曲件的回弹是不可能的。为了提高弯曲件的精度，必须采用一些必要的措施来减小或补偿由于回弹所产生的误差。

1. 改进弯曲件的设计

在弯曲件弯曲变形区压制加强筋，以提高零件刚度来减少回弹（图4-17）。在选择弯曲

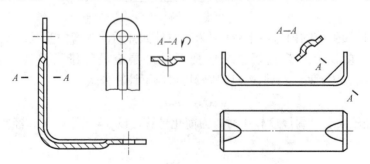

图4-17　在弯曲变形区压制加强筋

件材料时，可选用屈服强度低而弹性模量大的材料进行弯曲，以减少其回弹值。

2. 采取适当的弯曲工艺

制订弯曲工艺时，可采用校正弯曲代替自由弯曲。对于冷作硬化的硬材料，应先进行退火，使其屈服强度降低后再进行弯曲。

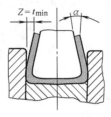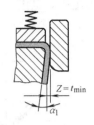

图 4-18 模具补偿角克服回弹

3. 正确设计弯曲模

1）对于软材料（Q215、Q235、10 钢、20 钢、H62 软黄铜），其回弹角 $\Delta\alpha < 5°$，可在凸模或凹模上做出补偿角，并减小凸、凹模之间的间隙来克服回弹（图 4-18）。

2）对于厚度在 0.8mm 以上的软材料，且弯曲半径又不大时，可把凸模做成局部凸起（图 4-19），以便对弯曲变形区进行局部整形来减小回弹。

3）对于较硬的材料（45 钢、50 钢、H62 硬黄铜等），当弯曲半径 $r > t$ 时，应根据回弹值对模具工作部分的形状和尺寸进行修正。

4）对于 U 形件的弯曲，可通过改变背压（顶板压力）的方法改变回弹角（图 4-19c）。适当调整背压值，可以使底部产生的负回弹与角部产生的正回弹互相抵消。也可将工件底部压出反向凸起弧面，当工件从凹模中取出时，其底部弧面部分回弹伸直使两侧直边产生负回弹，从而抵消了圆角部分的正回弹（图 4-20）。

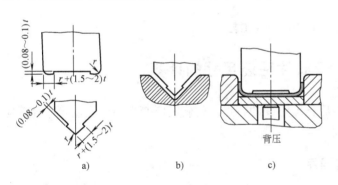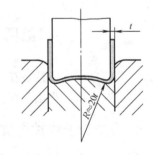

图 4-19 局部整形克服回弹

图 4-20 U 形件弧面底边回弹抵消法

5）采用橡胶、聚氨酯软凹模代替金属凹模（图 4-21），用调节凸模压入软凹模深度的方法来控制回弹。

6）在弯曲件的端部加压，可以获得精确的弯边高度，并可由于改变了应力状态而减小回弹（图 4-22）。

4. 拉弯工艺

对于相对弯曲半径非常大的弯曲件，如飞机机翼上的蒙皮，如果采用普通的弯曲方法，由于毛坯大部分处于弹性变形状态，弯曲后会产生很大的回弹，有的甚至无法弯曲成形，因此必须采用拉弯工艺。拉弯工艺示意图如图 4-23 所示。其特点是在弯曲的同时使板料承受一定的切向拉伸应力。拉伸应力的数值应使弯曲件内表面的合成应力（即拉伸应力和内表面在弯曲时的压应力之和）大于材料的屈服强度，因而工件的整个横截面上均处于塑性拉伸变形范围，其内、外切向应力方向一致，可以大大减小工件的回弹。

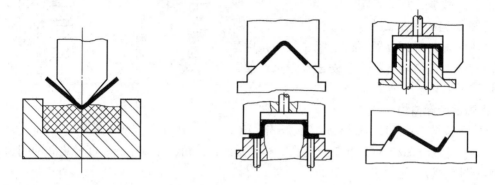

图 4-21 软凹模弯曲 图 4-22 端部加压的弯曲

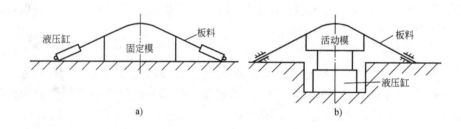

图 4-23 拉弯工艺

第四节 弯曲件毛坯尺寸的计算

根据弯曲件应变中性层在弯曲前后长度不变的特点，先确定应变中性层位置，再计算应变中性层长度，最后得出毛坯的长度。

一、弯曲应变中性层位置的确定

如前所述，在板料塑性弯曲时，应变中性层位置会内移，可由式(4-16)求出应变中性层的曲率半径。

在冲压生产中，也常采用下面的经验公式来确定应变中性层的曲率半径

$$\rho = r + Kt \tag{4-36}$$

式中，K 为应变中性层位移系数，其值可参照表 4-3 选取。

表 4-3 V 形压弯 90°时中性层位移系数 K 值

r/t	0.3	0.4	0.5	0.6	0.7	0.8	0.9	1.0	1.1	1.2
K	0.18	0.22	0.24	0.25	0.26	0.28	0.29	0.30	0.32	0.33
r/t	1.3	1.4	1.5	1.6	1.8	2.0	2.5	3.0	4.0	≥5.0
K	0.34	0.35	0.36	0.37	0.39	0.40	0.43	0.46	0.48	0.50

注：表中数值适用于低碳钢、90°V 形校正压弯。

二、弯曲件毛坯长度的计算

弯曲件毛坯长度的计算，应按不同的情况分别对待。

1. $r > 0.5t$ 的弯曲件

这类零件弯曲变形区材料变薄的现象不严重，且断面畸变较小，可按应变中性层长度等于毛坯长度的原则来计算。图4-24所示为一个90°角弯曲件，其毛坯长度的计算公式为

$$L = l_1 + l_2 + l_0 = l_1 + l_2 + \frac{\pi}{2}(r + Kt) \tag{4-37}$$

式中，L为毛坯展开长度（mm）；l_1、l_2为工件直边长度（mm）；K为应变中性层位移系数（查表4-3）；r为弯曲件内弯曲半径（mm）；t为板厚（mm）。

2. $r < 0.5t$ 的弯曲件

这类零件由于弯曲变形区变薄的现象严重，断面畸变大，只能采用弯曲前后等体积相等原则来计算毛坯长度。图4-25所示为一个直角弯曲件。

由弯曲前毛坯体积等于弯曲件体积可得

$$L_1 = l_1 + l_2 + 0.785t$$

由于弯曲变形时，不仅在毛坯的圆角变形区产生变薄，而且与其相邻的直边部分也产生一定程度的变薄，所以上式求得的结果往往偏大，还必须进行如下修正

$$L = l_1 + l_2 + (0.4 \sim 0.6)t \tag{4-38}$$

采用上述各公式计算时，由于在实际弯曲过程中，还要受到多种因素的影响，如材料的力学性能、模具状况、弯曲方式等，因此可能会产生较大的误差，所以只能用于形状比较简单、尺寸精度要求不高的弯曲件。对于形状比较复杂，或者尺寸精度要求高的弯曲件，在初步确定毛坯长度后，还需要反复试弯，不断修正，才能最后确定合适的毛坯长度。具体方法是先制造弯曲模，经过试弯修正，确定毛坯尺寸后再制造落料模。

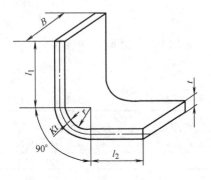

图4-24 一个90°角弯曲件

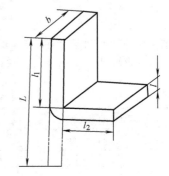

图4-25 一个直角弯曲件

第五节 弯曲力的计算

弯曲力的大小受到材料力学性能、弯曲件形状、毛坯尺寸、弯曲半径、模具间隙、凹模圆角支点间距离、弯曲方式等多种因素的影响。因此，用理论公式进行计算是非常复杂和困

难的,在生产中通常采用经验公式或通过简化的理论公式来进行计算。

一、自由弯曲时弯曲力的计算

自由弯曲力的计算公式如下:

V 形件弯曲(图 4-26a)

$$F = \frac{0.6kbt^2\sigma_b}{r+t} \tag{4-39}$$

U 形件弯曲(图 4-26b)

$$F = \frac{0.7kbt^2\sigma_b}{r+t} \tag{4-40}$$

式中,F 为自由弯曲力(N);b 为弯曲件宽度(mm);r 为弯曲件内弯曲半径(mm);σ_b 为材料抗拉强度(MPa);k 为系数,一般取 $k = 1 \sim 1.3$。

二、校正弯曲时弯曲力的计算

校正弯曲如图 4-27 所示。校正弯曲力按下式计算

$$F = qA \tag{4-41}$$

式中,F 为校正弯曲力(N);A 为校正部分的投影面积(mm^2);q 为单位面积上的校正力(MPa),q 值可按表 4-4 选取。

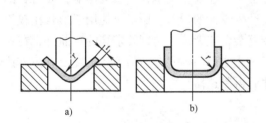

图 4-26 自由弯曲示意图
a) V 形件 b) U 形件

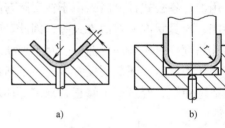

图 4-27 校正弯曲示意图

表 4-4 单位校正力 q 值 （单位:MPa）

材　　料	板料厚度 t/mm			
	<1	1 ~ 3	3 ~ 6	6 ~ 10
铝	15 ~ 20	20 ~ 30	30 ~ 40	40 ~ 50
黄铜	20 ~ 30	30 ~ 40	40 ~ 60	60 ~ 80
10 ~ 20 钢	30 ~ 40	40 ~ 60	60 ~ 80	80 ~ 100
25 ~ 30 钢	40 ~ 50	50 ~ 70	70 ~ 100	100 ~ 120

三、顶件力和压料力的计算

对于设有顶件装置或压料装置的弯曲模,顶件力或压料力可近似取自由弯曲力的 60% ~ 80%。

四、压力机公称压力的确定

对于自由弯曲

$$F_g \geq F_z + Q \qquad (4\text{-}42)$$

式中，F_g 为选用的压力机公称压力（kN）；F_z 为自由弯曲力（kN）；Q 为有压料或顶件装置的压力（kN）。

对于校正弯曲，其弯曲力要比自由弯曲时大得多，而且在弯曲过程中，两者不重叠（图 4-28）。因此，选择压力机时，以校正弯曲为依据即可。

$$F_g \geq F_J \qquad (4\text{-}43)$$

式中，F_J 为校正弯曲力（kN）。

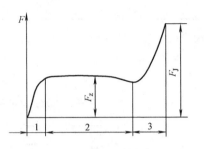

图 4-28 弯曲各阶段弯曲
力的变化曲线
1—弹性弯曲阶段 2—自主弯曲阶段
3—校正弯曲阶段

第六节 弯曲件的工艺性

弯曲件的工艺性是指弯曲件的结构形状、尺寸精度要求、材料选用及技术要求是否适合于弯曲加工的工艺要求。

一、弯曲件的精度

弯曲件的精度要求应合理，其尺寸公差按 GB/T 13914—2002（见附录 B），角度公差按 GB/T 13915—2002（见附录 C），形状和位置未注公差按 GB/T 13916—2002（见附录 D）选取。一般弯曲能达到的精度也可按表 4-5 和表 4-6 选取。

表 4-5 弯曲件角度偏差

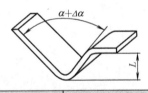 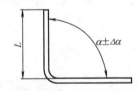

角短边的长度 L/mm	非配合的角度偏差 $\Delta\alpha$	最小的角度偏差 $\Delta\alpha$	角短边的长度 L/mm	非配合的角度偏差 $\Delta\alpha$	最小的角度偏差 $\Delta\alpha$
<1	$\dfrac{\pm 7°}{0.25}$	$\dfrac{\pm 4°}{0.14}$	>80 ~120	$\dfrac{\pm 1°}{2.79 \sim 4.18}$	$\dfrac{\pm 25'}{1.16 \sim 1.74}$
>1 ~3	$\dfrac{\pm 6°}{0.21 \sim 0.63}$	$\dfrac{\pm 3°}{0.11 \sim 0.32}$	>120 ~180	$\dfrac{\pm 50'}{3.49 \sim 5.24}$	$\dfrac{\pm 20'}{1.40 \sim 2.10}$
>3 ~6	$\dfrac{\pm 5°}{0.53 \sim 1.05}$	$\dfrac{\pm 2°}{0.21 \sim 0.42}$	>180 ~260	$\dfrac{\pm 40'}{4.19 \sim 6.05}$	$\dfrac{\pm 18'}{1.89 \sim 2.72}$
>6 ~10	$\dfrac{\pm 4°}{0.84 \sim 1.40}$	$\dfrac{\pm 1°45'}{0.37 \sim 0.61}$	>260 ~360	$\dfrac{\pm 30'}{4.54 \sim 6.28}$	$\dfrac{\pm 15'}{2.72 \sim 3.15}$
>10 ~18	$\dfrac{\pm 3°}{1.05 \sim 1.89}$	$\dfrac{\pm 1°30'}{0.52 \sim 0.94}$	>360 ~500	$\dfrac{\pm 25'}{5.23 \sim 7.27}$	$\dfrac{\pm 12'}{2.52 \sim 3.50}$
>18 ~30	$\dfrac{\pm 2°30'}{1.57 \sim 2.62}$	$\dfrac{\pm 1°}{0.63 \sim 1.00}$	>500 ~630	$\dfrac{\pm 22'}{6.40 \sim 8.06}$	$\dfrac{\pm 10'}{2.91 \sim 3.67}$
>30 ~50	$\dfrac{\pm 2°}{2.09 \sim 3.49}$	$\dfrac{\pm 45'}{0.79 \sim 1.31}$	>630 ~800	$\dfrac{\pm 20'}{7.33 \sim 9.31}$	$\dfrac{\pm 9'}{3.30 \sim 4.20}$
>50 ~80	$\dfrac{\pm 1°30'}{2.62 \sim 4.19}$	$\dfrac{\pm 30'}{0.88 \sim 1.40}$	>800 ~1000	$\dfrac{\pm 20'}{9.31 \sim 11.6}$	$\dfrac{\pm 8'}{3.72 \sim 4.65}$

注：横线下部数据为角度偏差引起的直边偏差，其值为正、负偏差之和。

表4-6 弯曲零件的直线尺寸公差

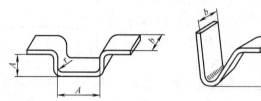

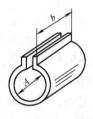

材料厚度 t/mm	尺寸 b/mm	尺寸 A 的公差等级
≤1	≤100	IT12 ~ 13
	>100 ~ 200 >200 ~ 400	IT14
	>400 ~ 700	IT15
>1 ~ 3	≤100 >100 ~ 200	IT14
	>200 ~ 400 >400 ~ 700	IT15
>3 ~ 6	≤100 >100 ~ 200	
	>200 ~ 400 >400 ~ 700	IT16

注：直线尺寸公差不包括角度公差在内。

二、弯曲件的结构工艺性

1. 弯曲件的弯曲半径

弯曲件的弯曲半径不能小于该工件材料的最小弯曲半径，否则弯曲变形区外表面将产生拉裂，造成废品。当工件要求的弯曲半径很小时，可按本章第二节中有关提高弯曲极限变形程度的方法予以解决。

2. 弯曲件的形状

弯曲件的形状应对称，弯曲半径应左右一致，以免因板料与模具之间的摩擦阻力不均而产生工件侧移（图4-29）。若工件不对称，在设计模具结构时应考虑增设压料板或增加工艺孔定位。

弯曲件形状应力求简单。如图4-30所示，对于有些带缺口的弯曲件，缺口要安排在弯曲成形以后切除。否则，弯曲时切口处会出现张口现象，严重

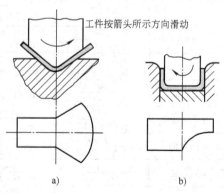

图 4-29 弯曲件形状不对称产生侧移

时将难以成形。

3. 弯曲件的直边高度

为了保证弯曲件的直边部分平直，其直边高度 h 应不小于 $2t$，最好大于 $3t$。若 $h < 2t$，则必须在弯曲圆角处预先压槽后再弯曲，或者加长直边部分，待弯曲后再切掉多余部分，如图 4-31 所示。当弯曲件直边带有斜角时，如斜线到达变形区，则应改变零件形状，使其带有一直边，如图 4-32 所示。

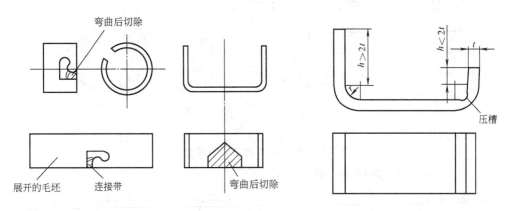

图 4-30　带缺口的弯曲件　　　　　图 4-31　弯曲件的直边高度

4. 弯曲件上孔的位置

弯曲预先冲好孔的毛坯时，如果孔位于弯曲变形区内，则孔的形状将直接受弯曲变形的影响而畸变。为了避免产生该缺陷，必须使孔处于弯曲变形区以外，如图 4-33a 所示。孔边到弯曲半径 r 中心的距离根据料厚不同而取不同值：

$t < 2mm$，$l \geq t$；

$t \geq 2mm$，$l \geq 2t$。

当孔边到弯曲半径中心的距离过小而不能满足上述要求时，可预先在弯曲线上冲出工艺孔以防工作孔变形，如图 4-33b 所示。如果孔的形状精度要求高，应在弯曲后再冲孔。

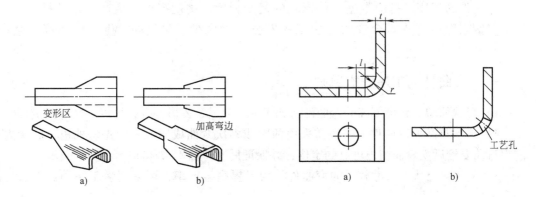

图 4-32　直边侧面带有斜边的弯曲件　　　　图 4-33　弯曲件上的孔边距离

5. 弯曲件上增添工艺孔和工艺槽

为了防止在尺寸突变的尖角处出现撕裂，应改变弯曲件的形状，使突变处离开弯曲线

（图 4-34a），或者在尺寸突变处预冲出工艺槽（图 4-34b）、工艺孔（图 4-34c）。图 4-34 中的有关尺寸如下：

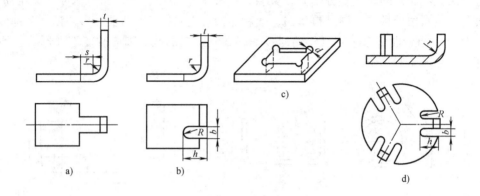

图 4-34 防止尖角处撕裂的措施

尺寸突变处到弯曲半径中心的距离 $s \geqslant r$；

工艺槽宽 $b \geqslant t$；

工艺槽深 $h = t + r + \dfrac{b}{2}$；

工艺孔直径 $d \geqslant t$。

6. 定位工艺孔

当弯曲件形状复杂或需要进行多道弯曲时，为了使毛坯在弯曲模内定位准确，可在弯曲件上设计出定位工艺孔，如图 4-35 所示。

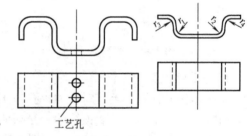

图 4-35 定位工艺孔

第七节 弯曲件的工序安排

弯曲件的工序安排应根据工件形状的复杂程度、精度高低、生产批量及材料的力学性能等因素综合考虑。合理的弯曲工序安排，工序少、质量高、生产效率高、生产成本低。

一、弯曲件的工序安排原则

1）形状简单、精度不高的弯曲件，如 V 形、U 形、Z 形件等，可以一次弯曲成形。

2）形状复杂的弯曲件，一般需采用两次或多次弯曲成形。一般先弯外角，后弯内角。前次弯曲要给后次弯曲留出可靠的定位，并保证后次弯曲不破坏前次已弯的形状。

3）对于批量大、尺寸较小的弯曲件，为了提高生产率，可采用多工序的冲裁、弯曲、切断等连续工艺成形。

4）对于单面不对称几何形状的弯曲件，若单个弯曲时毛坯容易发生偏移，可采用成对弯曲成形，弯曲后再切开。

二、典型弯曲件的工序安排

图 4-36 所示为一次弯曲成形示例，图 4-37 所示为两次弯曲成形示例，图 4-38 所示为三次弯曲成形示例。

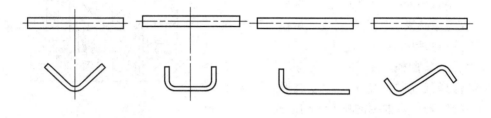

图 4-36 一次弯曲成形示例

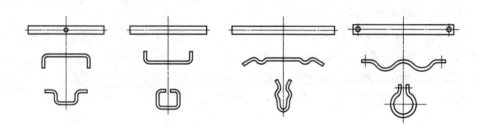

图 4-37 两次弯曲成形示例

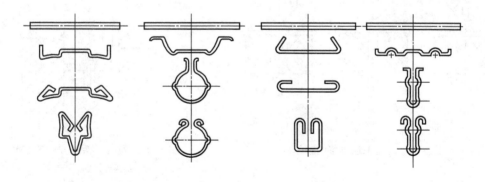

图 4-38 三次弯曲成形示例

第八节 弯曲模设计

一、弯曲模的典型结构

弯曲件的形状及弯曲工序决定了弯曲模的类型。简单的弯曲模只有垂直方向的动作，复杂的弯曲模除了垂直方向的动作外，还有一个至多个水平方向的动作。为了保证弯曲件的精度，在确定弯曲模结构形式时应考虑以下几点：

1）弯曲毛坯的定位要准确、可靠，尽可能采用水平放置。多次弯曲最好采用同一基准定位。

2）保证毛坯在弯曲过程中不产生滑动偏移。

3）毛坯的安放和工件的取出要方便、安全。

4）为了减小回弹，可使用校正弯曲。

5）应考虑凸模、凹模在制造及试模返修过程中可采取减小回弹办法的可能性。

1. V 形件弯曲模

V 形件形状简单，能一次弯曲成形。图 4-39 所示为一种 V 形件弯曲模的典型结构形式。

如果弯曲件的精度要求高，应防止坯料在弯曲过程中产生滑动偏移，模具可采用带压料装置的结构形式，如图 4-40 所示。其中图 4-40a 所示为凸模上装有定位尖的情形，用于料厚大于 1mm 的弯曲件；图 4-40b 所示为顶杆压料；图 4-40c 所示为顶杆前端加装 V 形顶板。

图 4-41 所示为另一种结构形式的 V 形件弯曲模。由于有顶板及定料销，可以防止弯曲时毛坯的滑动偏移，能得到边长公差为 ±0.1mm 的工件。

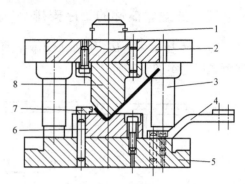

图 4-39 V 形件弯曲模
1—模柄 2—上模座 3—导柱、导套
4、7—定位板 5—下模座 6—凹模 8—凸模

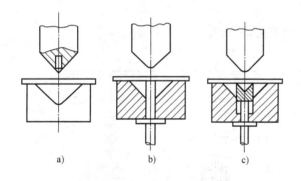

图 4-40 防止毛坯偏移的措施

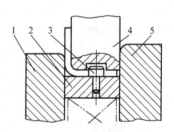

图 4-41 带顶料及定料销的弯曲模
1—凸模 2—顶板 3—定料销
4—凹模 5—反侧压块

2. U 形件弯曲模

图 4-42 所示为一典型的 U 形件弯曲模。该模具采用导柱导套导向。模具设置顶料装置 7 和顶板 8，并利用工件上已有的两个 φ10mm 孔，设置定位销 9，能有效地防止工件在弯曲中产生滑动。设置四个定位销 10 以实现工序件的外形定位。

对于弯曲角小于 90° 的 U 形件，可以采用如图 4-43 所示的装有活动凹模镶块的模具结构。弯曲时，凸模首先将毛坯弯曲成 U 形件，当凸模继续下行时，凸模与活动凹模镶块相接触，并使其绕中心向凸模回转，使材料包在凸模上而弯曲成形。凸模上行时，弹簧使活动凹模镶块复位。

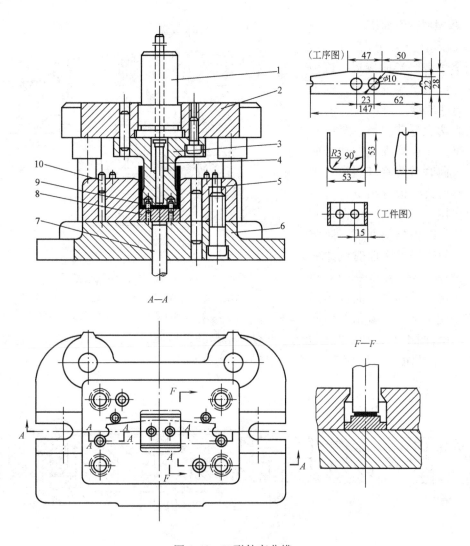

图 4-42　U 形件弯曲模

1—模柄　2—上模座　3—凸模　4—推杆
5—凹模　6—下模座　7—顶料装置　8—顶板　9、10—定位销

3. Z 形件弯曲模

图 4-44 所示为 Z 形件弯曲模，该模具有两个凸模进行顺序弯曲。为了防止坯料在弯曲中滑动，设置了定位销及弹性顶板 1。反侧压块 9 能克服上、下模之间水平方向上的错移力。弯曲前凸模 7 与凸模 6 的下端面齐平，在下模弹性元件（图中未绘出）的作用下，顶板 1 的上平面与反侧压块的上平面齐平。上模下行，活动凸模 7 与顶板 1 将坯料夹紧并下压，使坯料左端弯曲。当顶板 1 接触下模座后，凸模 7 停止下行，橡胶 3 被压缩，凸模 6 继续下行，将坯料右端弯曲。当压块 4 与上模座接触后，零件得到校正。

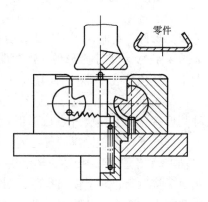

图 4-43　弯曲角小于 90°的弯曲模

4. 帽罩形件弯曲模

帽罩形件如图 4-45a 所示，它有四个角需要弯曲成形。这种弯曲件可以两次弯曲成形，也可以一次弯曲成形。图 4-45b、c 所示结构为两次弯曲成形，图 4-46 所示为采用复合弯曲模一次弯曲成形。弯曲时首先将坯料弯成 U 形件，然后凸凹模继续下行与活动凸模作用，将 U 形件弯曲成帽罩形。这种结构需要凹模下腔空间较大，便于工件弯曲时侧边的摆动。另外，从图 4-45 和图 4-46 中可以看出，对帽罩弯曲件的高度 h 有一定的要求，其值与两次

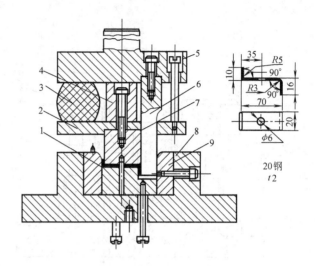

图 4-44　Z 形件弯曲模
1—顶板　2—托板　3—橡胶　4—压块　5—上模座
6、7—凸模　8—下模座　9—反侧压块

弯曲的凹模(图 4-45c)和一次弯曲的凸凹模(图4-46)的壁厚有关，两者的壁厚不能太薄，以保证有足够的强度，一般应使 $h > (12 \sim 15)t$ (t 为料厚)。

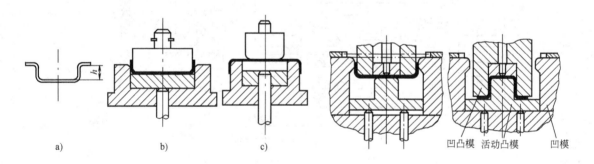

图 4-45　两次弯曲四角形件　　　　图 4-46　一次弯曲四角形件

5. 圆形件弯曲模

对于直径小于或等于 5mm 的小圆形件，一般的弯曲方法是先弯成 U 形件，再由 U 形件弯成圆形件。有时由于工件小，分两次弯曲操作不便，而且当弯曲件精度较高时，可以采用如图 4-47 所示的小圆形件一次弯曲成形模。该模具设计的关键是上模四个弹簧的压力必须大于毛坯预弯成 U 形件时的成形压力。

图 4-48 所示的摆动式圆形件弯曲模，采用一次弯曲成形，适合于直径为 5~20mm 的各种圆形件。将毛坯放置在成形滑块 5 的凹槽内定位，上模下行时，先将毛坯弯成 U 形件。上模继续下行，芯棒 3 带着毛坯驱动凹模支架 4 向下运动，这时摆动块 6 绕轴摆动，并通过芯轴 13 和滚套 14，带动成形滑块做横向移动，将 U 形件压弯成圆形件，直到凹模支架与限制块 7 接触为止。上模回程后，凹模支架上升，下模在拉簧 8 与摆动块 6 的作用下复位，留在芯棒上的弯曲件从芯棒上纵向取出。

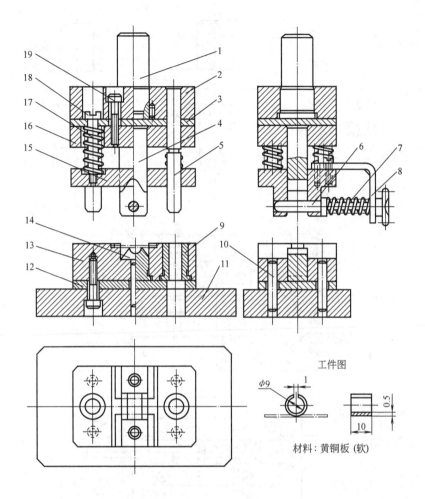

工件图

$\phi 9$

材料：黄铜板 (软)

图 4-47　小圆形件一次弯曲成形模

1—模柄　2—上模板　3—垫板　4—卷圆上模　5—导柱

6—芯轴　7、17—弹簧　8—支架　9—导套　10—圆柱销

11—下模座　12—垫板　13—凹模　14—凹模镶块　15—压料板

16—固定板　18—卸料螺钉　19—内六角圆柱头螺钉

对于直径大于 20mm 的圆形件，其弯曲方法是先将毛坯弯成波浪形件，然后弯成圆形件，如图 4-49 所示。波浪形件弯曲模（图 4-49a）设计了压料杆 5 和顶料杆 3，用以压料和顶件。图 4-49b 所示的弯圆模装有定位块 5 和定位钉 4，用以进行波浪形预弯件的定位，凸模 2 下行将坯料弯成圆形件。

二、弯曲模工作部分设计

弯曲模工作部分的结构尺寸如图 4-50 所示。

1. 凸模与凹模的圆角半径和凹模工作部分深度

（1）凸模圆角半径　当弯曲件的弯曲半径不小于 r_{min} 时，凸模的圆角半径一般取弯曲件的圆角半径。如因弯曲件结构需要，出现弯曲件圆角半径小于最小弯曲半径（$r < r_{min}$）时，则首次弯曲时凸模圆角半径应大于最小弯曲半径，即 $r_p > r_{min}$，然后经整形工序达到所需的弯

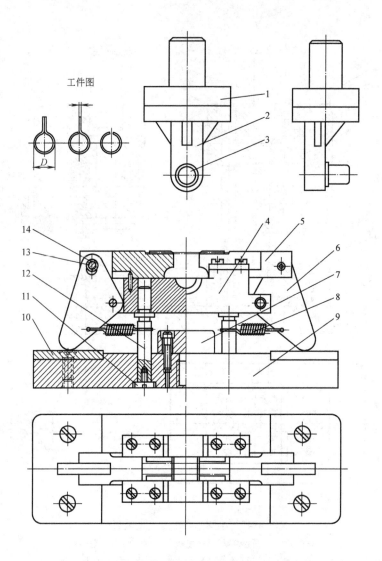

图4-48　摆动式圆形件一次成形弯曲模

1—模柄　2—凸模支架　3—芯棒　4—凹模支架　5—成形滑块

6—摆动块　7—限制块　8—拉簧　9—底座　10—滑板

11—螺钉　12—导柱　13—芯轴　14—滚套

曲半径。当弯曲件的弯曲半径较大、精度要求又较高时，还应考虑工件的回弹，凸模的圆角半径应进行相应的修正。

（2）凹模圆角半径　凹模圆角半径的大小对弯曲力和工件质量均有影响。凹模圆角半径过小，则坯料弯曲时进入凹模的阻力增大，工件表面将产生擦伤甚至压痕；凹模圆角半径过大，则会影响坯料定位的准确性。凹模两边的圆角半径应一致，以免弯曲时工件产生偏移。在生产中，凹模圆角半径一般取决于弯曲件材料的厚度：

当 $t \leqslant 2mm$ 时，$r_d = (3 \sim 6)t$；

当 $t = 2 \sim 4mm$ 时，$r_d = (2 \sim 3)t$；

当 $t > 4mm$ 时，$r_d = 2t$。

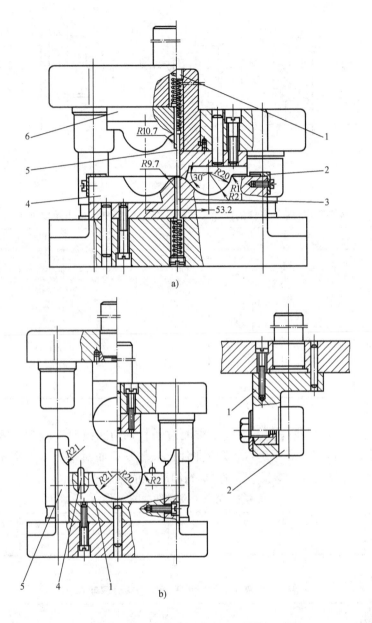

图 4-49　大直径圆形件的弯曲成形

a）波浪形压弯模

1—螺塞　2—定位板　3—顶料杆　4—凹模　5—压料杆　6—凸模

b）弯圆模

1—支架　2—凸模　3—凹模　4—定位钉　5—定位块

对于弯曲 V 形件的凹模，其底部可开退刀槽或取圆角半径，圆角半径 $r_{底}$ 为

$$r_{底} = (0.6 \sim 0.8)(r_p + t)$$

（3）凹模工作部分深度　凹模工作部分深度要适当。若深度过小，则工件弯曲成形后回弹大，而且直边不平直；若深度过大，则模具材料消耗大，而且压力机需要较大的行程。

弯曲 V 形件时，凹模工作部分深度及底部最小厚度可查表4-7。

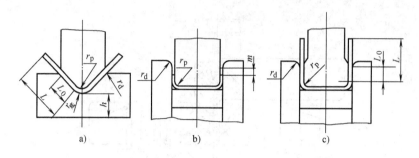

图 4-50　弯曲模结构尺寸

表 4-7　弯曲 V 形件的凹模工作部分深度 L_0 及底部最小厚度值 h　（单位:mm）

弯曲件边长 L	材料厚度 t					
	<2		2～4		>4	
	h	L_0	h	L_0	h	L_0
>10～25	20	10～15	22	15		
>25～50	22	15～20	27	25	32	30
>50～75	27	20～25	32	30	37	35
>75～100	32	25～30	37	35	42	40
>100～150	37	30～35	42	40	47	50

弯曲 U 形件时，若弯曲高度不大或要求两边平直，则凹模深度应大于零件高度，如图 4-50b 所示，图中 m 值可查表 4-8。如果弯曲件边长较长，而对平直度要求不高时，可采用图 4-50c 所示的凹模结构形式。凹模工作部分深度 L_0 值见表 4-9。

表 4-8　弯曲 U 形件凹模的 m 值　（单位:mm）

材料厚度 t	≤1	>1～2	>2～3	>3～4	>4～5	5～6	6～7	7～8	>8～10
m	3	4	5	6	8	10	15	20	25

表 4-9　弯曲 U 形件的凹模工作部分深度 L_0　（单位:mm）

弯曲件边长 L	材料厚度 t				
	≤1	>1～2	>2～4	>4～6	>6～10
<50	15	20	25	30	35
50～75	20	25	30	35	40
75～100	25	30	35	40	40
100～150	30	35	40	50	50
150～200	40	45	55	65	65

2. 凸模与凹模之间的间隙

V 形件弯曲模中的凸、凹模之间的间隙靠调节压力机的闭合高度来控制，不需要在设计和制造模具时考虑。

U形件弯曲模中的凸、凹模之间必须选择适当的间隙。凸、凹模之间的间隙值对弯曲件的质量和弯曲力有很大的影响。间隙值过小，则弯曲力增大，同时零件直边的料厚将减薄和出现划痕，从而将降低凹模使用寿命；间隙值过大，则弯曲件回弹增加，从而降低了零件的制造精度。

生产中，凸模和凹模之间的间隙值可由下式来决定：

弯曲非铁金属工件 $\qquad Z = t_{min} + nt$

弯曲钢铁材料工件 $\qquad Z = t_{max} + nt$

式中，Z 为弯曲凸模与凹模的单面间隙（mm）；t_{max}、t_{min} 为材料厚度的最大尺寸和最小尺寸（mm）；n 为间隙系数，见表4-10。

表 4-10 U形件弯曲的间隙系数 n 值

弯曲件高度 H/mm	材料厚度 t/mm								
	$b/H \leqslant 2$				$b/H > 2$				
	<0.5	0.6~2	2.1~4	4.1~5	<0.5	0.6~2	2.1~4	4.1~7.5	7.6~12
10	0.05	0.05	0.04		0.10	0.10	0.08		
20	0.05	0.05	0.04	0.03	0.10	0.10	0.08	0.06	0.06
35	0.07	0.05	0.04	0.03	0.15	0.10	0.08	0.06	0.06
50	0.10	0.07	0.05	0.04	0.20	0.15	0.10	0.06	0.06
70	0.10	0.07	0.05	0.05	0.20	0.15	0.10	0.10	0.08
100		0.07	0.05	0.05		0.15	0.10	0.10	0.08
150		0.10	0.07	0.05		0.20	0.15	0.10	0.10
200		0.10	0.07	0.07		0.20	0.15	0.15	0.10

3. 凸模与凹模的横向尺寸及制造公差

U形件弯曲模凸模与凹模的横向尺寸及制造公差与弯曲件的尺寸标注有关，有以下两种情况。

（1）标注外形尺寸的弯曲件 如图4-51a、b所示，当弯曲件为双向对称偏差时，凹模尺寸为

$$L_d = (L - 0.25\Delta)^{+\delta_d}_{0} \qquad (4\text{-}44)$$

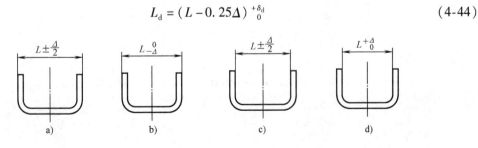

图 4-51 弯曲件尺寸标注形式

当弯曲件为单向偏差时，凹模尺寸为

$$L_d = (L - 0.75\Delta)^{+\delta_d}_{0} \qquad (4\text{-}45)$$

凸模尺寸为

$$L_p = (L_d - 2Z)_{-\delta_p}^{\quad 0} \tag{4-46}$$

（2）标注内形尺寸的弯曲件　如图 4-51c、d 所示，当弯曲件为双向对称偏差时，凸模尺寸为

$$L_p = (L + 0.25\Delta)_{-\delta_p}^{\quad 0} \tag{4-47}$$

当弯曲件为单向偏差时，凸模尺寸为

$$L_p = (L + 0.75\Delta)_{-\delta_p}^{\quad 0} \tag{4-48}$$

凹模尺寸为

$$L_d = (L_p + 2Z)_{0}^{+\delta_d} \tag{4-49}$$

式中，L 为弯曲件公称尺寸（mm）；L_p、L_d 为凸模、凹模工作部分尺寸（mm）；δ_p、δ_d 为凸、凹模制造公差，一般选 IT7 ~ IT9 级；Z 为凸、凹模单面间隙（mm）。

第五章 拉 深

第一节 拉深的基本原理

一、拉深的变形过程、特点及分类

拉深(俗称拉延)是利用专用模具将平板毛坯制成开口空心零件的一种冲压工艺方法。

用拉深方法可以制成筒形、阶梯形、锥形、球形和其他不规则形状的薄壁零件,如果和其他冲压成形工艺配合,还可以制造形状极为复杂的零件。用拉深方法制造薄壁空心件的生产效率高,节省材料,零件的强度和刚度好,精度较高。另外,拉深的可加工范围非常广泛,可以加工直径为几毫米的小零件直至 2～3m 的大型零件。因此,拉深在汽车、航空航天、国防、电器和电子等工业部门以及日用品生产中占据相当重要的地位。

拉深过程如图 5-1 所示。在凸模的作用下,直径为 D_0 的毛坯被拉进凸、凹模之间的间隙里形成圆筒件。工件高度为 h 的直壁部分是由毛坯的环形(外径为 D_0,内径为 d)部分转变而成的,所以拉深时毛坯的外部环形部分是变形区;底部通常是不参加变形的,称为不变形区;被拉入凸、凹模之间的直壁部分是已完成变形部分,称为已变形区。从拉深示意图可以看到,由圆形毛坯成为圆筒形零件,整个过程没有产生废料。若改为图 5-2 所示,由圆形毛坯裁去多余三角形废料后,拼装成圆筒形零件,则零件的高度为

$$h = \frac{D_0 - d}{2}$$

在拉深过程中,多余的三角形废料并没有被裁去,而是通过塑性变形被转移到增加圆筒形零件的高度,使 $h > \dfrac{D_0 - d}{2}$。板料

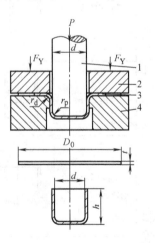

图 5-1 拉深示意图
1—凸模 2—压边圈
3—毛坯 4—凹模

在拉深过程中,其厚度也发生了变化,如图 5-3 所示。一般情况下,在圆筒形件直壁近口部厚度增加最多,约增厚 18%,而在近下部圆角处有所减薄,约减薄 9%,此处是拉深时最易被拉断的地方。

拉深件的种类很多,不同形状零件在变形过程中变形区的位置、变形性质、毛坯各部位的应力状态和分布规律等都有相当大的,甚至是本质上的差别。所以,其工艺参数、工序数目和顺序,以及模具的结构也不一样。各种拉深件按变形特点可分为以下四种基本类型:直壁圆筒形零件、直壁盒形零件、轴对称曲面形零件和非轴对称曲面形状零件,见表 5-1。

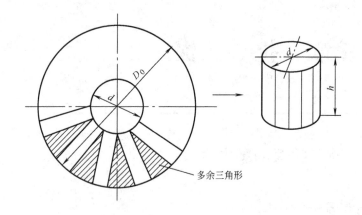

多余三角形

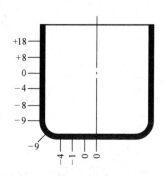

图 5-2　圆筒形拼装成形

图 5-3　圆筒形拉深件
壁厚的变化（%）

表 5-1　拉深件按变形特点分类

拉深件名称		拉深件图形	拉深变形特点
直壁类拉深件	圆筒形零件		1. 拉深时的变形区在毛坯的凸缘部分，其他部分为传力区，不参与主要变形 2. 毛坯变形区在切向压应力和径向拉应力的作用下，产生切向压缩和径向伸长变形 3. 极限变形参数主要受到毛坯传力区承载能力的限制
	盒形零件		1. 变形性质与圆筒形件相同，但是变形在毛坯周边上的分布是不均匀的，圆角部分变形大，直边部分变形小 2. 在毛坯的周边上，由于变形的不均匀，圆角部分和直边部分会产生相互影响
曲面类拉深件	轴对称曲面形零件		拉深时毛坯的变形区由两部分组成： 1. 毛坯凸缘部分的变形与圆筒形件相同，产生切向受压和径向受拉的变形 2. 毛坯的中间部分是两向受拉的胀形变形
	非轴对称曲面形零件		1. 毛坯的变形区由外部的拉深变形区和内部的胀形变形区组成，而且在毛坯周边上的分布是不均匀的 2. 带凸缘的曲面形件拉深时，在毛坯外周变形区还有剪切变形存在

二、拉深过程中毛坯的应力和应变状态

在拉深过程中，毛坯各部分的受力及变形是不同的，并且随着拉深过程的进行而变化。为了进一步说明这个问题，可以假想地取出拉深前平板毛坯上的一个扇形部分（图5-4a），以研究这部分毛坯在拉深过程中的变形特点。

在凸模的作用下，平板毛坯被逐渐拉入凹模，并形成圆筒形。此时与凸模端面相接触的部分毛坯，即扇形 OC_0D_0 部分，在整个拉深过程中始终保持其平面形状，而且这部分毛坯基本上不产生塑性变形，所以可以近似地称这部分为弹性变形区。在拉深中，这部分毛坯起传递拉深力的作用，它将凸模的作用力传给圆筒形侧壁，使侧壁产生拉应力，而其本身处于双向受拉的应力状态，如图 5-5 所示。

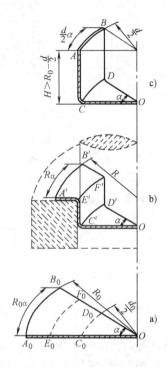 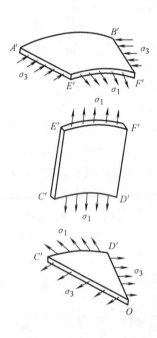

图 5-4 拉深时毛坯的变形特点
a）平板毛坯的一部分
b）毛坯在拉深过程中的变形
c）拉深成圆筒形件

图 5-5 拉深时毛坯内
各部分的内应力

圆筒形的侧壁部分 $C'D'F'E'$ 是经历了塑性变形阶段的已变形区，它是由平板毛坯的 $C_0D_0F_0E_0$ 部分转化而成的，在以后的拉深过程中把凸模的作用力传递给凸缘部分，产生足以引起凸缘产生变形的径向拉应力 σ_1。平面凸缘部分 $A'B'F'E'$ 是拉深时的变形区，在径向拉应力 σ_1 和切向压应力 σ_3 作用下产生塑性变形，最终形成零件的圆筒形侧壁。

拉深过程中的应力、应变是很复杂的，根据拉深过程中毛坯各部分应力状况的不同，将其划分为五个部分。

图 5-6 所示为圆筒形件在拉深过程中的应力与应变状态。图中：σ_1、ε_1 为径向应力和应变；σ_2、ε_2 为轴向（厚度方向）应力和应变；σ_3、ε_3 为切向应力和应变。

（1）平面凸缘部分（主要变形区） 在拉深过程中，凸缘部分产生了径向拉应力 σ_1 和切向压应力 σ_3，在板料厚度方向，由于模具结构多采用压边装置，则产生压应力 σ_2。无压边圈时，$\sigma_2 = 0$。

该区域是主要变形区，变形最剧烈。拉深所做的功大部分消耗在该区材料的塑性变形上。

（2）凸缘圆角部分（过渡区）
与凸缘部分一样，其切向被压缩，
产生切向压应力；径向被拉伸，产
生径向拉应力。同时，接触凹模圆
角的一侧还受到弯曲压力，且凹模
圆角半径越小，则弯曲变形越大。
当凹模圆角半径小到一定数值时，
就会出现弯曲开裂，故凹模圆角半
径应有一个适当值。

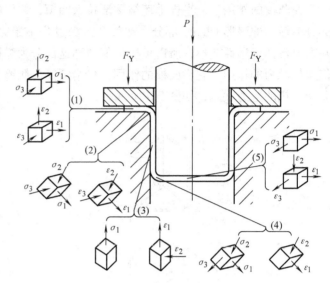

图 5-6　拉深时的应力与应变状态

（3）筒壁部分（传力区）　可看
做只受凸模传来的拉应力的作用，
变形是单向受拉，厚度变薄。

（4）底部圆角部分（过渡区）
一直承受筒壁传来的拉应力，并且
受到凸模的压力。在拉、压应力的
综合作用下，这部分材料变薄最严重，故此处最容易出现拉裂。一般而言，在筒壁与凸模圆
角相切的部位变薄最严重，是拉深时的危险断面。

（5）圆筒件底部　在拉深一开始时就进入凹模内，始终承受双向拉应力，变形也是双
向拉伸变薄。由于拉伸变薄会受到凸模摩擦阻力的作用，故实际变薄很小，因此底部在拉深
时的变形常忽略不计。

综上分析可知，拉深时毛坯各区的应力、应变是不均匀的，且时刻在变化，因而拉深件的
壁厚也是不均匀的。拉深凸缘区在切向压应力的作用下是否产生"起皱"，以及筒壁传力区上
危险断面是否被"拉裂"是拉深工艺能否顺利完成的关键所在。

三、拉深时凸缘变形区的应力分布和起皱

1. 凸缘变形区的力学分析

圆筒件凸缘变形区的应力分布可以通过力学分析计算得出，如图 5-7 所示。

在凸缘变形区内取宽度为 dR，所含中心角为 φ 弧形条状微元体，建立平衡微分方程

$$(\sigma_1 + d\sigma_1)(R + dR)\varphi t - \sigma_1 R\varphi t + 2\sigma_3 dR_t \sin\frac{\varphi}{2} = 0$$

将上式展开并整理，略去最小项，其中因 φ 很小，故 $\sin\dfrac{\varphi}{2} \approx \dfrac{\varphi}{2}$

则

$$d\sigma_1 = -(\sigma_1 + \sigma_3)\frac{dR}{R} \qquad (5-1)$$

按 Tresca 屈服准则，考虑到中间主应力的影响，建立塑性方程

$$\sigma_1 - (\sigma_3) = \beta\sigma_s$$

式中，β 为考虑中间主应力 σ_2 影响的系数，$\beta = 1 \sim 1.155$。拉深时有压边装置，取 $\beta = 1.1$；

σ_s为拉深中凸缘区材料在特定变形程度、应力状态和变形速度下的屈服强度。在拉深过程中，拉深件各部位的变形抗力是不一致的，为了计算方便，取平均值σ_{sm}。

由此可得

$$\sigma_1 + \sigma_3 = 1.1\sigma_{sm} \tag{5-2}$$

解式(5-1)和式(5-2)可得

$$\sigma_1 = 1.1\sigma_{sm}\ln\frac{R_t}{R} \tag{5-3}$$

$$\sigma_3 = 1.1\sigma_{sm}\left(1 - \ln\frac{R_t}{R}\right) \tag{5-4}$$

式中，R_t为拉深到某时刻的凸缘半径。

拉深过程中σ_1、σ_3的分布规律如图5-7所示。

从图5-7中σ_1的分布规律可见，在$R = r_0$处σ_1最大

$$\sigma_{1max} = 1.1\sigma_{sm}\ln\frac{R_t}{r_0}$$

在拉深开始时，

$$\sigma_{1max} = 1.1\sigma_{sm}\ln\frac{R_0}{r_0}$$

式中，R_0为毛坯半径。

同时可见，在$R = R_t$处σ_3最大

$$\sigma_{3max} = 1.1\sigma_{sm}$$

通过式(5-3)和式(5-4)可以求出在拉深某一瞬间$|\sigma_1| = |\sigma_3|$的位置

$$1.1\sigma_{sm}\ln\frac{R_t}{R} = 1.1\sigma_{sm}\left(1 - \ln\frac{R_t}{R}\right)$$

整理得

$$\ln\frac{R_t}{R} = 0.5 \quad 则 R = 0.61R_t$$

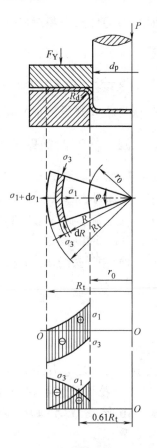

图5-7 圆筒形件拉深
时的应力分析

即当$R = 0.61R_t$时，$|\sigma_1| = |\sigma_3|$；当$R > 0.61R_t$时，$|\sigma_3| > |\sigma_1|$，以切向压应力为主，压应变ε_3的绝对值最大，材料厚度增厚；当$R < 0.61R_t$时，$|\sigma_3| < |\sigma_1|$，以径向拉应力为主，拉应变ε_1的绝对值最大，材料减薄。

在整个拉深过程中，当$R_t = (0.7 \sim 0.9)R_0$时，σ_{1max}达最大值$[(\sigma_{1max})_{max}]$，是拉深最容易拉裂的时刻。

2. 起皱

在拉深过程中，毛坯凸缘在切向压应力的作用下可能产生塑性失稳而拱起的现象称为起皱，如图5-8所示。毛坯凸缘起皱严重时，会因不能通过凸模和凹模的间隙而被拉断。轻微起皱的毛坯凸缘虽可通过间隙，但会在筒壁上留下皱痕，影响零件的表面质量。

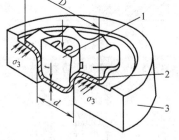

图5-8 凸缘起皱
1—凸模 2—毛坯 3—凹模

133

起皱的原因是毛坯凸缘的切向压应力 σ_3 过大，最大切向压应力 σ_{3max} 产生在毛坯凸缘外缘处，所以起皱首先在外缘处开始。凸缘起皱与压杆失稳类似，不仅与 σ_3 有关，而且与毛坯凸缘相对厚度 $\dfrac{t}{R_t - r_0}$ 有关。拉深时，凸缘处切向压应力的不断增加使失稳的趋势上升，但是随着凸缘外径 R_t 的不断减小，以及凸缘厚度 t 的增大，使得凸缘的相对厚度 $\dfrac{t}{R_t - r_0}$ 增大，从而提高了毛坯的抗失稳能力。这两个因素相互作用的结果，是使凸缘失稳起皱最严重的瞬间出现在凸缘宽度缩小到原来的一半左右时。

四、拉深时筒壁传力区的受力情况与拉断

1. 拉深时筒壁传力区的受力情况

拉深时，凸缘内缘处的径向拉应力为最大值，即 σ_{1max}。因此，筒壁所受的拉应力主要由 σ_{1max} 引起。筒壁还存在因压边力产生的摩擦阻力、坯料绕过凹模圆角的摩擦力和弯曲力等，如图 5-9 所示。

1）由压边力 F_y 引起摩擦阻力 μF_y 应与由其引起的筒壁附加拉力相等，设摩擦系数为 μ，即

$$2\mu F_y = \pi d t \sigma_M$$

$$\sigma_M = \frac{2\mu F_y}{\pi d t} \tag{5-5}$$

式中，F_y 为压边力（N）；σ_M 为附加拉应力（MPa）。

2）拉深开始时，凸模下压使毛坯弯曲绕过凹模圆角，此时要克服凹模圆角的摩擦力，如图 5-10 所示。建立静力平衡方程，可以算出坯料在克服凹模圆角摩擦力后筒壁的拉应力为

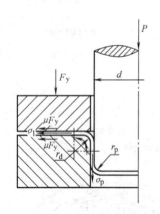

图 5-9　拉深时压边力
　　　引起的摩擦阻力

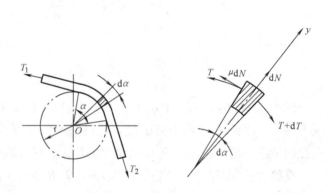

图 5-10　凹模圆角处的受力状态

$$T_2 = (\sigma_{1max} + \sigma_M) e^{\mu\alpha} \tag{5-6}$$

式中，T_2 为毛坯材料克服凹模圆角摩擦力后筒壁处的拉应力。

3）凸模处的材料绕过凹模圆角时，筒壁部分还有克服弯曲阻力引起的附加拉应力 σ_W，如图 5-11 所示。

经推导 σ_W 为

$$\sigma_W = \frac{\sigma_b}{2\dfrac{r_d}{t} + 1} \qquad (5\text{-}7)$$

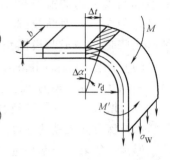

综上，筒壁内总拉应力为

$$\sigma_p = (\sigma_{1max} + \sigma_M) e^{\mu\alpha} + \sigma_W \qquad (5\text{-}8)$$

其中 $e^{\mu\alpha} = e^{\mu\frac{\pi}{2}} = 1 + \mu\dfrac{\pi}{2} + \dfrac{\left(\mu\dfrac{\pi}{2}\right)^2}{2!} + \cdots \approx 1 + \mu\dfrac{\pi}{2} = 1 + 1.6\mu$

图 5-11 毛坯的弯矩示意图

所以

$$\sigma_p = (\sigma_{1max} + \sigma_M)(1 + 1.6\mu) + \sigma_W \qquad (5\text{-}9)$$

即

$$\sigma_p = \left(\sigma_{1max} + \frac{2\mu F_y}{\pi d t}\right)(1 + 1.6\mu) + \frac{\sigma_b}{2\dfrac{r_d}{t} + 1} \qquad (5\text{-}10)$$

拉深力则为 $\qquad\qquad\qquad P = \pi d t \sigma_p \qquad\qquad\qquad (5\text{-}11)$

筒壁危险断面上的有效抗拉强度 σ_K 为：

$$\sigma_K = 1.155\sigma_b - \frac{\sigma_b}{2\dfrac{r_d}{t} + 1} \qquad (5\text{-}12)$$

当筒壁拉应力超过了材料的抗拉强度，即 $\sigma_p > \sigma_K$ 时，拉深件即产生拉裂。

2. 拉裂

从上面的分析可知，造成圆筒件拉裂的主要因素是拉深变形程度、毛坯与模具的摩擦阻力和筒壁的承载能力。而影响摩擦阻力的因素有压边力、润滑和凹模圆角半径等；影响筒壁承载能力的因素有模具间隙、凸模圆角半径和圆角部分的润滑等。此外，拉深速度对拉裂也有一定的影响。图 5-12 为拉深件拉裂示意图。

（1）压边力的影响　在一般拉深成形中，当压边力增大时，凸缘处的摩擦阻力也增加，压边力过大可能出现拉断。压边力的作用本来是防止毛坯凸缘起皱，所以只要在保证凸缘不起皱的前提下，施加最小的压边力就可以了。

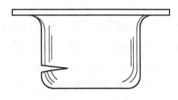

图 5-12 拉深件拉裂

（2）相对圆角半径的影响　试验表明，当凹模相对圆角半径 $\dfrac{r_d}{t} < 2$ 时，可能导致坯料在凹模圆角处破裂，使拉深的极限变形程度急剧减小。

同样，当凸模相对圆角半径 $\dfrac{r_p}{t} < 5$ 时，对拉深的极限变形程度影响较大。而当 $\dfrac{r_p}{t} = 5 \sim 20$ 时，对极限变形程度的影响不大。总之，当凹模相对圆角半径和凸模相对圆角半径较大时，拉深时不易拉断。

（3）润滑的影响　在拉深过程中，润滑的作用很大。在拉深圆筒形件时，凹模平面上和凸模上的润滑效果是相反的。凹模平面润滑可以使毛坯凸缘处材料的流动阻力降低。但是，若对凸模圆角部分进行润滑，就会使筒壁和凸模间的摩擦力传递变形力的能力降低，造成凸模圆角处的材料滑动而变薄，容易导致拉裂。

（4）凸模和凹模间隙的影响　从减小拉裂倾向的角度而言，采用比毛坯厚度小10%的模具间隙是比较合理的。这是因为：①间隙小，使包在凸模头部的材料提前成形。同时，摩擦约束力增大，减弱了破裂的趋势；②在变薄部分，凸模和材料间有较大的摩擦力，可增大材料向拉深方向流动的趋势。

但是，如果变薄率超过10%，则由于材料厚度减薄过多，变形阻力加大，反而会使拉深件更容易破裂。

（5）表面粗糙度的影响　表面粗糙度的影响主要指模具（凹模和压边圈端面）和毛坯表面。模具表面粗糙度值大，拉深变形阻力大；反之，模具表面的粗糙度值小，并予以适当润滑，可以使拉深变形阻力大大下降。而毛坯的表面粗糙度及是否进行适当润滑对防止拉深件破裂的作用，与模具的表面粗糙度的影响相似。

第二节　旋转体拉深件毛坯尺寸的确定

旋转体拉深件按其形状的复杂程度不同，可以分为简单形状和复杂形状，计算法主要用于确定简单形状的旋转体拉深件的毛坯尺寸，图解法和解析法主要用于确定复杂形状旋转体拉深件的毛坯尺寸。

旋转体拉深件毛坯尺寸的计算原则：①以工件最后一次拉深后的尺寸为计算基础；②按体积不变条件，对于不变薄拉深，拉深件与毛坯表面积相等；③当板料厚度 $t \geqslant 1mm$ 时，按工件中线尺寸计算，$t < 1mm$ 可按内形或外形尺寸计算；④计算毛坯尺寸时要加上修边余量。

一、计算法

旋转体零件的毛坯应该是圆形的，其直径按面积相等的原则计算。计算时，首先应该将拉深零件划分成若干个便于计算的部分，分别计算出各部分的面积并相加，即可得到零件的总面积 $\sum F$。然后根据旋转体零件的总面积，计算出圆形毛坯的直径。如图 5-13 所示，为便于计算，将其分为三个部分，每部分的面积分别为

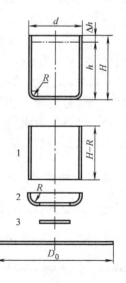

$$A_1 = \pi d (H - R)$$

$$A_2 = \frac{\pi}{4} [2\pi R (d - 2R) + 8R^2]$$

$$A_3 = \frac{\pi}{4} (d - 2R)^2$$

将三部分面积相加，并使 $\dfrac{\pi D_0^2}{4} = \sum F = F_1 + F_2 + F_3 = \sum F_i$，可得

$$D_0 = \sqrt{\frac{4}{\pi} A} = \sqrt{\frac{4}{\pi} \sum_{i=1}^{n} A_i} \qquad (5-13)$$

图 5-13　圆筒形拉深件
毛坯尺寸计算

式中，A 为拉深件的总面积(含修边余量)；D_0 为拉深件的毛坯直径；A_i 为拉深件各组成部分的面积。

平板毛坯在拉深成形过程中，常因受到材料力学性能的方向性、模具间隙分布不均、摩擦阻力不均及定位不准确等因素的影响，使拉深件的口部或凸缘周边不齐，尤其是经多次拉深工序所得的高度较大的工序件，其边缘质量更差，所以拉深成形后不得不进行修边。为此，确定毛坯形状和尺寸时，首先要确定修边余量。修边余量的大小，决定于板料的性能、拉深件的几何形状和拉深次数等。无凸缘拉深件的修边余量见表 5-2。其他拉深件的修边余量可参照有关冲压手册。

表 5-2　无凸缘拉深件的修边余量 δ 　　　　　　　(单位:mm)

工件高度 h	工件的相对高度 h/d 或 h/b				附　　图
	>0.5~0.8	>0.8~1.6	>1.6~2.5	>2.5~4	
≤10	1.0	1.2	1.5	2	
>10~20	1.2	1.6	2	2.5	
>20~50	2	2.5	3.3	4	
>50~100	3	3.8	5	6	
>100~150	4	5	6.5	8	
>150~200	5	6.3	8	10	
>200~250	6	7.5	9	11	
>250~300	7	8.5	10	12	

注：1. b 为矩形件短边宽度。

　　2. 拉深较浅的高度尺寸要求不高的工件可不考虑修边余量。

二、解析法

形状复杂的旋转体拉深件可以根据图 5-14 求毛坯尺寸，即任何形状的母线绕轴线旋转一周所得到的旋转体面积，等于该母线的长度与其形心绕该轴线旋转所得周长的乘积。

旋转体的面积为

$$A = 2\pi R_x L$$

根据拉深前后面积相等的原则，毛坯直径可按下式求出

$$\frac{\pi}{4}D_0^2 = 2\pi R_x L$$

$$D_0 = \sqrt{8R_x L} \tag{5-14}$$

式中，A 为旋转体的面积；R_x 为旋转体母线形心到旋转轴线的距离(旋转半径)；L 为旋转体母线长度(中线尺寸)；D_0 为毛坯直径。

只要知道旋转体母线长度及其形心的旋转半径，即可求出毛坯的直径。图 5-15 所示零件的解析法计算过程如下：

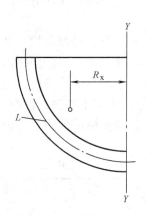

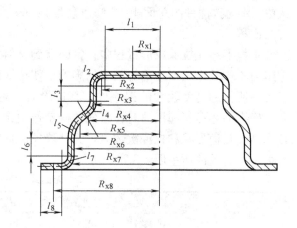

图 5-14　旋转体表面积
　　　　　计算图示

图 5-15　复杂拉深件尺寸图

首先沿厚度中线把零件轮廓线分成若干段容易计算的直线和圆弧，并算出各直线和圆弧的长度 $L_1, L_2, \cdots, L_n$。找出每一线段的形心，并算出每一形心到旋转轴的距离 $R_{x1}, R_{x1}, \cdots, R_{xn}$。直线的形心在中点上，各圆弧的长度及形心到旋转轴距离的计算公式可见冲压手册。计算各线段长度与其旋转半径的乘积总和为

$$\sum_{i=1}^{n} L_i R_{xi} = L_1 R_{x1} + L_2 R_{x2} + \cdots + L_n R_{xn}$$

则旋转体的表面积为

$$A = 2\pi \sum_{i=1}^{n} L_i R_{xi}$$

那么，所求毛坯直径为

$$D_0 = \sqrt{8 \sum_{i=1}^{n} L_i R_{xi}} \tag{5-15}$$

常见旋转体拉深件毛坯直径的计算公式可参考有关冲压手册。

三、图解法

图解法在使用时必须严格按比例作图，不然误差较大。图解法适用于确定形状不太复杂旋转体形件的毛坯尺寸。

图解法的步骤如下：按图 5-16 所示，先将拉深件的母线分成线段 1、2、3、4、5、6、7、8，通过各线段的重心作轴线的平行线，再作一根平行于轴线的直线 AB。在直线 AB 上依次量取各线段长度 l_1、l_2、l_3、l_4、l_5、l_6、l_7、l_8，自任意点 O 作射线 1、2、3、4、5、6、7、8、9，然后依次作直线 1′、2′、3′、4′、5′、6′、7′、8′、9′ 与各射线平行，1′ 与 9′ 的交点就是拉深件母线的重心，R_x 为母心重心的旋转半径。

在 AB 延长线上量取长度等于 $2R_x$ 的 BC 线段，再以 AC 为直径作圆，然后自 B 点作 AC 的垂线与圆相交于 E 点，则线段 BE 即为毛坯的半径 $D_0/2$，并有

$$\left(\frac{D_0}{2}\right)^2 = 2R_x L \tag{5-16}$$

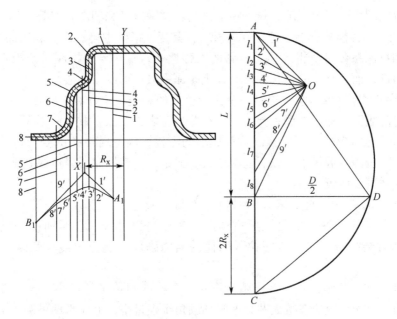

图 5-16 用图解法求拉深件毛坯尺寸

$$D_0 = \sqrt{8LR_x}$$

第三节 圆筒形件的拉深系数

一、拉深变形程度的表示方法——拉深系数

圆筒形件拉深的变形程度用拉深系数来表示，故拉深系数是拉深工艺的基本参数。

拉深系数是指每次拉深后圆筒形零件的直径与拉深前毛坯（或前道工序件）的直径之比，用 m 表示。即

第一次拉深系数　　　$m_1 = \dfrac{d_1}{D_0}$　　　　　　　　　　　　　　　　　　(5-17)

第二次拉深系数　　　$m_2 = \dfrac{d_2}{d_1}$

　　　…　　　　　　　　…

第 n 次拉深系数　　　$m_n = \dfrac{d_n}{d_{n-1}}$　　　　　　　　　　　　　　　　(5-18)

式中，D_0 为毛坯直径；d_n 为圆筒形工件的直径；d_1、d_2、$\cdots$、d_{n-1} 为各次拉深后工序件的直径。

由拉深系数的表达式可明显看出拉深系数 m 的数值小于 1，而且 m 值越小，拉深时的变形程度越大。拉深系数是重要的工艺参数，可用于计算各工序的尺寸和毛坯尺寸。一种材料在一定拉深条件下允许的拉深变形程度，即拉深系数是一定的。把材料既能拉深成形又不被拉断时的最小拉深系数称为极限拉深系数。

二、影响拉深系数的因素

影响拉深系数的因素很多，主要有板料的内部组织和力学性能、毛坯的相对厚度 $\dfrac{t}{D_0}$、

模具工作部分的圆角半径及间隙、拉深模的结构、拉深速度和润滑状况等。

（1）材料力学性能的影响 塑性好的材料，其塑性指标中伸长率 δ 和断面收缩率 ψ 大，那么该材料的拉深系数可取得小些。材料的屈强比 σ_s/σ_b 小，即拉深时凸缘变形区的塑性好，变形抗力低，而且材料的抗拉强度高，则拉深系数也可以取小值。

（2）材料相对厚度的影响 这是一个比较重要的影响因素，相对厚度 t/D_0 大，拉深时材料的抗失稳起皱能力强，拉深系数可以取小些；反之，拉深系数应取得大些。

（3）拉深次数的影响 需要多次拉深成形的零件，因材料在拉深变形过程出现加工硬化现象，故首次拉深系数最小，以后逐次增大。但是，前道拉深后经过热处理退火的，后道的拉深系数同样可以取较小值。

（4）压边力的影响 使用压边圈时拉深不易起皱，拉深系数可以取小些；反之，拉深系数应取大些。需要注意的是，压边圈产生的压边力过大，会增加拉深阻力；压边力过小，在拉深时会起皱，这样会使拉入凹模的阻力剧增，甚至拉裂。所以压边力大小应适当。

（5）模具工作部分圆角半径及间隙的影响 凸模的圆角半径过小，会使危险断面的强度进一步削弱，拉深系数应取得大些；凹模的圆角半径过小，毛坯沿凹模圆角滑动的阻力增加，使毛坯侧壁内的拉应力增大，容易被拉裂，拉深系数不能取得过小。凸模和凹模的间隙过大，拉入间隙的毛坯易起皱；间隙过小，毛坯进入间隙的阻力增大，筒壁内的拉应力变大，容易拉裂。只有取合理间隙，才能使拉深系数取得小些。

锥形凹模的抗失稳性能优于平端面凹模，拉深系数可取得相对小些。另外，毛坯与凹模处的润滑条件好，拉深系数也可取得小些。

三、极限拉深系数的确定

圆筒形件的极限拉深系数见表5-3、表5-4。

表5-3 圆筒形件的极限拉深系数（带压边圈）

拉深系数	坯料相对厚度 (t/D_0)（%）					
	2.0～1.5	1.5～1.0	1.0～0.6	0.6～0.3	0.3～0.15	0.15～0.08
m_1	0.48～0.50	0.50～0.53	0.53～0.55	0.55～0.58	0.58～0.60	0.60～0.63
m_2	0.73～0.75	0.75～0.76	0.76～0.78	0.78～0.79	0.79～0.80	0.80～0.82
m_3	0.76～0.78	0.78～0.79	0.79～0.80	0.80～0.81	0.81～0.82	0.82～0.84
m_4	0.78～0.80	0.80～0.81	0.81～0.82	0.82～0.83	0.83～0.85	0.85～0.86
m_5	0.80～0.82	0.82～0.84	0.84～0.85	0.85～0.86	0.86～0.87	0.87～0.88

注：1. 表中拉深系数适用于08钢、10钢和15Mn钢等普通碳钢及黄铜H62。对于拉深性能较差的材料，如20钢、25钢、Q215钢、Q235钢、硬铝等，应比表中数值大1.5%～2.0%；而对于塑性较好的材料，如05钢、08钢、10钢及软铝等，应比表中数值小1.5%～2.0%。

2. 表中数据适用于未经中间退火的拉深。若采用中间退火工序，则取值应比表中数值小2%～3%。

3. 表中较小值适用于大的凹模圆角半径 $[r_d=(8～15)t]$，较大值适用于小的凹模圆角半径 $[r_d=(4～8)t]$。

表 5-4　圆筒形件的极限拉深系数(不带压料圈)

拉深系数	坯料的相对厚度(t/D_0)(%)				
	1.5	2.0	2.5	3.0	>3
m_1	0.65	0.60	0.55	0.53	0.50
m_2	0.80	0.75	0.75	0.75	0.70
m_3	0.84	0.80	0.80	0.80	0.75
m_4	0.87	0.84	0.84	0.84	0.78
m_5	0.90	0.87	0.87	0.87	0.82
m_6	—	0.90	0.90	0.90	0.85

注：此表适用于 08 钢、10 钢及 15Mn 钢等材料。其余各项同表 5-3 之注。

表中的 m_1、m_2、m_3、m_4 和 m_5 分别为低碳钢圆筒形件的第一道至第五道拉深工序的极限拉深系数。其他材料的极限拉深系数也可通过实验的方法测得。

材料的极限拉深系数确定后，就可以根据圆筒形零件的尺寸和毛坯的尺寸，从第一道拉深工序开始推算以后拉深的工序数及各工序件的尺寸。但是，如果这些推算都按极限拉深系数来计算的话，由于毛坯在凸模圆角处会产生过分变薄，在以后的拉深工序中，这部分变薄的缺陷会转移至成品零件的筒壁上去，从而对拉深零件的质量产生不良影响。因此，对于表面质量要求较高的零件，在计算工序数和各工序尺寸时，一般不取极限拉深系数，而取大于极限拉深系数的数值进行计算，以利于提高零件质量，提高工艺的稳定性。

第四节　圆筒形件的拉深次数及工序尺寸的确定

一、拉深次数的确定

当从毛坯拉深到圆筒形件的总拉深系数 $m \geq m_1$ 时，可一次拉深成形。若 $m < m_1$，则需多次拉深。

下面介绍常用的确定拉深次数的方法。

1. 根据拉深系数确定拉深次数

各次拉深直径分别为：$d_1 = m_1 d_0$；$d_2 = m_2 d_1$；$\cdots$；$d_n = m_n d_{n-1}$。

根据已知条件，由表 5-3 或表 5-4 查出各次极限拉深系数。选取各次拉深系数时，要比极限拉深系数稍大，然后计算出各次拉深直径，直到直径 d_n 略小于等于工件直径时，计算的次数即为拉深次数。调整各次拉深系数 $m_1, m_2, \cdots, m_n$ 的值，最后确定各次拉深直径 d_1, $d_2, \cdots, d_n$。

2. 根据零件的相对高度 h/d 确定拉深次数

根据零件的高度 h 与直径 d 的比值 h/d(即零件的相对高度)，按照表 5-5 直接查出拉深次数。

表 5-5　拉深件相对高度 h/d 与拉深次数的关系(无凸缘圆筒形件)

拉深次数	坯料的相对厚度(t/D)(%)					
	2 ~ 1.5	1.5 ~ 1.0	1.0 ~ 0.6	0.6 ~ 0.3	0.3 ~ 0.15	0.15 ~ 0.08
1	0.94 ~ 0.77	0.84 ~ 0.65	0.71 ~ 0.57	0.62 ~ 0.5	0.52 ~ 0.45	0.46 ~ 0.38
2	1.88 ~ 1.54	1.60 ~ 1.32	1.36 ~ 1.1	1.13 ~ 0.94	0.96 ~ 0.83	0.9 ~ 0.7

（续）

拉深次数	坯料的相对厚度(t/D)（%）					
	2～1.5	1.5～1.0	1.0～0.6	0.6～0.3	0.3～0.15	0.15～0.08
3	3.5～2.7	2.8～2.2	2.3～1.8	1.9～1.5	1.6～1.3	1.3～1.1
4	5.6～4.3	4.3～3.5	3.6～2.9	2.9～2.4	2.4～2.0	2.0～1.5
5	8.9～6.6	6.6～5.1	5.2～4.1	4.1～3.3	3.3～2.7	2.7～2.0

注：1. 大的 h/d 值适用于第一道工序的大凹模圆角 $[r_d \approx (8～15)t]$。

2. 小的 h/d 值适用于第一道工序的小凹模圆角 $[r_d \approx (4～8)t]$。

3. 表中数据适用材料为08F钢、10F钢。

二、不带凸缘的圆筒形件拉深工序尺寸的计算

确定了圆筒形件的拉深次数后，各工序件的直径可由各工序的拉深系数和前道工序的直径求得。拉深工序件的高度尺寸可按下式计算：

底部无圆角圆筒形件第一次拉深　$h_1 = 0.25(D_0 k_1 - d_1)$

第二次拉深　$h_2 = h_1 k_2 + 0.25(d_1 k_2 - d_2)$

… …

底部有圆角圆筒形件第一次拉深　$h_1 = 0.25(D_0 k_1 - d_1) + 0.43 \dfrac{r_1}{d_1}(d_1 + 0.32 r_1)$

第二次拉深　$h_2 = 0.25(D_0 k_1 k_2 - d_2) + 0.43 \dfrac{r_2}{d_2}(d_2 + 0.32 r_2)$

… …

式中，D_0 为毛坯直径；d_1、d_2 为第一、第二道工序拉深的工序件直径；k_1、k_2 为第一、第二道工序拉深的拉深程度 $\left(k_1 = \dfrac{1}{m_1}, k_2 = \dfrac{1}{m_2}\right)$；$r_1$、$r_2$ 为第一、第二道工序拉深的工序件底部圆角半径；h_1、h_2 为第一、第二道工序拉深的工序件高度。

三、带凸缘圆筒形件拉深工序尺寸的计算

对于带凸缘的零件，其毛坯不是全部拉入凹模，而是只拉深到毛坯外缘等于零件凸缘外径（加修边量）为止，故其变形区的应力和应变状态及变形特点与无凸缘圆筒形件相同。但是，有凸缘圆筒形件的拉深过程和工艺计算方法与无凸缘圆筒形件有一定的区别。

1. 带凸缘圆筒形件的拉深系数与拉深次数

图5-17所示为带凸缘圆筒形件。其拉深系数 m_F 可用下式表示

$$m_F = \frac{d}{D_0}$$

式中，d 为带凸缘圆筒件筒形部分直径；D_0 为毛坯直径。

当零件的底部圆角半径与凸缘根部圆角半径相等，且均为 r 时，根据变形前后面积相等的原则，毛坯直径为

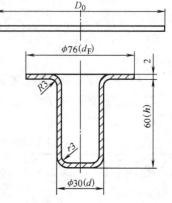

图5-17　带凸缘圆筒形件

$$D_0 = \sqrt{d_F^2 + 4dh - 3.44dr}$$

则拉深系数为

$$m_F = \frac{d}{D_0} = \frac{1}{\sqrt{\left(\dfrac{d_F}{d}\right)^2 + 4\,\dfrac{h}{d} - 3.44\,\dfrac{r}{d}}} \qquad (5\text{-}19)$$

式中，d_F/d 为凸缘的相对直径；h/d 为零件的相对高度；r/d 为零件的相对圆角半径。

从上式中可知，凸缘的相对直径 d_F/d、零件的相对高度 h/d 和相对圆角半径 r/d 对拉深系数 m_F 都有影响，其中凸缘的相对直径 d_F/d 对拉深系数 m_F 的影响最大，而相对圆角半径 r/d 对拉深系数的影响最小。可见，凸缘的相对直径 d_F/d 和零件的相对高度 h/d 越大，凸缘变形区的宽度越大，拉深的难度也越大。当凸缘的相对直径 d_F/d 和零件的相对高度 h/d 超过一定数值时，只进行一次拉深是不可能的，应该采用多次拉深。图 5-18 所示为带凸缘圆筒形件拉深次数的计算曲线。由凸缘的相对直径 d_F/d 和零件的相对高度 h/d 确定坐标点，若坐标点位于曲线的下方，则一次拉深即可成形；若由凸缘的相对直径 d_F/d 和零件的相对高度 h/d 所决定的坐标点位于曲线的上侧，则要采取多次拉深工序。图中曲线是假设凸缘处的圆角半径为零时得到的，当圆角半径较大时，图中曲线的成形极限还可适当放宽。

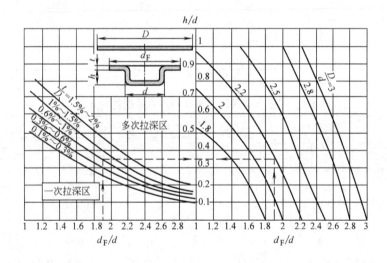

图 5-18　带凸缘圆筒形件拉深次数的计算曲线

带凸缘圆筒形件的拉深次数，除了按图 5-18 的曲线计算外，也可以用极限拉深系数来判断。带凸缘圆筒形件的极限拉深系数与无凸缘圆筒形件有较大的区别。

表 5-6 为带凸缘圆筒形件的极限拉深系数。

由表可见，当 $d_F/d < 1.1$ 时，带凸缘圆筒形件的极限拉深系数与无凸缘圆筒形件基本相同。随着 d_F/d 逐渐增大，其极限拉深系数逐渐减小，但这并非意味着变形程度的增大；当 $d_F/d = 3$ 时，带凸缘圆筒形件的极限拉深系数很小，$m_F = 0.33$，这并不意味其变形程度很大，相反此时的变形程度为零。因为此时

$$\frac{d_F}{d} = 3，\text{即} \ d_F = 3d$$

$$m_F = \frac{d}{D_0} = 0.33$$

可得

$$D_0 = \frac{d}{0.33} \approx 3d = d_F$$

由此可见，毛坯的直径等于带凸缘圆筒形件的凸缘直径，变形程度为零。

由式 5-19 可见，带凸缘圆筒形件的拉深系数取决于 d_F/d、h/d、r/d，因为 r/d 很小，因此，当 m_F 一定时，d_F/d 和 h/d 的关系也就基本定了。这样，也可以用零件的相对高度 h/d 来表示有凸缘圆筒形件的变形程度，首次拉深的极限相对高度见表 5-7。

表 5-6 带凸缘圆筒形件的极限拉深系数 m_F

凸缘的相对直径 d_F/d	毛坯的相对厚度(t/D_0)（%）				
	2~1.5	1.5~1.0	1.0~0.6	0.6~0.3	0.3~0.1
<1.1	0.51	0.53	0.55	0.57	0.59
1.3	0.49	0.51	0.53	0.54	0.55
1.5	0.47	0.49	0.50	0.51	0.52
1.8	0.45	0.46	0.47	0.48	0.48
2.0	0.42	0.43	0.44	0.45	0.45
2.2	0.4	0.41	0.42	0.42	0.42
2.5	0.37	0.38	0.38	0.38	0.38
2.8	0.34	0.35	0.35	0.35	0.35
3.0	0.32	0.33	0.33	0.33	0.33

表 5-7 带凸缘圆筒形件首次拉深极限相对高度 h_1/d_1

凸缘的相对直径 d_F/d	毛坯相对厚度$(t/D_0) \times 100$				
	>0.06~0.2	0.2~0.5	0.5~1.0	1.0~1.5	>1.5
≤1.1	0.45~0.52	0.50~0.62	0.57~0.70	0.60~0.80	0.75~0.90
1.1~1.3	0.40~0.47	0.45~0.53	0.50~0.60	0.56~0.72	0.65~0.80
1.3~1.5	0.35~0.42	0.40~0.48	0.45~0.53	0.50~0.63	0.58~0.70
1.5~1.8	0.29~0.35	0.34~0.39	0.37~0.44	0.42~0.53	0.48~0.58
1.8~2.0	0.25~0.30	0.29~0.34	0.32~0.38	0.36~0.46	0.42~0.51
2.0~2.2	0.22~0.26	0.25~0.29	0.27~0.33	0.31~0.40	0.35~0.45
2.2~2.5	0.17~0.21	0.20~0.23	0.22~0.27	0.25~0.32	0.28~0.35
2.5~2.8	0.13~0.16	0.15~0.18	0.17~0.21	0.19~0.24	0.22~0.27
2.8~3.0	0.10~0.13	0.12~0.15	0.14~0.17	0.16~0.20	0.18~0.22

2. 带凸缘圆筒形件的拉深方法及工序件尺寸的确定

带凸缘圆筒形件多次拉深的步骤如下：第一次拉深时，将毛坯拉深成带凸缘的工序件，其凸缘直径等于零件外缘直径加上修边余量；在以后的各次拉深中，只是筒体部分参加变形，逐步地减小其直径，增加它的高度。为了使已成形的凸缘尺寸在以后的拉深过程中不再发生变化，以免引起中间圆筒的过大拉应力而被拉破，应在第一次拉深时将拉入凹模的毛坯面积加大 3%~5%，即使第一次拉深的筒体高度增加。在以后各次拉深时，逐步减少这个额外多拉入凹模的面积，最后将这部分多拉入凹模的面积转移到零件口部附近的凸缘上，使这里的板料增厚，但这并不影响零件的质量。这样可以补偿计算上的误差，便于试模时的调整工作，尤其对薄板拉深有利。

为了减少拉深次数，第一次拉深的圆筒形直径应尽可能小。可以先假定某一直径 d，再根据已知的 d_F、D_0、t 值，从图 5-18 的曲线中求出 h/d 值，如果从左右两边曲线中求出的 h/d 值相等，即可将这假定的 d 值取为第一次拉深的圆筒直径。以后各次的圆筒直径，可按圆筒形件多次拉深计算，各工序的直径为

$$d_i = m_i d_{i-1} \qquad (i = 2, 3, \cdots, n)$$

式中，m_i 为拉深系数，可由表 5-4 查得。

带凸缘圆筒形件各拉深工序件的高度按下式计算

$$h_1 = \frac{0.25}{d_1}(D_0^2 - d_F^2) + 0.43(r_1 + R_1) + \frac{0.14}{d_1}(r_1^2 - R_1^2) \qquad (5\text{-}20)$$

$$h_n = \frac{0.25}{d_n}(D_0^2 - d_F) + 0.43(r_n + R_n) + \frac{0.14}{d_n}(r_n^2 - R_n^2) \qquad (5\text{-}21)$$

式中，h_1、$\cdots$、h_n 为各次拉深后工序件的高度；d_1、$\cdots$、d_n 为各次拉深后工序件的直径；r_1、$\cdots$、r_n 为各次拉深后工序件的底部圆角半径；R_1、$\cdots$、R_n 为各次拉深后工序件凸缘处的圆角半径。

(1) 窄凸缘圆筒形件 ($d_F/d \leqslant 1.4$) 的拉深方法 (图 5-19)　窄凸缘圆筒形件的凸缘边很小，可视为无凸缘圆筒形件的拉深，只是在拉深成形的前一道工序，即 $n-1$ 道工序时，才拉深成凸缘边或锥形凸缘边，再经整形、修边得到零件的凸缘。

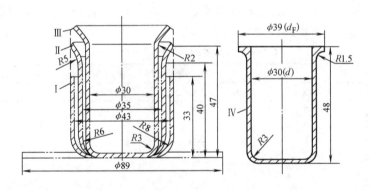

图 5-19　窄凸缘圆筒形件的拉深

如果带凸缘圆筒形件的相对高度很小，即当 $h/d \leqslant 1$ 时，在第一道拉深时就可拉深成带锥形凸缘边的圆筒形件，最后整形成零件的凸缘边。

(2) 宽凸缘圆筒形件 ($d_F/d > 1.4$) 的拉深方法　宽凸缘圆筒形件拉深有两种成形方法：

1) 采用逐步减小筒体直径和增加高度的方法，在拉深过程中保持凸模和凹模的圆角半径 r_d、r_p 不变，如图 5-20 所示。但在拉深过程中，零件的筒壁和凸缘上留有中间工序中弯曲和厚度局部变化的痕迹，应在最后增加一道整形工序，以提高零件的表面质量。该方法常用于 $d_F < 200mm$ 的拉深件。

2) 第一次即拉深成零件高度，且在以后的拉深中保持不变，只是在各道拉深中减小筒体直径和圆角半径，如图 5-21 所示。采用这种方法制成的零件表面光滑平整，厚度均匀。由于在第一次拉深成大圆角的曲面形工序件时容易起皱，故这种方法只限于相对厚度较大的

毛坯，并常用于 $d_F > 200\text{mm}$ 的拉深件。

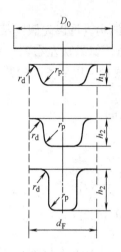

图 5-20　宽凸缘圆筒形件的第一种拉深方法

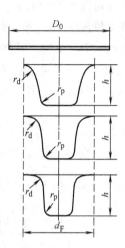

图 5-21　宽凸缘圆筒形件的第二种拉深方法

3. 带凸缘圆筒形件工序尺寸计算实例

试对图 5-17 所示的带凸缘圆筒形件进行工艺计算，已知板料的厚度为 2mm，材料为 08 钢。

解　板料厚度大于 1mm，按中线计算。

（1）切边余量的确定　根据零件尺寸查表 5-8 得切边余量 $\Delta R = 2\text{mm}$，故实际凸缘直径 $d_F = (76 + 2 \times 2)\text{mm} = 80\text{mm}$。

表 5-8　有凸缘圆筒形件的修边余量　　　　　　　　　　（单位：mm）

凸缘直径 d_F	凸缘的相对直径 d_F/d			
	1.5 以下	>1.5 ~ 2	>2 ~ 2.5	>2.5
≤25	1.8	1.6	1.4	1.2
25 ~ 50	2.5	2.0	1.8	1.6
50 ~ 100	3.5	3.0	2.5	2.2
100 ~ 150	4.3	3.6	3.0	2.5
150 ~ 200	5.0	4.2	3.5	2.7
200 ~ 250	5.5	4.6	3.8	2.8
>250	6	5	4	3

（2）预算坯料直径

$$D = \sqrt{d_1^2 + 6.28rd_1 + 8r^2 + 4d_2h + 6.28Rd_2 + 4.56R^2 + (d_4^2 - d_3^2)}$$

依图　$d_1 = 20\text{mm}$，$R = r = 4\text{mm}$，$d_2 = 28\text{mm}$，$h = 52\text{mm}$，$d_3 = 36\text{mm}$，$d_4 = 80\text{mm}$

代入公式得

$$D = \sqrt{7630 + 5104}\,\text{mm} \approx 113\text{mm}$$

（其中 $7630 \times \pi/4$ 为该拉深件除去凸缘平面部分的表面积）

（3）判断能否一次拉深成形

$$\frac{h}{d} = \frac{60}{28} = 2.14$$

$$\frac{t}{D} = \frac{2}{113} \times 100\% = 1.77\%$$

$$\frac{d_F}{d} = \frac{80}{28} = 2.85 \, (此处 \, d_F = d_4)$$

$$m = \frac{d}{D} = \frac{28}{113} = 0.25$$

依据表5-6、表5-7、图5-18都说明不能一次拉深成形,需要多次拉深。

(4) 确定首次拉深工序件的尺寸　首先假定一个圆筒部分直径 d,然后根据 d_1、D、t 从图5-18两侧曲线分别求出相对高度 h/d 值,为使实际拉深系数稍大于极限拉深系数,图5-18右边所得的 h/d 应稍小于左边所得的 h/d。如果假定的 d 所得结果不合适,则重新假定一个 d 值,直到合适为止。

本例假定 $d = 55mm$,

则

$$\frac{d_1}{d} = \frac{80}{55} = 1.45$$

$$\frac{D}{d} = \frac{113}{55} = 2.05$$

$$\frac{t}{D} \times 100\% = 1.77\%$$

查图5-18左边得 $h/d = 0.65$,右边 $h/d = 0.57$,因此,假定 $d = 55mm$ 合适。

取 $R = r = 9.8mm$。

首次拉入凹模的材料面积比零件实际需要的面积多5%,即首次拉深时拉入凹模的材料实际面积为(图5-22)

$$A = \frac{\pi}{4}[7630 + (74.6^2 - 36^2)] \times 105\% \, mm^2$$

$$= 12494 \times \frac{\pi}{4} mm^2$$

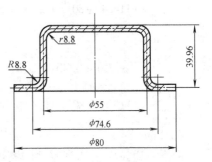

图5-22　首次拉深工序图

在多拉入凹模5%材料后,修正的坯料直径为

$$D = \sqrt{12494 + (80^2 - 74.6^2)} \, mm = 115.5mm$$

首次拉深的高度为

$$h = \frac{0.25}{d_1}(D^2 - d_F^2) + 0.43(r_1 + R_1)$$

$$= \left[\frac{0.25}{55} \times (115.5^2 - 80^2) + 0.43(9.8 + 9.8)\right] mm = 39.96mm$$

(5) 计算以后各次拉深工序件的尺寸　查表5-3得

$$m_2 = 0.73 \quad m_3 = 0.76 \quad m_4 = 0.78$$

则

$$d_2 = m_2 d_1 = 0.73 \times 55mm = 40.2mm$$

$$d_3 = m_3 d_2 = 0.76 \times 40.2mm = 30.5mm$$

$$d_4 = m_4 d_3 = 0.78 \times 30.5mm = 23.8mm$$

调整各次拉深系数如下

$$m_2 = 0.76 \quad m_3 = 0.79 \quad m_4 = 0.85$$

这时各次拉深后工序件的直径为

$$d_2 = 0.76 \times 55\text{mm} = 41.8\text{mm}$$
$$d_3 = 0.79 \times 41.8\text{mm} = 33\text{mm}$$
$$d_4 = 0.85 \times 33\text{mm} = 28\text{mm}$$

以后各次工序件的圆角半径为

$$r_2 = R_2 = 5.4\text{mm}$$
$$r_3 = R_3 = 4.6\text{mm}$$
$$r_4 = R_4 = 4\text{mm}$$

设第二次拉深时多拉入凹模的材料面积为3%(其余2%的材料返回到凸缘);第三次拉深时多拉入凹模的材料面积为1.5%(其余1.5%返回到凸缘)。则第二次拉深和第三次拉深假想的坯料直径分别为

$$D' = \sqrt{\frac{12494}{105\%} \times 103\% + (80^2 - 74.6^2)}\,\text{mm} = 114.4\text{mm}$$

$$D'' = \sqrt{\frac{12494}{105\%} \times 101.5\% + (80^2 - 74.6^2)}\,\text{mm} = 113.6\text{mm}$$

以后各次拉深工序件的高度为

$$h_2 = \frac{0.25}{d_2}(D'^2 - d_F^2) + 0.43(r_2 + R_2)$$
$$= \left[\frac{0.25}{41.8} \times (114.4^2 - 80^2) + 0.43 \times (5.4 + 5.4)\right]\text{mm}$$
$$= 44.6\text{mm}$$

$$h_3 = \frac{0.25}{d_3}(D''^2 - d_F^2) + 0.43(r_3 + R_3)$$
$$= \left[\frac{0.25}{33} \times (113.6^2 - 80^2) + 0.43 \times (4.6 + 4.6)\right]\text{mm}$$
$$= 53.2\text{mm}$$

最后一道拉深后达到零件的高度,原多拉入的1.5%的材料返回到凸缘,拉深工序至此结束。

将上述按中线尺寸计算的工序件尺寸换算为外径和总高尺寸,如图5-23所示。

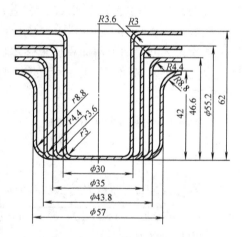

图5-23 拉深工序件尺寸

第五节 圆筒形件拉深的压边力与拉深力

一、拉深的起皱与防皱措施

一般来说,拉深过程中的起皱是不允许的,必须采取措施防止或消除起皱缺陷。最常用的防止起皱的方法是采用合适的模具结构,如应用锥形凹模、设置压边圈等。

如图5-24所示,与普通的平端面凹模相比,采用锥形凹模拉深时,可以使相对厚度较小的毛坯在拉深时不容易起皱。这是因为用锥形凹模拉深时,毛坯的变形区首先成形为曲面

形状，提高了抗失稳能力，减小了起皱的趋势；由锥形凹模的圆角半径造成的摩擦阻力和弯曲变形的阻力都减少到了很低的程度；锥形凹模也有利于使毛坯变形区产生切向压缩变形；同时，凸模的作用力比用平端面凹模拉深时小得多。由此可见，采用锥形凹模可以采用相对小的拉深系数。

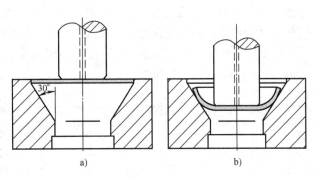

图 5-24　锥形拉深凹模的拉深过程

经试验，锥形凹模的角度为 30° ~ 60°时不容易起皱，而当角度为 20° ~ 30°时，有利于减小拉深力。因此，一般将凹模的锥角取 30°。

在设计拉深模时，如果拉深时不会起皱，一般不设置压边圈。因而准确地判断拉深时毛坯会否起皱，对于模具设计是十分重要的。在生产中，可以采用下列公式进行估算。

使用锥形凹模时，毛坯不致起皱的条件是

$$\frac{t}{D_0} \geq 0.03(1 - m) \tag{5-22}$$

或

$$\frac{t}{d} \geq 0.03(K - 1) \tag{5-23}$$

用普通的平端面凹模拉深时，毛坯不起皱的条件是

$$\frac{t}{D_0} \geq (0.09 \sim 0.17)(1 - m) \tag{5-24}$$

或

$$\frac{t}{d} \geq (0.09 \sim 0.17)(K - 1) \tag{5-25}$$

式中，d 为拉深件直径；m 为拉深系数；K 为拉深程度，$K = \frac{1}{m}$。

如果拉深时的参数不符合上述条件，那么拉深过程中毛坯的变形区可能会起皱，在这种情况下，应该采用压边圈，也可按表 5-9 的条件来判断是否采用压边圈。

表 5-9　平端面凹模是否采用压边圈的条件

拉 深 次 数	第　一　次		以 后 各 次	
	$(t/D_0) \times 100$	m_1	$(t/d_{n-1}) \times 100$	m_n
采用压边圈	1.5	<0.6	<1	<0.8
可用可不用	1.5 ~ 2	0.6	1 ~ 1.5	0.8
不用压边圈	>2	>0.6	>0.5	>0.8

二、压边力的计算

由上述可知，压边力能引起毛坯凸缘部分与凹模平面和压边圈表面之间的摩擦阻力，该摩擦阻力的大小会增加危险断面的拉应力，压边力太大会导致拉裂或严重变薄，而压边力太小则会导致起皱。据分析，拉深时当毛坯的凸缘减至 $R_t = (0.7 \sim 0.9)R_0$ 时，凸缘的起皱可

能性最大，此时的压边力应达到最大值，但在实际生产中要做到这点很困难。为此，目前人们在设计和改善压边装置的结构，以适应拉深过程对压边力的需求。

在实际生产中，单位压边力 p 可按表5-10选取，则总的压边力为 $F_r = Ap$。式中，A 为开始拉深时的压边面积。

表5-10 单位压边力 p

材 料 名 称		p/MPa	材 料 名 称	p/MPa
铝		0.8 ~ 1.2	镀锡钢板	2.5 ~ 3.0
纯铜、硬铝(已退火的)		1.2 ~ 1.8	耐热钢(软化状态)	2.8 ~ 3.5
黄铜		1.5 ~ 2.0	高合金钢、高锰钢、不锈钢	3.0 ~ 4.5
软钢	$t < 0.5mm$	2.5 ~ 3.0		
	$t > 0.5mm$	2.0 ~ 2.5		

设计模具时，对于多次拉深的圆筒形件，压边力按下式计算：

圆筒形件第一次拉深时压边力

$$F_{y1} = \frac{\pi}{4}[D_0^2 - (d_1 + 2r_{d1})^2]p \qquad (5-26)$$

筒形件以后各次拉深时压边力

$$F_{yn} = \frac{\pi}{4}[d_{n-1}^2 - (d_n + 2r_{dn})^2]p \qquad (5-27)$$

式中，$r_{d1}, \cdots, r_{dn}$ 为凹模圆角半径；p 为单位压边力，可由表5-9查得；$F_{y1}, \cdots, F_{yn}$ 为各次拉深的压边力。

三、压边装置的种类及其选择

压边圈主要有两种类型：刚性压边圈和弹性压边圈。刚性压边圈安装在双动压力机的外滑块上，图5-25所示为双动压力机用拉深模刚性压边原理。在每次冲压行程开始时，外滑块带动压边圈下降，进行落料并将毛坯压在凸缘上，并在此位置保持不动。随后内滑块带动凸模下行进行拉深成形。当拉深过程结束后，内滑块回程，随后外滑块也带动压边圈回到上死点。多数模具仅完成拉深工序而不进行落料等其他工序。

刚性压边圈的防皱功能是通过调整压边圈与凹模平面之间的间隙 c 的大小来保证的。由于毛坯凸缘在拉深中会产生增厚现象，因此在调整模具时应使间隙值略大于板厚。一般取 $c = (1.03 ~ 1.07)t$，如图5-26a所示。拉深较薄的板料时，毛坯的边缘仍会出现轻微的起皱。为了克服这一缺陷，可以采用带锥面的压边圈，如图5-26b所示。锥形压边圈圆锥角的大小应符合拉深时凸缘变形区增厚规律。

弹性压边圈可利用气压、液压、弹簧或橡胶为压边圈提供压力，如图5-27所示。其中，采用弹

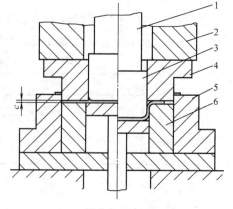

图5-25 双动压力机用拉深
模刚性压边原理
1—内滑块 2—外滑块 3—拉深凸模
4—落料凸模兼压边圈 5—落料凹模
6—拉深凹模

簧、橡胶的弹性压边圈的压边力随凸模行程的增大而上升，不符合拉深过程所需压边力的变化规律，对拉深不利。采用气压或液压作为压边力时，其压边力的大小不会随凸模行程而产生大的变化，不会造成拉深后期压边力的陡升，使筒壁拉力增大，而且其调整方便，适应性很广。

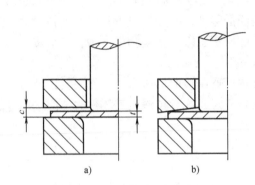

图 5-26 刚性压边圈结构示意图
a）平面刚性压边圈
b）锥形刚性压边圈

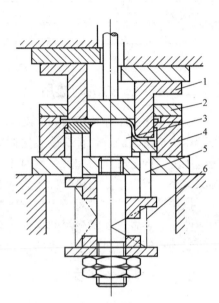

图 5-27 弹性压边圈结构示意图
1—落料凸模兼拉深凹模 2—卸料板
3—拉深凸模 4—落料凹模
5—顶杆 6—弹簧

研制较为理想的压料装置是拉深模设计的一项重要工作。

对于曲面形零件和大型覆盖件的拉深，需要较大压边力，多采用带拉深筋的压边圈，以增加毛坯进入凹模的阻力，其防皱的效果明显。对于许多中、小型零件的拉深，压边圈还起卸料作用，因此，压边圈与凸模的间隙不能太大。根据材料厚度的不同，一般压边圈与凸模的单面间隙为 $0.2 \sim 0.5$ mm。拉深薄材料时，间隙取小值，反之取大值。

四、拉深力的计算

在第一节中可见，拉深力的理论计算很繁琐，而且计算结果与实际可能有较大误差，故在生产中并不常用。在实际生产中广泛采用以下经验公式。

1）采用压边圈拉深圆筒形零件所需拉深力：

首次拉深 $\qquad F = \pi d_1 t \sigma_b K_1$ （5-28）

以后各次拉深 $\qquad F = \pi d_i t \sigma_b K_2 \quad (i = 2, 3, \cdots, n)$ （5-29）

2）不用压边圈拉深圆筒形零件所需拉深力：

首次拉深 $\qquad F = 1.25\pi(D_0 - d_1)t\sigma_b$ （5-30）

以后各次拉深 $\qquad F = 1.3\pi(d_{i-1} - d_i)t\sigma_b \quad (i = 2, 3, \cdots, n)$ （5-31）

式中，F 为拉深力（N）；t 为毛坯厚度（mm）；σ_b 为材料抗拉强度（MPa）；K_1、K_2 为修正系

数，见表5-11。

表 5-11　修正系数 K_1、K_2 值

m_1	0.55	0.57	0.60	0.62	0.65	0.67	0.70	0.72	0.75	0.77	0.80	—	—	—
K_1	1.0	0.93	0.86	0.79	0.72	0.66	0.60	0.55	0.5	0.45	0.40	—	—	—
$m_2,m_3,\cdots,m_n$	—	—	—	—	—	—	0.70	0.72	0.75	0.77	0.80	0.85	0.90	0.95
K_2	—	—	—	—	—	—	1.0	0.95	0.90	0.85	0.80	0.70	0.60	0.50

五、拉深压力机的选用

拉深工序的工作行程较长。对于曲柄压力机来说，不管工作行程有多长，拉深力都必须处于压力机滑块的许用负荷曲线之内。对于拉深较浅的零件，一般情况下只要实际拉深力不超过压力机的公称压力即可；而对于工作行程较长的拉深工序，在实际生产中，一般按总的拉深力小于或等于压力机公称压力的 50% ~60% 来选用。

拉深较浅零件，且对压边要求不高时，一般可选用通用型曲柄压力机。在模具设计时采用弹性压边装置。拉深较深的零件，且对压边要求较高时，或者拉深大型零件时，应选用专用的双动拉深压力机或带气垫的单动曲柄压力机。

六、拉深功的计算

由于拉深成形的行程较长，消耗功较多，因此，对拉深成形除了要计算拉深力外，还需要校核压力机的电动机功率。通常按下式计算

$$W = \frac{CF_{\max}h}{1000} \tag{5-32}$$

式中，W 为拉深功（J）；h 为凸模工作行程（mm）；$F_{\max}$ 为最大拉深力（包含压料力）（N）；C 为系数，$C = 0.6 \sim 0.8$。

根据拉深功 W 计算压力机的电动机功率，公式为

$$N = \frac{KWn}{60 \times 1000\eta_1\eta_2} \tag{5-33}$$

式中，N 为电动机功率（kW）；K 为不平衡系数，$K = 1.2 \sim 1.4$；η_1 为压力机效率，$\eta_1 = 0.6 \sim 0.8$；η_2 为电动机效率，$\eta_2 = 0.9 \sim 0.95$；n 为压力机每分钟行程数。

若选用的拉深压力机的电动机功率小于上述计算值，则应另选更大功率的压力机。

第六节　阶梯形零件的拉深方法

阶梯形零件的拉深相当于圆筒形零件多次拉深的过渡状态，如图5-28所示，其变形特点和应力、应变状态与圆筒形零件的拉深基本相同。

一、拉深次数的判断

阶梯形零件能否一次拉深成形，可以用下述方法近似判断。

1) 可求出工件的总高与最小直径之比值 H/d_n，即相对高度，若不超过不带凸缘圆筒形

零件第一次拉深的相对高度值，则可一次拉深成形，否则应多次拉深。

2）对于高度较大、阶梯数较多的工件，可用下列经验公式判断

$$m = \frac{\dfrac{h_1}{h_2} \times \dfrac{d_1}{D_0} + \dfrac{h_2}{h_3} \times \dfrac{d_2}{D_0} + \cdots + \dfrac{h_{n-1}}{h_n} \times \dfrac{d_{n-1}}{D_0} + \dfrac{d_n}{D_0}}{\dfrac{h_1}{h_2} + \dfrac{h_2}{h_3} + \cdots + \dfrac{h_{n-1}}{h_n} + 1} \qquad (5\text{-}34)$$

若求出的 m 值大于按毛坯相对厚度 t/D_0 查得的圆筒形零件的极限拉深系数，则可一次拉深成形，否则，需要多次拉深。

二、阶梯形零件多次拉深的方法

当大、小阶梯的直径差别大时（d_n/d_{n-1} 小于相应极限拉深系数），应按带凸缘圆筒形件的拉深方法，如图 5-29b 所示。当相邻阶梯的直径比 d_2/d_1、d_3/d_2、$\cdots$、d_n/d_{n-1} 均大于圆筒形件的极限拉深系数时，则由大到小每次拉深一个阶梯，如图 5-29a 所示。当 d_n/d_{n-1} 过小，最小阶梯高度 h_n 又不大时，最小阶梯可用胀形获得。

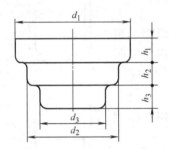

图 5-28　阶梯形圆筒零件

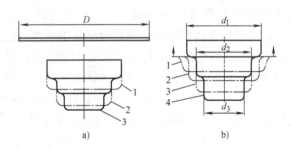

图 5-29　阶梯形零件的拉深方法

第七节　盒形零件的拉深

盒形零件的拉深，在变形性质上与圆筒形零件相同。拉深时，毛坯凸缘变形区也受到径向拉应力和切向压应力的作用。但是，盒形零件在拉深时受直边的影响，其周边变形是不均匀的，因此在拉深工艺和模具设计上与圆筒形零件相比有较大的差别。

一、盒形零件拉深的变形特点

盒形零件由圆角和直边两部分组成（图 5-30），可以把它划分为四个长度为 $A-2r$ 和 $B-2r$ 的直边部分和四个半径为 r 的圆角部分。圆角部分是四分之一的圆柱表面，如果把直边和圆角部分分开变形，则可看成盒形零件是由直边的弯曲和圆角部分的拉深组成的。但是，盒形零件在拉

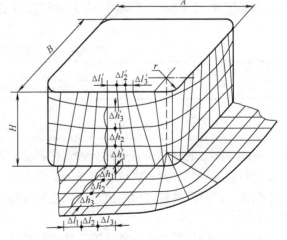

图 5-30　盒形零件拉深的变形特点

深过程中的两个部分是连在一起的整体，必然会产生相互作用和影响。因此，在盒形零件的拉深过程中，直边和圆角部分的变形绝不是简单的弯曲和拉深。

图 5-30 表示毛坯表面在变形前划分的网格（圆角由同心圆和半径组成，直边为矩形网格），拉深后直边网格发生横向压缩和纵向伸长。变形前的横向尺寸为 $\Delta l_1 = \Delta l_2 = \Delta l_3$，变形后变为 $\Delta l'_3 < \Delta l'_2 < \Delta l'_1$；变形前的纵向尺寸为 $\Delta h_1 = \Delta h_2 = \Delta h_3$，变形后变为 $\Delta h'_3 > \Delta h'_2 > \Delta h'_1$。由此可见，直边中间的变形最小，接近弯曲变形，靠近圆角的变形最大。变形沿高度方向的分布也是不均匀的，靠近底部最小，靠近口部最大。而圆角变形与圆筒形零件的拉深相似，但其变形程度要比相应圆筒形零件小，即变形后的网格不是与底面垂直的平行线，而是变为上部间距大，下部间距小的斜线。这说明盒形零件拉深时圆角处的金属向直边流动，使直边产生横向压缩，减轻了圆角的变形程度，对圆角部分在拉深过程中产生的切向压应力起分散和减弱作用。因此，与几何参数相同的圆筒形零件相比，盒形零件拉深时圆角部分受到的径向平均拉应力和切向压应力都要小得多。所以在拉深过程中，圆角部分危险断面的拉裂可能性和凸缘起皱的趋势都较相应的圆筒形零件小。因此，对于相同材料，拉深盒形时，选用的拉深系数可以小一些。

盒形零件直边部分对圆角部分的影响程度决定于盒形零件的圆角半径 r 与宽度的比值 r/B 和相对高度 H/B。r/B 越小，直边部分对圆角部分的变形影响越显著，即圆角部分的拉深变形与相应圆筒形零件的变形差别就越大；当 $r/B = 0.5$ 时，盒形零件就成为了圆筒形零件，变形差别也就不复存在了。H/B 越大，直边和圆角变形的相互影响也越显著。

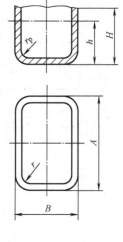

图 5-31　盒形零件

二、盒形零件拉深毛坯形状和尺寸的确定

盒形零件拉深时毛坯的变形情况比较复杂，目前还不能准确确定毛坯的尺寸和形状，需要经过试拉深修正。在确定毛坯的形状和尺寸之前，应先确定盒形零件的拉深高度 H，如图 5-31 所示。盒形零件的拉深高度 $H = h + \Delta h$，式中的 Δh 是盒形零件的修边余量，其值见表 5-12。

表 5-12　盒形零件的修边余量 Δh

所需拉深工序数目	1	2	3	4
修边余量 Δh	$(0.03 \sim 0.05)H$	$(0.04 \sim 0.06)H$	$(0.05 \sim 0.08)H$	$(0.06 \sim 0.1)H$

盒形零件毛坯的形状和尺寸与零件的相对圆角半径 r/B 和相对高度 H/B 有关。这两个参数对圆角部分的材料向直边部分的转移程度和直边高度的增加量影响很大。因此，按这两个参数将盒形零件分为一次拉深成形的低盒形件、一次拉深成形的高盒形件、多次拉深成形的小圆角低盒形件及多次拉深成形的高盒形件等几类。其毛坯形状和尺寸的确定及拉深方法是不同的。

在确定一次拉深成形的低盒形零件的毛坯尺寸时，先将直边按弯曲变形计算，圆角部分按 1/4 圆筒拉深计算。于是得到如图 5-32 所示的毛坯外形 $ABCDEF$，这样的毛坯不具有圆滑过渡的轮廓，也没有考虑到拉深时材料由圆角部分向直边部分的转移。所以，还要进行如下的修正：由 BC 和 DE 的中点 G 和 H 做圆弧 R 的切线，并用圆弧将切线和直边展开线连接起来，便得到修正后的毛坯外形。

其中弯曲部分的展开长度为

$$l = H + 0.57r_p \tag{5-35}$$

式中，H 为盒形零件的高度（包括修边余量 Δh）；r_p 为盒形零件底部圆角半径。

圆角拉深部分展开后的毛坯半径 R 为

$$R = \sqrt{r^2 + 2rH - 0.86r_p(r + 0.16r_p)} \tag{5-36}$$

相对高度 $H/B > 0.6 \sim 0.7$ 的盒形零件，一般需要多次拉深。拉深这类盒形零件时，由于圆角部分有较多的材料向直边转移，因此毛坯的形状与工件的平面形状有显著的差别。

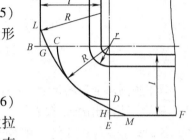

图 5-32　盒形零件毛坯的初步作图法

对于多次拉深成形的高正方形盒，如图 5-33 所示，其毛坯形状为圆形，毛坯直径可按下式计算：

当 $r = r_p$ 时

$$D_0 = 1.13\sqrt{B^2 + 4B(H - 0.43r) - 1.72r(H + 0.33r)} \tag{5-37}$$

当 $r > r_p$ 时

$$D_0 = 1.13\sqrt{B^2 + 4B(H - 0.43r_p) - 1.72r(H + 0.5r) - 4r_p(0.11r_p - 0.18r)} \tag{5-38}$$

对于多次拉深成形的高矩形盒，如图 5-31 所示，其形状可以看成是由宽度为 B 的两个半正方形和中间宽度为 B、长度为 $(L - B)$ 的槽形组合而成。

毛坯外形有两种确定方法：一种是椭圆形外形，长为 L_z、宽为 B_z、长轴半径为 R_b、短轴半径为 R_1；另一种是长圆形外形，长为 L_z、宽为 B_z、$R = B_z/2$，如图 5-34 所示。

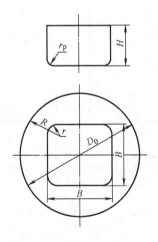

图 5-33　正方形盒多次
拉深毛坯

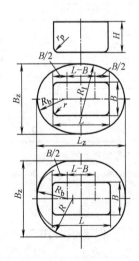

图 5-34　矩形件多次拉深
毛坯形状和尺寸

椭圆形毛坯的尺寸为

$$L_z = D_0 + (L - B) \tag{5-39}$$

式中，D_0 为边长为 B 的高方盒件的毛坯直径，按式(5-37)或式(5-38)求得。

$$B_z = \frac{D_0(B - 2r) + [B + 2(H - 0.43r_p)](L - B)}{L - 2r} \tag{5-40}$$

$$R_b = \frac{D_0}{2}$$

$$R_1 = \frac{0.25(L_z^2 + B_z^2) - L_z R_b}{B_z - 2R_b} \tag{5-41}$$

对于长圆形毛坯的尺寸，按上式求出 L_z 和 B_z，$R = 0.5B_z$。当矩形件的边长 L 和宽度 B 相差不大，计算出的 L_z 和 B_z 相差也不大时，可以简化为圆形毛坯。

各种盒形零件的几何尺寸不同，确定毛坯的方法也不相同。各种盒形零件毛坯尺寸和形状的确定可参考有关资料和手册。

三、盒形零件拉深的变形程度

盒形零件拉深的变形程度不仅与相对厚度 t/D_0(或 t/B)有关，还与相对圆角半径 r/B 有关。盒形零件的变形程度有两种表示方法：拉深系数和相对高度。盒形零件圆角部分的拉深系数为

$$m = \frac{r}{R_y} \tag{5-42}$$

式中，R_y 为毛坯圆角的假想半径，$R_y = R_b - 0.7(B - 2r)$，对于图 5-32 所示的低盒形零件，$R_y = R$；r 为拉深件口部的圆角半径；m 为首次拉深系数。

盒形零件角部首次拉深的极限拉深系数见表 5-13。

表 5-13　盒形零件角部首次拉深的极限拉深系数(08 钢、10 钢)

r/B	毛坯的相对厚度$(t/D_0) \times 100$							
	0.3 ~ 0.6		0.6 ~ 1.0		1.0 ~ 1.5		1.5 ~ 2.0	
	矩形	方形	矩形	方形	矩形	方形	矩形	方形
0.025	0.31		0.30		0.29		0.28	
0.05	0.32		0.31		0.30		0.29	
0.10	0.33		0.32		0.31		0.30	
0.15	0.35		0.34		0.33		0.32	
0.20								
0.30	0.36	0.38	0.35	0.36	0.34	0.35	0.33	0.34
0.40	0.40	0.42	0.38	0.40	0.37	0.39	0.36	0.38
	0.44	0.48	0.42	0.45	0.41	0.43	0.40	0.42

注：1. D_0 对于正方形盒是指毛坯直径，对于矩形盒是指毛坯宽度。

2. 对于塑性比 08 钢、10 钢差的材料，m_1 比表中的值适当增大；对塑性比 08 钢、10 钢好的材料，m_1 比表中的值适当减小。

盒形零件的变形程度也可用相对高度 H/r 表示。由平板毛坯一次拉深可能成形的最大相对高度值与 r/B、t/B 和板料性能等有关，其值可查表 5-14。当 $t/B < 0.01$，且 $A/B \approx 1$ 时，取较小值；当 $t/B > 0.015$，且 $A/B \geq 2$ 时，取较大值。表中数据适用于深拉深的软钢板。

如果盒形零件的相对高度 H/r 不超过表 5-14 中所列的极限值，则可以用一道拉深工序成形，否则应采用多道工序拉深成形。

表 5-14　盒形零件首次拉深的最大相对高度

相对圆角半径 r/B	0.4	0.3	0.2	0.1	0.05
相对高度 H/r	2~3	2.8~4	4~6	8~12	10~15

盒形零件多次拉深时，以后各次的拉深系数按下式计算

$$m_i = \frac{r_i}{r_{i-1}} \qquad (i=2,\ \cdots,\ n) \tag{5-43}$$

式中，r_i、r_{i-1} 为以后各次拉深工序口部的圆角半径；m_i 为以后各次拉深工序圆角处的拉深系数，其极限值可查表 5-15。

表 5-15　盒形零件以后各次的极限拉深系数（08 钢、10 钢）

r/B	毛坯的相对厚度 $(t/D_0) \times 100$			
	0.3~0.6	0.6~1	1~1.5	1.5~2
0.025	0.52	0.50	0.48	0.45
0.05	0.56	0.53	0.50	0.48
0.10	0.60	0.56	0.53	0.50
0.15	0.65	0.60	0.56	0.53
0.20	0.70	0.65	0.56	0.56
0.30	0.72	0.70	0.65	0.60
0.40	0.75	0.73	0.70	0.67

注：同表 5-13 "注 2"。

四、盒形零件的多工序拉深方法及工序尺寸的确定

盒形零件多次拉深的变形特点不仅与圆筒形零件的多次拉深不同，与盒形零件的首次拉深也有很大区别。盒形零件多次拉深时的变形是直壁进一步收缩，高度进一步增大的过程，如图 5-35 所示。冲模底部和已进入凹模深度为 h_2 的直壁部分是传力区，高度为 h_1 的直壁部分是待变形区。在拉深过程中，随着凸模向下运动，成形高度 h_2 不断增加，h_1 则逐渐减少，直至全部进入凹模而形成零件的侧壁。

在确定多次拉深工序件的形状和尺寸之前，应先确定盒形零件的拉深次数。拉深次数可根据表 5-16 初步确定。

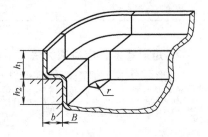

图 5-35　盒形零件多次拉深的过程

表 5-16　盒形零件多次拉深能达到的最大相对高度 H/B

拉深次数	毛坯的相对厚度$(t/D_0) \times 100$			
	0.3 ~ 0.5	0.5 ~ 0.8	0.8 ~ 1.3	1.3 ~ 2.0
1	0.50	0.58	0.65	0.75
2	0.70	0.80	1.0	1.2
3	1.20	1.30	1.6	2.0
4	2.0	2.2	2.6	3.5
5	3.0	3.4	4.0	5.0
6	4.0	4.5	5.0	6.0

1. 方形盒多工序拉深方法

图 5-36 所示为方形盒零件多工序拉深的工序件形状和尺寸的确定方法。采用直径 D_0 的圆形毛坯，各中间工序为圆筒形，最后一道拉深成方盒形。如果方形盒零件需用 n 道工序拉深成形，计算过渡形状和尺寸应从 $n-1$ 道工序开始。$n-1$ 道工序件的直径为

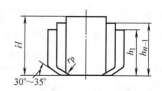

$$D_{n-1} = 1.41B - 0.82r + 2\delta \qquad (5-44)$$

式中，D_{n-1} 为第 $n-1$ 次拉深工序件的内径；B 为方形盒零件边长（内形尺寸）；r 为方形盒零件角部的内圆角半径；δ 为 $n-1$ 道工序件内表面到零件角部内表面的间距，简称角部壁间距离。

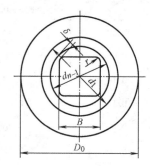

角部壁间距离直接影响拉深变形程度及变形均匀性，当采用如图 5-36 所示的成形方法时，合理的 δ 值见表 5-17，或者按下式确定

$$\delta = (0.2 \sim 0.25)r$$

图 5-36　方形盒零件多工序拉深的工序件形状和尺寸

其他各道工序的计算，参照圆筒形零件的拉深方法，相当于由直径 D_0 的平板毛坯拉深成直径为 D_{n-1}、高度为 h_{n-1} 的圆筒形件。

表 5-17　角部壁间距离 δ 值

角部相对圆角半径 r/B	0.025	0.05	0.1	0.2	0.3	0.4
相对壁间距离 δ/r	0.12	0.13	0.135	0.16	0.17	0.2

2. 矩形盒多工序拉深方法

矩形零件的过渡工序件为椭圆形，最后再拉深成矩形零件，如图 5-37 所示。

矩形零件由 $n-1$ 道工序开始计算。$n-1$ 道拉深成椭圆形，其半径为

$$R_{l_{n-1}} = 0.705L - 0.41r + \delta \qquad (5-45)$$

$$R_{b_{n-1}} = 0.705B - 0.41r + \delta \qquad (5-46)$$

式中，$R_{l_{n-1}}$、$R_{b_{n-1}}$ 为第 $n-1$ 道拉深后，椭圆形工件在短轴和长轴上的曲率半径；L、B 为矩形零件的长度和宽度；δ 为角部壁间距离。

$R_{l_{n-1}}$ 和 $R_{b_{n-1}}$ 的圆心可按图 5-37 的尺寸关系确定，圆弧连接处应光滑过渡。若确定为两次拉深，则按盒形零件首次拉深计算方法，核算从平板毛坯直接拉深成 $n-1$ 道工序的可能

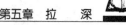

性。如果不行，再进行 $n-2$ 道工序的计算。而 $n-2$ 道工序是从椭圆形拉深成椭圆形的工序件，此时，两道工序的壁间距离关系为

$$\frac{R_{l_{n-1}}}{R_{l_{n-1}}+L_{n-1}}=\frac{R_{b_{n-1}}}{R_{b_{n-1}}+b_{n-1}}=0.75\sim0.85$$

式中，L_{n-1}、b_{n-1} 分别为 $n-2$ 道与 $n-1$ 道工序件间在短轴和长轴上的壁间距离。按下式可求出 L_{n-1} 和 b_{n-1}

$$L_{n-1}=(0.18\sim0.33)R_{l_{n-1}}$$
$$b_{n-1}=(0.18\sim0.33)R_{b_{n-1}}$$

求出 L_{n-1} 和 b_{n-1} 后，在对称轴上找到 N 与 M 点，然后选定半径 R_l 与 R_b 作圆弧分别通过 M 和 N 点，并光滑边接，得 $n-2$ 道工序件。再检查是否可能由平板毛坯冲压成 $n-2$ 道工序件，如果不能，应增加拉深工序，继续进行计算。

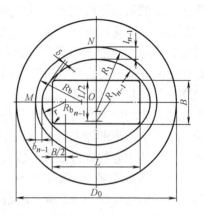

图 5-37 矩形零件多工序拉深
半成品的形状和尺寸

为使最后一道工序能顺利拉深成盒形零件，应将 $n-1$ 道工序件拉深成具有和零件相同的平底形状，并以 30°~45°斜角和大的圆角半径将其与侧壁连接起来，如图 5-36 所示。

上述确定盒形零件各工序的半成品形状和尺寸的方法是相当近似的，在实际生产中须对计算结果进行必要的修正。

五、盒形零件拉深力的计算

拉深力可按下式计算

$$P=KLt\sigma_b \tag{5-47}$$

式中，L 为盒形零件周长；σ_b 为材料的抗拉强度；t 为材料的厚度；K 为系数，$K=0.5\sim0.8$。

第八节 轴对称曲面形状零件的拉深

轴对称曲面形状零件包括球形零件、抛物线形零件、锥形零件和其他复杂形状的曲面形零件等。在拉深这些零件时，变形区的位置、受力情况、变形特点和成形的机理等都与圆筒形零件不同。所以，不能简单地用圆筒形零件的拉深系数来衡量曲面形零件成形的难易程度，也不能用它作为工艺计算和模具设计的依据。

一、轴对称曲面形状零件拉深的特点

1. 轴对称曲面零件的成形过程

拉深圆筒形零件时，毛坯的变形区仅限于压边圈下的环形部分，而拉深曲面形零件，如球形零件时，为使平面形状的毛坯变成为球面，要求除了毛坯的环形部分产生与圆筒形零件拉深时相同的变形外，毛坯的中间部分，即从凸模的顶点到凹模边缘的圆形部分也成为变形区，由平面变成曲面。所以，拉深曲面形零件时，毛坯的凸缘部分与中间部分都是变形区，而且在很多情况下，中间部分往往是主要变形区。

如图 5-38 所示，在变形前的平板毛坯上的某点 D 处，假如毛坯的厚度不发生变化，由于成形前后毛坯的面积相等，D 点应该于 D_1 点贴模。因为 $d_1<d_0$，故此时 D 点的金属必须

产生一定的切向压缩变形。其变形的性质与圆筒形零件拉深时变形区的一向受拉和另一向受压的变形特点完全相同。由于在成形开始时，曲面形凸模的顶部与毛坯的接触面积很小，使毛坯中心附近的板料在两向拉应力的作用下产生厚度变薄的胀形，使得这部分板料与凸模的顶端贴模。毛坯厚度的减薄，造成了毛坯表面积的增大，这样 D 点的贴模位置外移至 D_2 点，其直径为 $d_2 > d_1$。胀形的结果是使切向的压缩变形得到一定程度的减小。当毛坯中心的胀形变形程度足够大时，可以使 D 点的金属在不产生切向压缩的情况下在 D_3 点贴模。由此可以看到，曲面形零件成形是拉深和胀形变形的结果。

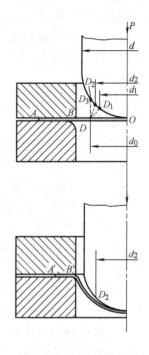

图 5-38　曲面形零件的拉深过程

2. 轴对称曲面零件的变形特点

由于曲面形零件的形状及所用模具结构的不同，曲面形零件拉深时胀形区的大小及其在整个变形区中所占的比例也有较大的差别。胀形变形区的边缘至凹模圆角处之间的毛坯处于不与凸模接触的悬空部分，这部分毛坯的抗失稳能力差，在切向压应力的作用下很容易起皱。可见，拉深曲面形零件时，除了与圆筒形零件一样在凸缘变形区可能起皱外，还可能在胀形区外的悬空部分起皱，这部分的起皱现象常成为曲面形零件拉深时必须解决的主要质量问题。防止曲面形零件拉深时毛坯中间部分起皱的方法，与圆筒形零件拉深时防止毛坯凸缘变形区起皱的方法有所区别。

3. 提高轴对称曲面形零件成形质量的措施

拉深曲面形零件时要解决的质量问题主要是防止起皱，包括凸缘变形区起皱和中间悬空部分起皱等。通常采用的措施是：加大毛坯直径、增加压边力和采用带拉深筋结构的模具结构等。

加大毛坯直径，实际上是增加了摩擦阻力，使中部胀形区扩大，从而使毛坯中间悬空部分受切向压应力的区域减小，同时降低了切向压应力，因而起到了防止中间部分起皱的作用。但采用加大毛坯直径的方法防止起皱，会额外增加毛坯的材料消耗。

适当地调整和增加压边力以防止毛坯中间部分起皱是实际生产中经常采取的有效措施。但是，由于双动拉深压力机的外滑块给出的压边力受到板料厚度波动和压边圈调整操作的影响较大，故在零件的形状比较复杂，其正常变形所需的变形力接近传力区的承载力时，可能会发生拉裂。弹性压边装置可以弥补板料厚度波动的影响，但是当所需的压边力较大时，也受到弹性元件尺寸和气垫结构尺寸的限制。

如图 5-39 所示，在拉深模上设置拉深筋，板料在拉深筋上弯曲和滑动时产生的阻力要比一般压边圈大得多。调整拉深筋的高度 h、拉深筋的圆角半径 r 及改变拉深筋的数目，都可以达到控制径向拉应力和切向压应力的目的。采用拉深筋减小了双动拉深压力机外滑块的调整难度，降低了板料厚度波动对压边力的影响。因此，拉深复杂曲面形零件，特别是大型覆盖件时，经常采用带拉深筋结构的拉深模。

上述介绍的防止曲面形零件拉深时中间部分起皱的措施，都是靠增大毛坯凸缘的变形阻力的方法来提高拉深时的径向拉应力，从而增大了毛坯中间部分的胀形成分，避免起皱。但

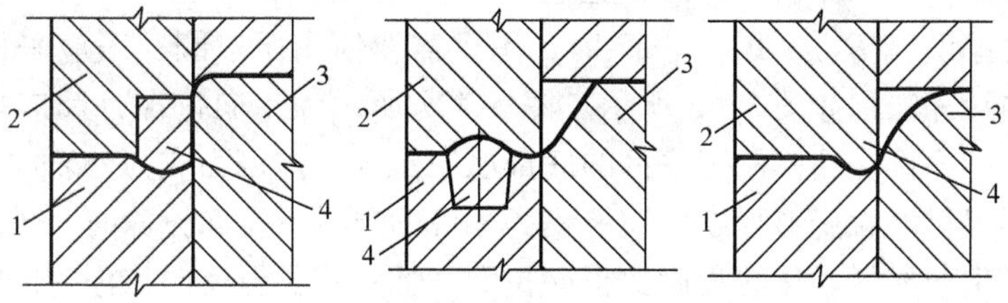

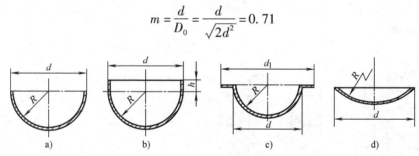

图 5-39　拉深筋结构

1—压边圈　2—凹模　3—凸模　4—拉深筋

是，过度增加凸缘部分的变形阻力，会使胀形区的材料变薄严重。如果径向拉应力进一步增加，则会使胀形变形过程继续进行下去，直至毛坯的中间部分产生破裂。在实际生产中，应根据曲面形零件拉深时的变形特点，正确地确定和调整压边力及拉深筋的尺寸，以保证拉深时毛坯的中间部分既不起皱，又不被拉破。

此外，还可采用反拉深等方法防止起皱。

二、球形零件的拉深方法

图 5-40 所示为几种典型的球形零件。半球形零件的拉深系数对于任何直径的拉深件均为定值，即

$$m = \frac{d}{D_0} = \frac{d}{\sqrt{2d^2}} = 0.71$$

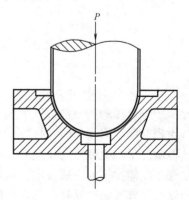

图 5-41　无压边装置的球形零件拉深模

图 5-40　典型的球形零件

a）半球形　b）带直边　c）带凸缘　d）浅球形

半球形件的拉深系数是常数，因此不能将拉深系数作为工艺计算的依据。如前所述，球形零件拉深时的主要困难在于毛坯中间部分的起皱，所以在球形件的拉深中，毛坯的相对厚度 $(t/D_0) \times 100$ 就成为了决定成形难易程度和选定拉深方法的主要依据。在实际生产中，有以下几种拉深方法。

当毛坯相对厚度 $(t/D_0) \times 100 > 3$ 时，采用无压边装置拉深模，如图 5-41 所示。但是，必须在拉深行程终了时对工件进行精压。这种拉深最好在摩擦压力机上进行。

当毛坯相对厚度 $(t/D_0) \times 100 = 0.5 \sim 3$ 时，须使

用压边圈，或采用反向拉深法，以防止起皱。

当毛坯相对厚度 $(t/D_0) \times 100 < 0.5$ 时，不仅需要使用压边圈，还应采用带拉深筋的拉深模或采用反向拉深法，如图 5-42 所示。图 5-42a 所示为反向拉深，反向拉深是以前道的正向拉深所得为工序件，凸模从工序件的底部反向压入，内表面成为外表面。和正向拉深相比，反向拉深不仅可增大变形程度，还能提高零件的质量。反向拉深时，工序件侧壁反复弯曲的次数减少，引起材料硬化的程度比正向拉深时低一些。但反向拉深时凹模的圆角半径受到零件尺寸的限制，而且反向拉深力要比正向拉深时大 10% ~ 20%。

当曲面形零件带有高度为 $(0.1 \sim 0.2)d$ 的直边（图 5-40b）或带有宽度为 $(0.1 \sim 0.15)d$ 的凸缘时（图 5-40c），使得毛坯的直径增大，可以有效地防止毛坯中间部分起皱。

对于高度小于球半径的浅球形零件，当毛坯直径 $D_0 \leqslant 9\sqrt{Rt}$ 时（R 为球形零件的半径），虽然拉深时毛坯不致起皱，但因毛坯直径较小容易窜动，应采用带底的凹模进行拉深。当球面半径较大、球面零件的深度和厚度较小时，为了防止过大的回弹，必须按回弹量修正模具。

当毛坯直径 $D_0 > 9\sqrt{Rt}$ 时，由于毛坯容易起皱，应增大毛坯直径，并用强力压边圈或拉深筋以增加成形中的胀形成分，防止毛坯中间部分起皱。

三、抛物线形零件的拉深方法

如图 5-43 所示，由于抛物线形零件的深度 h 较大，顶端圆角半径 R_1 较小，因此其成形较球形零件困难。

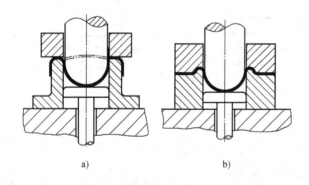

图 5-42 半球形拉深模
a）反向拉深 b）带拉深筋凹模拉深

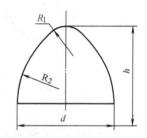

图 5-43 抛物线形零件

当相对深度 $h/d < 0.5 \sim 0.6$ 时，拉深成形的过程与球形零件相似，只需一次拉深成形，但应采用带拉深筋的模具，以增大径向拉应力，防止中间部分起皱。

当相对深度 $h/d > 0.6$ 时，由于零件高度大，顶部圆角较小，所以拉深难度较大。因为在这种情况下，提高径向拉应力以防皱受到坯料顶部承载能力的限制。所以一般应采用多工序拉深或反向拉深的方法成形，以逐渐增加零件的深度和减小顶部的圆角半径。为了保证零件的尺寸精度和表面质量，可在最后一道拉深中有一定的胀形量，如图 5-44 所示。

四、锥形零件的拉深

如图 5-45 所示，对于各种锥形零件，由于零件各部分的尺寸比例不同，其拉深的难易程度和拉深的方法有较大的区别。

一般来说，锥形零件的变薄主要集中在零件底部的圆角处，尤其是当圆角较小时。由锥形凸模底部的圆角与半球形凸模相比可知，锥形零件的成形条件比球面形零件差。

锥形零件拉深方法的选择取决于锥体的高度、直径与斜角 α 等，可分为以下三种情况。

（1）相对高度 $H/d \leqslant 0.25 \sim 0.3$ 和 $\alpha = 50° \sim 80°$ 的低锥形零件

如图 5-45a 所示。由于拉深时毛坯的变形程度不大，拉深后回弹较大，为减小回弹常使用带拉深筋的拉深模，如图 5-46 所示。通常这类工件只需一次拉深。对于不带凸缘的锥形零件，可以适当增加毛坯的尺寸，成形后进行切边。

（2）相对高度 $H/d = 0.4 \sim 0.7$ 和 $\alpha = 15° \sim 45°$ 的中等深度锥形零件　如图 5-45b 所示，在大多数情况下，中等深度锥形零件只需一次拉深成形，视毛坯相对厚度不同，又可分为以下三种情况：

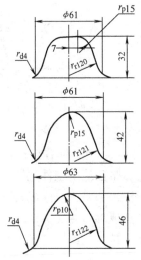

图 5-44　抛物线形件
多次拉深成形

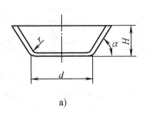 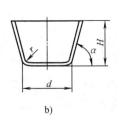 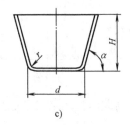

a)　　　　　　　　b)　　　　　　　　c)

图 5-45　各种锥形零件

a）低锥形零件　b）中等深度锥形零件　c）高锥形零件

1）当相对厚度 $t/D_0 \times 100 > 2.5$ 时，可以不使用压边圈。它和圆筒形零件的拉深相似，但要采用带底的锥形凹模，需要在工作行程终了时对工件加以整形，如图 5-47 所示。

2）当相对厚度 $t/D_0 \times 100 = 1.5 \sim 2$ 时，可以一次拉深，但需要使用压边圈，在工作行程终了时要整形。

3）当相对厚度 $t/D_0 \times 100 < 1.5$ 时，并带有凸缘的情况下，应采用多次拉深。拉深工艺的计算和圆筒形拉深相似，但拉深系数取上限。这类零件一般先拉深成面积相等的简单过渡形状，后拉深成所需形状尺寸。也可以用反向拉深法拉深，如图 5-48 所示。

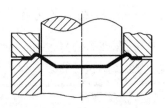

图 5-46　带拉深筋的拉深模

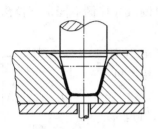

图 5-47 没有压边的锥
形零件的拉深

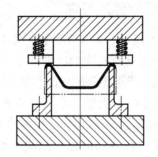

图 5-48 反向拉深锥形零件

（3）相对高度 $H/d > 0.8$ 的高锥形零件 如图 5-45c 所示，这类零件一般需要多次拉深，带凸缘的工件先拉深出凸缘尺寸，并在以后拉深中使凸缘尺寸保持不变。有两种逐步成形法：一是先拉深成大圆角半径的阶梯形工序件，然后整形成锥形零件（图 5-49），用这种方法成形后会在零件的锥形面上留有阶梯痕迹，这对于表面质量要求高的零件不合适；二是逐次拉深成锥形，如图 5-50 所示，这种方法所得零件的表面质量较好。

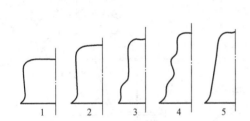

图 5-49 高锥形零件阶梯形过渡的拉深方法

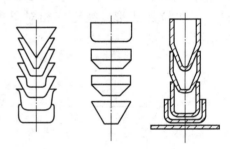

图 5-50 高锥形零件的逐步拉深成形过程

第九节 拉深件的工艺性

一、拉深件的公差

拉深件的公差包括直径方向的尺寸精度和高度方向的尺寸精度。拉深件的公差大小与毛坯厚度、拉深模的结构和拉深方法等有着密切的关系，其值按 GB/T 13914—2002 选用（见附录 B），如果拉深件的尺寸精度要求较高，可在拉深以后增加整形工序。

二、拉深件的结构工艺性

拉深件的结构、形状对拉深工艺和拉深模的设计有重要的影响，符合拉深变形特点的拉深件结构，不仅有利于拉深出高质量的工件，而且对提高材料利用率和生产效率有重要作用。

1. 拉深件的形状

拉深件的形状应尽可能简单、对称。轴对称旋转体拉深件在凸缘变形区的变形是均匀的，模具加工工艺性最好。

对于其他非轴对称的拉深件，应尽量避免急剧的轮廓变化。对于非轴对称的半敞零件，在设计拉深工艺时，可将两个零件成双拉深，然后再剖切成两件，这样可以极大地改善拉深时的受力状态，如图5-51所示。

2. 拉深件各部分尺寸的比例

宽大凸缘（$d_F > 3d$）和较大深度（$h \geq 2d$）的拉深件，需要多道拉深工序才能完成，应尽可能避免。例如，图5-52b所示的零件上下部分的尺寸相差太大，给拉深带来了困难，可将上下两部分分别成形，然后再连接起来（图5-52c）。

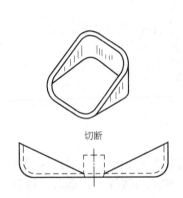

图5-51 成双拉深

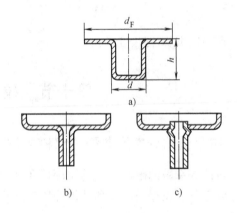

图5-52 上下部分分别成形后连接

3. 拉深件的圆角半径

拉深件的圆角半径大，有利于成形和减少拉深次数。拉深件的底部与壁部、凸缘与壁部及矩形件的四壁间圆角半径（图5-53）应满足 $r_1 \geq t$，$r_2 \geq 2t$，$r_3 \geq 3t$，否则应增加一道整形工序。如果增加一道整形工序，圆角半径可取 $r_1 \geq (0.1 \sim 0.3)t$，$r_2 \geq (0.1 \sim 0.3)t$。

4. 拉深件上的孔位

拉深件上的孔位应与主要结构面（凸缘）设置在同一平面上，或者使孔壁垂直于该平面，以便冲孔和修边在同一工序中完成。拉深件侧壁上的孔，只有当其与底或凸缘的距离 $h > 2d + t$ 时才有可能冲出，否则该孔只能钻出（图5-54）。

拉深件凸缘上的孔距（图5-55）应为

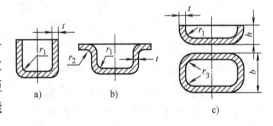

图5-53 拉深件的圆角半径

$$D_1 \geq (d_1 + 3t + 2r_2) \tag{5-48}$$

拉深件底部孔径（图5-55）应为

$$d \leq d_1 - 2r_1 - t \tag{5-49}$$

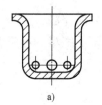 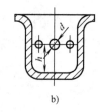

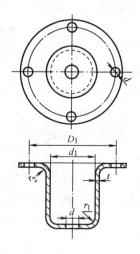

图 5-54　拉深件侧壁上的孔　　　　图 5-55　拉深件上孔位的合理布置

第十节　拉　深　模

一、拉深模的分类及典型拉深模的结构

受材料拉深系数的限制，有的拉深件要经过几道拉深才能成形，故有首次拉深模和以后各次拉深模之分。拉深模可以和其他冲压工序模组合成复合模或级进模，如落料、拉深和冲孔复合模等。

根据拉深件的大小，拉深模可以分为大型覆盖件拉深模和中小型件拉深模；按使用的冲压设备，可以分为单动压力机用拉深模和双动压力机用拉深模。

1. 单动压力机用拉深模

图 5-56 所示为在单动压力机上使用的不用压边圈的拉深模。这种模具仅适用于拉深变形程度不大，材料相对厚度较大的零件。拉深完成后，工件的口部会产生弹性恢复，在凸模 1 回程时，被凹模 3 下底面刮落，达到卸料的目的。由于模具结构是相对简单的无导向模，为了保证装模时的调整方便，间隙均匀，该模具附有一专用的校模定位圈 2，工作时应将该件拿开。

图 5-57 所示为带弹性压边圈的首次拉深模。弹性压边装置由弹簧 1、卸料螺钉 2、限位螺钉 6 和压边圈 5 等组成。凸模的行程越大，弹簧的压缩量越大，压边力也就越

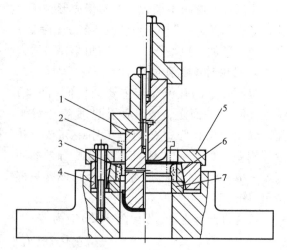

图 5-56　不用压边圈的拉深模
1—凸模　2—校模定位圈　3—凹模　4—紧固圈
5—定位板　6—凹模套圈　7—垫板

大。为了防止压边力过大，在压边圈上安装了若干限位螺钉6。为了减少拉深件与凹模直壁的摩擦，凹模的直壁不宜过长，对于一般精度的拉深件，凹模直壁部分的高度为 8~13mm 为宜。

2. 双动压力机用拉深模

图5-58所示为带拉深筋的双动压力机用球形零件拉深模。球形凸模4通过凸模固定座1与压力机的内滑块连结。拉深时，压力机的外滑块通过压边圈固定座2使压边圈3紧压在毛坯凸缘上，凸模继续下行。毛坯在凹模5的拉深筋阻力和压边力的作用下，径向拉应力急剧增加，球形凸模顶端毛坯发生胀形变形，毛坯中间悬空部分在径向拉应力的作用下紧贴凸模，防止了毛坯凸缘部分和中间悬空部分的起皱。压边力的大小可通过调节压力机外滑块闭合高度来实现。

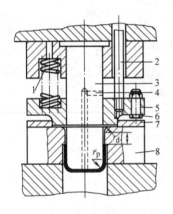
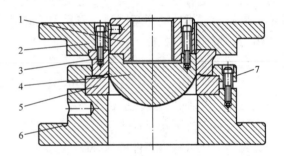

图5-57 带弹性压边圈的
首次拉深模

1—弹簧 2—卸料螺钉 3—凸模
4—凸模气孔 5—压边圈 6—限位螺钉
7—定位板 8—凹模

图5-58 带拉深筋的双动
压力机用球形零件拉深模

1—凸模固定座 2—压边圈固定座 3—压边圈
4—球形凸模 5—带拉深筋凹模
6—凹模座 7—定位圈

二、拉深模工作部分结构和尺寸设计

拉深模工作部分零件主要包括凸模、凹模和压边圈等，它们的结构和尺寸设计，对拉深系数、拉深力、拉深件的尺寸精度和表面粗糙度值都有很大的影响。

1. 凹模圆角半径 r_d

r_d 与毛坯厚度、零件的形状尺寸及拉深方法等因素有关，首次拉深 r_{d1} 可按经验公式计算

$$r_{d1} = 0.8\sqrt{(D_0 - d_d)t} \tag{5-50}$$

式中，r_{d1} 为凹模圆角半径；D_0 为毛坯直径；d_d 为凹模内径；t 为板料厚度。

上式适用于 $D_0 - d_d \leq 30$ 的情况；当 $D_0 - d_d > 30$ 时，应取较大的凹模圆角半径。

第一次拉深的 r_{d1} 也可按表5-18选取。

表 5-18　第一次拉深凹模圆角半径 r_{d1}　　　　（单位：mm）

r_{d1}	t				
	2.0 ~ 1.5	1.5 ~ 1.0	1.0 ~ 0.6	0.6 ~ 0.3	0.3 ~ 0.1
无凸缘拉深	$(4 \sim 7)t$	$(5 \sim 8)t$	$(6 \sim 9)t$	$(7 \sim 10)t$	$(8 \sim 13)t$
有凸缘拉深	$(6 \sim 10)t$	$(8 \sim 13)t$	$(10 \sim 16)t$	$(12 \sim 18)t$	$(15 \sim 22)t$

注：材料拉深性能好，且使用适当润滑剂时，r_{d1} 可取小值。

以后各次拉深，r_d 可由下式决定

$$r_{d2} = (0.6 \sim 0.8)r_{d1} \tag{5-51}$$
$$r_{dn} = (0.7 \sim 0.9)r_{dn-1} \tag{5-52}$$

式中，r_{d2} 为第二次拉深凹模圆角半径；r_{dn} 为第 n 次拉深凹模圆角半径。

凹模圆角半径 r_d 过小，会增加毛坯进入凹模的阻力，加大了拉深力，严重时出现拉裂，对模具寿命也有一定的影响。r_d 过大则会减小压边面积，使总的压边力减小，在拉深后期，毛坯外缘会过早地离开压边圈，容易使毛坯外缘起皱；当起皱严重时，增加了进入模具间隙的阻力，可能出现拉破。

2. 凸模圆角半径 r_p

在一般情况下，凸模圆角半径可与凹模圆角半径取得相等或略小，即 $r_p = (0.7 \sim 1.0)r_d$。各道拉深凸模圆角半径 r_p 应逐次缩小。在最后一道拉深时，r_p 与圆筒形零件的圆角半径相同。

如果零件的圆角半径小于板厚 t，则最后一道拉深的凸模圆角半径一般取为 t，通过增加一道整形工序来获得零件要求的圆角。

图 5-59 所示为无压边圈的多次拉深凸、凹模结构。图 5-60 所示为有压边圈的多次拉深凸、凹模结构。图 5-60a 所示结构多用于拉深件直径 $d \leq 100$mm 的零件；图 5-60b 所示为带有斜角的凸、凹模，多用于 $d > 100$mm 的零件，其特点在于：工序件在下一次拉深时容易定位，可减轻板料的反复弯曲变形程度，减少了零件的变薄，提高了零件侧壁的质量。

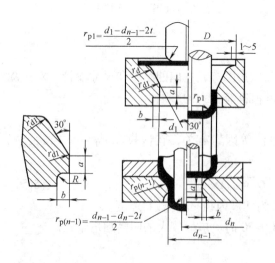

图 5-59　无压边圈的多次拉深模结构
$a = 5 \sim 10$mm　$b = 2 \sim 5$mm

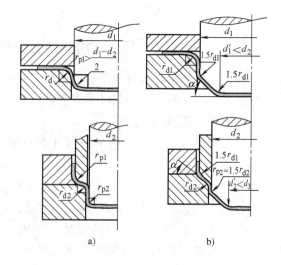

图 5-60　有压边圈的多次拉深模结构
a）圆角的结构形式　b）斜角的结构形式

3. 凸模和凹模单边间隙 Z

决定凸模和凹模单边间隙 Z 时，不仅要考虑材质和板厚，还要注意工件的尺寸精度和表面质量，当尺寸精度高、表面粗糙度数值小时，模具的间隙应取得小一些，间隙值应与板料厚度相当。不用压边圈拉深时

$$Z = (1 - 1.1)t_{max} \tag{5-53}$$

用压边圈时

$$Z = t_{max} + kt \tag{5-54}$$

式中，t_{max} 为材料最大厚度；Z 为凸、凹模单边间隙；k 为间隙系数，见表 5-19。

最后一道拉深工序的间隙应根据零件的尺寸精度和表面质量要求来取，当公差等级为 IT11 ~ IT13 级时，

拉深钢铁材料：　　　　　　　　$Z = t$

拉深非铁金属：　　　　　　　　$Z = 0.95t$

表 5-19　间隙系数 k

拉深工序数		材料厚度 t/mm		
		0.5 ~ 2	2 ~ 4	4 ~ 6
1	第一次	0.2(0)	0.1(0)	0.1(0)
2	第一次	0.3	0.25	0.2
	第二次	0.1(0)	0.1(0)	0.1(0)
3	第一次	0.5	0.4	0.35
	第二次	0.3	0.25	0.2
	第三次	0.1(0)	0.1(0)	0.1(0)
4	第一、第二次	0.5	0.4	0.35
	第三次	0.3	0.25	0.2
	第四次	0.1(0)	0.1(0)	0.1(0)
5	第一、第二、第三次	0.5	0.4	0.35
	第四次	0.3	0.25	0.2
	第五次	0.1(0)	0.1(0)	0.1(0)

注：1. 表中数值适用于一般精度（未注公差尺寸的极限偏差）工件的拉深。

　　2. 末道工序括弧内的数字适用于较精密拉深件（IT11 ~ IT13 级）。

4. 凸、凹模工作部分尺寸及其公差

确定凸模和凹模工作部分尺寸时，应考虑模具的磨损和拉深件的回弹，只在最后一道工序标注公差。

如图 5-61a 所示，当拉深件尺寸标注在外形时

$$D_d = (D_{min} - 0.75\Delta)^{+\delta_d}_{0} \tag{5-55}$$

$$d_p = (D_{min} - 0.75 - 2Z)^{0}_{-\delta_p} \tag{5-56}$$

如图 5-61b 所示，当拉深件尺寸标注在内形时

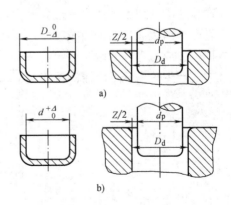

图 5-61　凸模和凹模尺寸确定

a) 拉深件尺寸标注在外形　b) 拉深件尺寸标注在内形

$$d_p = (d_{min} + 0.4\Delta)_{-\delta_p} \tag{5-57}$$

$$D_d = (d_{min} + 0.4\Delta + Z)^{+\delta_d} \tag{5-58}$$

式中，D_d 为凹模的公称尺寸；d_p 为凸模的公称尺寸；D_{max} 为拉深件外径上极限尺寸；d_{min} 为拉深件内径下极限尺寸；Δ 为拉深件公差；δ_d、δ_p 为凹模和凸模的制造公差，见表 5-20。Z 为拉深模的间隙。

表 5-20　凸模和凹模的制造公差　　（单位：mm）

材料厚度	拉深件直径					
	≤20		20~100		>100	
	δ_d	δ_p	δ_d	δ_p	δ_d	δ_p
≤0.5	0.02	0.01	0.03	0.02	—	—
>0.5~1.5	0.04	0.02	0.05	0.03	0.08	0.05
>1.5	0.06	0.04	0.08	0.05	0.10	0.06

注：凸模的制造公差在必要时可提高到 IT6~IT8 级，若零件公差在 IT13 级以下，则制造公差可采用 IT10 级。

对于多次拉深，工序件尺寸无需严格要求，基准件凸模或凹模的公称尺寸取各工序件的公称尺寸即可。

第十一节　其他拉深方法

除了前述的典型拉深方法外，为了简化冲压工艺与模具、降低生产成本、缩短生产周期、适应小批量生产、增大一次变形程度、提高生产率，或者为了生产用基本拉深方法无法生产或难以生产的零件和特殊金属材料，还会用到其他拉深成形方法。

一、软模拉深

软模成形是指用橡胶、液体或气体的压力代替刚性凸模或凹模，对板料进行拉深，具有模具结构简单，适应小批生产的特点。

1. 软凸模拉深

图 5-62 所示为液体凸模拉深的变形过程。在液体压力的作用下，平板毛坯的中间悬空部分在两向拉应力的作用下产生胀形变形，其形状由平面变为接近球面。当液体的压力继续增大，毛坯凸缘内边缘处的径向拉应力达到足以使毛坯产生拉深变形时，毛坯的周边便开始逐渐进入凹模，成为零件的侧壁。

毛坯周边产生拉深变形所需的液体压力可由平衡条件得

$$p\frac{\pi d^2}{4} = \pi dt\sigma_1$$

整理后得　　　$p = \dfrac{4t}{d}\sigma_1 \tag{5-59}$

式中，p 为开始拉深变形时所需的液体压力；d 为拉深件直径；t 为板料厚度；

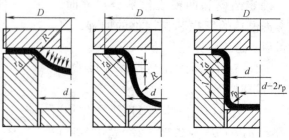

图 5-62　液体凸模拉深的变形过程

σ_1 为使毛坯产生拉深变形所需的径向拉应力。

在拉深的后期，当需成形零件的底部圆角半径较小时，所需的液体压力为

$$p = \frac{t}{r}\sigma_s \qquad (5-60)$$

式中，r 为拉深零件底部的圆角半径；σ_s 为板料的屈服强度。

用液体凸模拉深时，由于毛坯与液体之间没有摩擦力，因此毛坯容易产生偏斜；另外，毛坯的中间因胀形而产生变薄是不可避免的，这是其应用受到限制的一个原因。但是液体凸模拉深的模具结构简单，有时不用冲压设备也能进行拉深，所以常用于大尺寸或形状复杂的零件的拉深。

此外，也可使用聚氨酯凸模进行浅拉深，图 5-63 所示为聚氨酯凸模。

2. 柔性凹模拉深

用液体或橡胶的压力代替刚性凹模的作用，即可实现软凹模拉深。橡胶凹模拉深如图 5-64 所示。拉深时，柔性凹模将板料压紧在凸模上，增加了凸模与板料间的摩擦力，可以防止毛坯变薄拉裂，同时也减少了毛坯与凹模之间的滑动和摩擦力，使拉深系数显著降低，m 可达 $0.4 \sim 0.45$。并且，拉深后零件的壁厚均匀，变薄率小，尺寸精度高，表面质量好。橡胶凹模拉深通常在液压机上进行。橡胶有普通橡胶和聚氨酯橡胶。

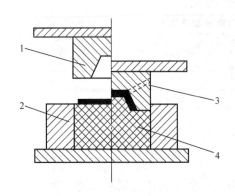

图 5-63　聚氨酯凸模
1—凹模　2—容框
3—排气孔　4—聚氨酯凸模

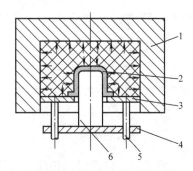

图 5-64　橡胶凹模拉深
1—容框　2—橡胶　3—压边圈
4—凸模固定板　5—顶杆　6—凸模

液压凹模拉深如图 5-65 所示。高压容器下面装有一橡胶囊，容器内充满液体，成为液体凹模。拉深时，将平板坯料置于刚性压料圈上，当液体凹模向下运动到一定位置时，坯料与橡胶囊接触并被压紧，然后进行拉深成形。在拉深过程中，容器内液体的单位面积压力应足以防止坯料起皱，并可在坯料与凸模间产生足够的表面摩擦力。单位面积压力可通过液压系统来调节。

3. 强制润滑拉深

图 5-66 所示为强制润滑拉深。拉深时，用高压润滑剂使板料紧贴凸模成形，并从凹模与毛坯表面之间挤出，产生强制润滑。采用这种方法拉深可显著提高拉深变形程度。例如，拉深厚度为 $0.5 \sim 1.2$mm 的 08 或 08F 钢板，拉深系数 m 仅为 $0.34 \sim 0.37$。

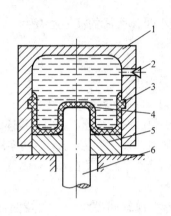

图 5-65　液压凹模拉深
1—高压容器　2—调压阀　3—橡胶囊
4—工件　5—压料圈　6—凸模

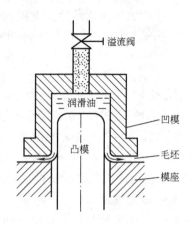

图 5-66　强制润滑拉深

强制润滑拉深所需液体的压力与板料的性质、厚度和工件的相对直径 d/t 及变形程度密切相关。表 5-21 为实验所得的几种材料强制润滑拉深的最高液体压力。

表 5-21　几种材料强制润滑拉深的最高液体压力　　　（单位：MPa）

料厚/ mm ＼ 材料	纯　铝	黄　铜	08、08F	不　锈　钢
1	13.7	56.8	47	117.6
1.2	—	—	56.8	—

二、差温拉深

圆筒形件拉深时，拉深系数受到筒壁承载能力的限制。如果将压边圈和凹模平面之间的毛坯凸缘加热到某一温度，使变形区材料的塑性提高，便可减小毛坯拉深时的变形抗力。同时在凸模的心部通冷却水，使筒壁的温度降低，故筒壁的承载能力基本不变。采用这种方法拉深可使极限拉深系数降至 0.3 ～ 0.35。普通拉深需二至三道工序完成的，采用差温拉深仅一道工序即可，图 5-67 所示为局部加热差温拉深。

同样，也可以用局部降低筒壁温度的方法来提高筒壁的承载能力。如将筒壁部分局部冷却到 -160 ～ -170℃，此时低碳钢的强度可较原来提高两倍，使极限拉深系数降至 0.35 左右。局部冷却方法一般是向凸模心部

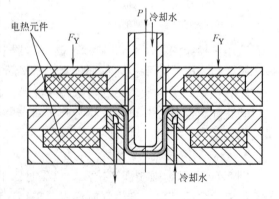

图 5-67　局部加热差温拉深

通入液态氮或液态空气，其汽化温度为 -183 ～ -195℃。采用这种方法比较麻烦，生产效率低，应用较少，主要用于不锈钢、耐热钢或形状复杂的盒形件拉深，图 5-68 所示为局部冷

却拉深。

三、变薄拉深

变薄拉深时毛坯的直径变化很小(图 5-69),主要的变形是工件的厚度变薄,高度增大。变薄拉深适合于加工高度大、壁薄而底厚的零件,如弹壳、易拉罐的冲压成形等。

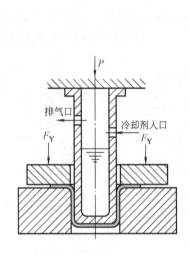

图 5-68 局部冷却拉深

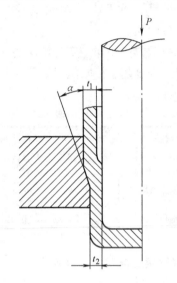

图 5-69 变薄拉深

1. 变薄拉深的特点

变薄拉深时,凸模和凹模之间的间隙小于毛坯的厚度,毛坯的变形区在凹模孔内锥形部分,而传力区是已从凹模内被拉出的侧壁部分和底部。变形区内的金属处于轴向受拉和另两向受压的三向应力状态。

经变薄拉深的工件壁厚均匀,其偏差可控制在 ±0.01mm 以内,表面粗糙度 Ra 在 0.2μm 左右,并且经两向受压后,晶粒细化,提高了工件的强度。拉深过程不会产生起皱,因此不需要压边圈,可在单动压力机上进行拉深,模具结构简单。

采用多层凹模进行变薄拉深(图 5-70),可在压力机的一次行程中获得很大的变形程度。但是,变薄拉深件的残余应力很大,必要时,变薄拉深后应进行低温回火,以消除残余应力。

2. 变形程度及其控制

变薄拉深的变形程度为

$$\varepsilon = \frac{A_{n-1} - A_n}{A_{n-1}} \qquad (5-61)$$

式中,A_{n-1}、A_n 为 $(n-1)$ 次、n 次变薄拉深后的工件横截面积。

变薄拉深的变形程度也可用变薄系数来表示,即

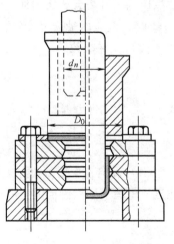

图 5-70 多层凹模变薄拉深

$$\varphi_n = \frac{A_n}{A_{n-1}} \tag{5-62}$$

对于内径不变的变薄拉深，其变薄系数则为

$$\varphi_n = \frac{\pi d_n t_n}{\pi d_{n-1} t_{n-1}} \approx \frac{t_n}{t_{n-1}}$$

式中，t_n、t_{n-1} 为 n 次及 $(n-1)$ 次变薄拉深后的工件壁厚；d_n、d_{n-1} 为 n 次及 $(n-1)$ 次变薄拉深后的工件内径。

与其他拉深方法一样，变薄拉深的变形程度也受毛坯材料的强度、工件尺寸和形状等的限制，当变形程度超过极限值时，可采用多道变薄拉深。表 5-22 为常用材料变薄系数的极限值。

表 5-22　常用材料变薄系数的极限值

材　料	首道工序变薄系数 φ_1	中间工序变薄系数 φ	末道工序变薄系数 φ_n
铜、黄铜（H68、H80）	0.45 ~ 0.55	0.58 ~ 0.65	0.65 ~ 0.73
铝	0.5 ~ 0.6	0.62 ~ 0.68	0.72 ~ 0.77
低碳钢、拉深钢板	0.53 ~ 0.63	0.63 ~ 0.72	0.75 ~ 0.77
中碳钢	0.70 ~ 0.75	0.78 ~ 0.82	0.85 ~ 0.90
不锈钢	0.65 ~ 0.70	0.70 ~ 0.75	0.75 ~ 0.80

3. 变薄拉深工序尺寸的计算

（1）毛坯尺寸的计算　变薄拉深一般采用普通拉深件作为毛坯，毛坯尺寸按毛坯体积和工件体积相等的原则计算

$$D_0 = 1.13 \sqrt{\frac{V}{t_0}} \tag{5-63}$$

式中，t_0 为毛坯的厚度；V 为工件体积，包括修边余量和退火损耗，$V = KV_1$。其中，K 为考虑到修边余量和退火损耗的系数，$K = 1.15 \sim 1.20$；V_1 为按工件基本尺寸计算的体积。

当工件有底时，毛坯厚度一般取工件底部厚度 $(t_0 = t)$。

t 为工件底部厚度。当毛坯为圆筒形零件时，其筒壁厚度和底部厚度基本相等；当变薄拉深后的工件最后要切削加工底部时，则毛坯的厚度为工件底部厚度加上切削余量 (δ)，即 $t_0 = t + \delta$，但应尽量选用较薄的毛坯，以提高材料利用率和减少变薄拉深的次数。

（2）拉深次数的计算　变薄拉深次数可按下式计算

$$n = \frac{\lg t_n - \lg t_0}{\lg \varphi} \tag{5-64}$$

式中，t_n 为工件壁厚；t_0 为坯料厚度；φ 为平均变薄系数，可查表 5-22。

（3）各次变薄拉深工序件厚度的计算

$$t_1 = t_0 \varphi_1,\ t_2 = t_1 \varphi_2,\ \cdots,\ t_n = t_{n-1} \varphi_n$$

（4）确定各次变薄拉深工序件的直径和高度　为了使每道变薄拉深工序的凸模能顺利地进入上道工序所制成的工序件内孔，工序件的直径应按下式计算

$$d_{n-1} = d_n (1.01 \sim 1.03) \tag{5-65}$$

$$d_{n-2} = d_{n-1} (1.01 \sim 1.03)$$

$$\vdots$$

$$d_1 = d_2(1.01 \sim 1.03)$$

其中$(1.01 \sim 1.03)$系数，前 n 道取大值，以后逐次减小；厚壁取大值，薄壁取小值。

工序件高度按下式计算

$$h_i = \frac{t_0(D_0^2 - d_{wi}^2)}{2t_i(d_{wi} + d_{ni})} \quad (i = 1, 2, 3, \cdots, n) \tag{5-66}$$

式中，h_i 为该道工序件高度(不包括底部厚度 t)；D_0 为平板坯料直径；t_0 为毛坯厚度；d_{wi} 为该道工序件外径；d_{ni}为该道工序件内径。

第六章　其他冲压成形

冲压成形工艺除了前述的弯曲、拉深等方法外，还有胀形、翻边、缩口和旋压等成形工艺。这些成形方法利用毛坯局部变形的方法来改变毛坯或工序件的形状、尺寸。其中，胀形、翻孔和伸长类翻边主要是伸长变形，常因拉应力超出了材料的抗拉强度而使零件破裂；缩口和压缩类翻边主要是压缩变形，常因坯料失稳而出现起皱现象；而旋压是一种特殊的冲压成形工艺，可利用旋压来完成类似于拉深、胀形、翻边和缩口的成形。

第一节　胀　　形

利用模具迫使板料厚度减薄和表面积增大，以获取零件几何形状和尺寸的冲压成形方法称为胀形。

胀形主要用于平板毛坯的局部成形（或称起伏成形），如压制凹坑、加强筋、起伏形的花纹图案及标记等。另外，管类毛坯的胀形（如波纹管）、平板毛坯的拉形等，均属胀形方式。汽车覆盖件等形状较复杂零件的成形也常包含胀形成分。

一、胀形的变形特点

通常胀形时毛坯的塑性变形局限于一个固定的变形区范围之内，材料不从外部进入变形区内。胀形变形区内材料处于两向拉应力状态，变形区内板料的凸起和凹进成形主要是由其表面积的局部增大实现的，所以胀形时毛坯厚度变薄是不可避免的。图 6-1 所示为胀形成形。

胀形的极限变形程度主要取决于材料的塑性和硬化性能。硬化指数越大，材料的塑性越好，允许的极限变形程度越大。由于胀形时毛坯在凸模作用下处于双向拉应力状态，即沿切向和径向均为拉应力状态，使变形区产生切向和径向伸长变形（图 6-2）。因此，变形区的毛

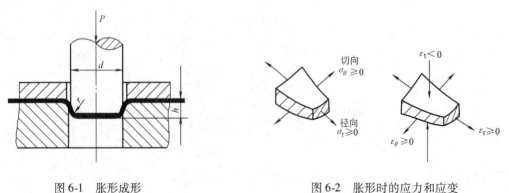

图 6-1　胀形成形　　　　　　　　图 6-2　胀形时的应力和应变

坏不会产生失稳起皱现象,胀形成形的工件表面光滑,质量好。用胀形工艺可加工某些相对厚度很小的零件。

利用成形极限图或成形极限曲线可以分析冲压变形区的应变情况,寻求改善冲压过程中板料塑性流动的措施,以解决冲压成形中零件的失稳或破裂问题。

二、胀形方法

1. 平板毛坯上的局部胀形(起伏成形)

起伏成形是在平板毛坯上进行的局部胀形,这类成形工艺的主要目的是提高零件的刚度或获得文字、图案及使零件美观,如图6-3所示。

起伏成形的极限变形程度主要受材料的塑性、凸模的几何形状、胀形方法及润滑等因素的影响。可按下式计算极限变形程度

$$\delta_{max} = \frac{l - l_0}{l_0} \times 100\% < (0.7 \sim 0.75)\delta$$

(6-1)

式中,δ_{max} 为起伏成形的极限变形程度;δ 为单向拉伸的伸长率;l_0、l 为变形前、后的长度。

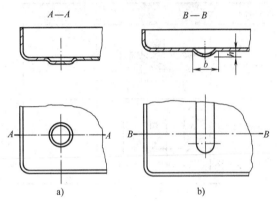

图6-3 平板毛坯的起伏成形
a) 压凹坑 b) 压加强筋

系数 $0.7 \sim 0.75$ 视起伏成形的断面形状而定,球面筋取大值,梯形筋取小值。

对于深度较大的起伏成形,可采用如图6-4所示的两种方法。第一种方法如图6-4a、b所示,在第一道工序中用直径较大的球形凸模胀形,扩大变形区,然后成形为所需形状尺寸。第二种方法如图6-4c所示,当成形部位有孔时,可先冲一个较小的孔,使得成形时中心部位的材料在凸模的作用下向外扩张,这样可以缓解材料的局部变薄情况,解决成形深度超过极限变形程度的问题,并可减少成形工序次数,但预留孔的孔径应较零件的孔径小。

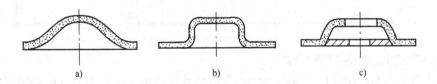

图6-4 深度较大的起伏成形
a) 预成形 b) 最终成形 c) 预冲孔、成形

一般来说,起伏成形的冲压力可按以下公式计算:

压制加强筋所需要的力

$$F = L t \sigma_b K$$

(6-2)

式中,F 为胀形力;t 为板料厚度;σ_b 为材料的抗拉强度;K 为系数,与筋的宽度及深度有关,在0.7与1之间;L 为加强筋周长。

在曲柄压力机上对薄料($t < 1.5mm$)、小零件(面积小于 $200mm^2$)进行起伏成形时(加强

筋除外），其压力可用以下经验公式计算

$$F = AKt^2 \qquad (6-3)$$

式中，F 为胀形力（N）；t 为板料厚度（mm）；A 为起伏成形的面积（mm^2）；K 为系数，钢为 $200 \sim 300 N/mm^4$，黄铜为 $150 \sim 200 N/mm^4$。

起伏成形常用来压制加强筋。起伏成形的筋与边缘的距离如果太小（小于 $3 \sim 5t$），则在成形过程中，边缘材料要向内收缩，影响工件质量，在制订工艺规程时，必须注意这点。加强筋的形式和尺寸可参考表 6-1。

表 6-1　加强筋的形式和尺寸

名　称	图　例	R	h	D 或 B	r	α
压筋		$(3 \sim 4)t$	$(2 \sim 3)t$	$(7 \sim 10)t$	$(1 \sim 2)t$	—
压凸		—	$(1.5 \sim 2)t$	$\geqslant 3h$	$(0.5 \sim 1.5)t$	$15° \sim 30°$

			D	L	l
			6.5	10	6
			8.5	13	7.5
			10.5	15	9
			15	22	13
			18	26	16
			24	34	20
			31	44	26
			36	51	30
			43	60	35
			48	68	40
			55	78	45

2. 空心毛坯上的胀形（俗称凸肚）

将圆柱形空心毛坯向外扩张成曲面空心零件的冲压成形方法称为圆柱空心毛坯胀形。用这种成形方法可以制造许多形状复杂的零件，如波纹管等，如图 6-5 所示。

圆柱空心毛坯胀形主要依靠材料的切向伸长，其变形程度受材料塑性影响较大。变形程度可用胀形系数来表示

$$K = \frac{d_{max}}{d_0}$$

式中，d_{max} 为胀形后的最大直径（图 6-6）；d_0 为毛坯的原始直径；K 为胀形系数，见表 6-2、表 6-3。

根据胀形系数求出胀形前的毛坯直径

$$d_0 = \frac{d_{\max}}{K}$$

毛坯高度 l_0 按下式确定

$$l_0 = l[1 + (0.3 \sim 0.4)\delta] + b \tag{6-4}$$

式中，l 为变形区素线长度；δ 为毛坯切向最大伸长率；b 为修边余量，一般取 $5 \sim 15\text{mm}$。

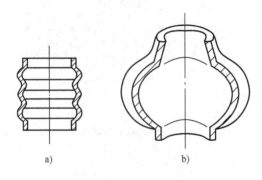

图 6-5　圆柱空心毛坯胀形
a）波纹管　b）凸肚件

图 6-6　胀形前后尺寸

表 6-2　胀形系数 K 的近似值

材　　料	毛坯相对厚度 $(t/d_0) \times 100$			
	0.45 ~ 0.35		0.32 ~ 0.28	
	不退火	经过退火	不退火	经过退火
10 钢	1.10	1.20	1.05	1.15
铝、黄铜	1.20	1.25	1.15	1.20

表 6-3　铝管毛坯的试验胀形系数 K

凸 肚 方 法	极限胀形系数
简单的橡胶凸肚	1.2 ~ 1.25
带轴向压缩毛坯的橡胶凸肚	1.6 ~ 1.7
局部加热到 200 ~ 250℃ 的凸肚	2.0 ~ 2.1
用锥形凸模并加热到 380℃ 的边缘凸肚	~ 3.0

生产中应用较多的是液压胀形，所需要的液压单位压力可按以下经验公式确定

$$p = \frac{6t\,\sigma_s}{d_0} \tag{6-5}$$

式中，p 为液体单位压力；t 为板料厚度；σ_s 为材料的屈服强度；d_0 为毛坯内径。

三、胀形模具

对于平板毛坯的局部胀形，采用刚体凸模较为适宜，其模具结构简单，生产效率高。而对于圆柱空心毛坯胀形，应采用刚体凸模（图 6-7），模具结构比较复杂，刚性凸肚变形的均匀程度较差，胀形后往往在零件的内壁留有凸模的分瓣印痕，影响零件的表面质量，工件的质量取决于凸模分瓣的数目,分瓣越多,质量越好。刚体分瓣凸模胀形模一般适用于工件要求不高和形状简单的工件。

软凸模胀形模(用液体、气体或橡胶)进行圆柱空心毛坯胀形时,毛坯变形比较均匀,容易保证工件准确成形,零件的表面质量明显好于刚性凸模胀形,因此在生产中应用广泛。图6-8所示为橡胶凸模胀形,图6-9所示为液体凸模胀形。

聚氨酯橡胶比天然橡胶强度高、耐油性好、使用寿命长,现在已被广泛用于各类空心毛坯的胀形成形。PVC塑料也可替代橡胶作为传压介质,其弹性和强度虽不及聚氨酯橡胶,但合成容易、成本低,使用前景十分广阔。

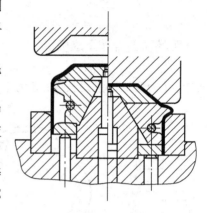

图6-7　刚体分瓣凸模胀形模

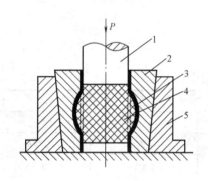

图6-8　橡胶凸模胀形

1—凸模　2—凹模　3—毛坯　4—橡胶　5—外套

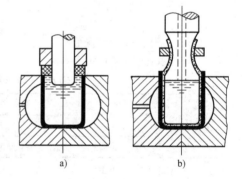

a)　　　　　　　　　b)

图6-9　液体凸模胀形

a)倾注液体的方法　b)充液橡胶凸模

第二节　翻孔与翻边

翻边是在成形毛坯的平面部分或曲面部分沿一定的曲线翻成竖立边缘的冲压方法。按翻边的变形性质,可将翻边分为伸长类翻边和压缩类翻边。伸长类翻边的变形特点是切向伸长,厚度变薄;压缩类翻边的变形特点是切向压缩,厚度增厚。翻孔有圆孔翻孔和非圆孔翻孔,圆孔翻孔是伸长类变形,非圆孔翻孔是伸长类与压缩类综合变形。

一、翻孔

1. 圆孔翻孔

图6-10所示为圆孔翻孔。圆孔翻孔时,毛坯变形区的受力情况与变形特点如图6-11所示。翻孔前毛坯孔的直径为d_0,翻孔变形区是内径为d_0、外径为D_1的环形部分。在翻孔过程中,变形区在凸模的作用下使其内径不断扩大,直到翻孔结束后,内径等于凸模的直径。

(1)圆孔翻孔的应力与应变　圆孔翻孔时,毛坯变形区内的应力与应变的分布如图6-12所示。其切向变形在变形区内孔边缘位置上具有最大值$\varepsilon_\theta = \ln \dfrac{d}{d_0}$,而且切向变形随变

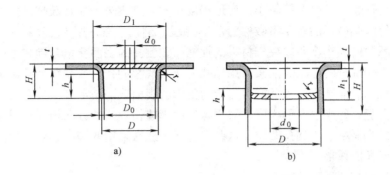

图 6-10　圆孔翻孔

形过程的进展而不断增大，在翻孔结束时，切向变形达到最大值，即 $\varepsilon_{\theta max} = \ln\dfrac{d_1}{d_0}$。

由图 6-12 可见，圆孔翻孔时，毛坯变形区受两向拉应力作用，即切向拉应力 σ_θ 和径向拉应力 σ_r 的作用，其中切向拉应力是最大主应力。在翻孔变形区内边缘上毛坯处于单向拉应力状态，仅受切向拉应力的作用，而径向拉应力的数值为零。在翻孔过程中，毛坯变形区的厚度不断变薄，翻孔后所得到竖边在边缘部位上厚度最小，其值可按下式计算

$$t = t_0 \sqrt{\dfrac{d_0}{d_1}} \tag{6-6}$$

式中，t 为翻孔后竖边边缘部位上板料的厚度；t_0 为毛坯的厚度；d_0 为翻孔前孔的直径；d_1 为翻孔后竖边的直径。

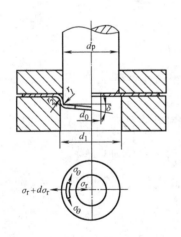

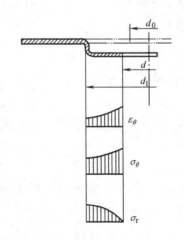

图 6-11　圆孔翻孔时变形区的　　　　图 6-12　圆孔翻孔时变形区内
　　　　应力与变形　　　　　　　　　　　　应力与应变的分布

由于圆孔翻孔的主要变形是变形区内材料受切向和径向的伸长变形，故越接近预制孔的边缘，切向伸长变形越大。因此，圆孔翻孔的缺陷往往是边缘拉裂，拉裂与否主要取决于切向伸长变形的大小。圆孔翻孔的变形程度用翻孔前预制孔的直径 d_0 与翻孔后竖边的平均直径 D 的比值 K 表示(图 6-10)，即

$$K = \dfrac{d_0}{D} \tag{6-7}$$

K 称为翻孔系数，显然 K 值越小，变形程度越大，竖边边缘面临破裂的危险也越大。圆孔翻孔时孔边缘濒临破坏的翻孔系数称为最小（极限）翻孔系数，用 K_{min} 表示。

最小翻孔系数的大小主要取决于材料的性能、预制孔的表面质量与硬化程度、毛坯的相对厚度、凸模工作部分的形状等因素。用钻孔的方法代替冲孔，或者在冲孔后采用整修方法切掉冲孔时形成的表面硬化层和可能引起应力集中的表面缺陷与毛刺，冲孔后采用退火处理等均能提高圆孔翻孔的极限变形程度。采用球形凸模或使翻孔的方向与冲孔时相反，即使毛坯冲孔断面上的光亮带朝向翻孔凹模，这些在生产中经常采用的措施，对于提高圆孔翻孔的变形程度都有明显的效果。

低碳钢的极限翻孔系数见表6-4。

表6-4 低碳钢的极限翻孔系数

翻孔方法	孔的加工方法	比值 d_0/t										
		100	50	35	20	15	10	8	6.5	5	3	1
球形凸模	钻后去毛刺	0.70	0.60	0.52	0.45	0.40	0.36	0.33	0.31	0.30	0.25	0.20
	冲孔	0.75	0.65	0.57	0.52	0.48	0.45	0.44	0.43	0.42	0.42	—
圆柱形凸模	钻后去毛刺	0.80	0.70	0.60	0.50	0.45	0.42	0.40	0.37	0.35	0.30	0.25
	冲孔	0.85	0.75	0.65	0.55	0.50	0.50	0.48	0.47	—		

（2）翻孔的工艺计算　翻孔的工艺计算有两方面的内容：一是根据翻孔的孔径，计算毛坯预制孔的尺寸；二是根据允许的极限翻孔系数，校核一次翻孔可能达到的翻孔高度。

平板毛坯翻孔的预制孔直径 d_0 可以近似地按弯曲展开计算。

由图 6-10a 可知

$$\frac{D_1 - d_0}{2} = \frac{\pi}{2}\left(r + \frac{t}{2}\right) + h$$

将 $D_1 = D + 2r + t$ 及 $h = H - r - t$ 代入上式并整理后，可得预孔直径 d_0 为

$$d_0 = D - 2(H - 0.43r - 0.72t) \tag{6-8}$$

一次翻孔的极限高度，可以根据极限翻孔系数及预制孔直径 d_0 推导求得。即

$$H = \frac{D - d_0}{2} + 0.43r + 0.72t = \frac{D}{2}\left(1 - \frac{d_0}{D}\right) + 0.43r + 0.72t \tag{6-9}$$

式中的 $d_0/D = K$。如将极限翻孔系数 K_{min} 代入翻孔高度公式，便可求出一次翻孔的极限高度，即

$$H_{max} = \frac{D}{2}(1 - K_{min}) + 0.43r + 0.72t \tag{6-10}$$

当工件要求的翻孔高度大于一次能达到的极限翻孔高度时，可采用加热翻孔、多次翻孔（以后各次翻孔的 K 值应增大15%~20%）或经拉深、冲底孔后再翻孔的工艺方法。

翻孔高度不能过小（一般 $H > 1.5r$）。如果 H 过小，则翻孔后回弹严重，直径和高度尺寸误差大。在工艺上，一般采用加热翻孔或增加翻孔高度，然后再按零件的要求切除多余高度的方法。

图 6-10b 所示为在拉深后的底部冲孔翻孔，这是一种常用的冲压方法。其工艺计算过程是：先计算允许的翻孔高度 h，然后按零件的要求高度 H 及 h 确定拉深高度 h_1 及预制孔直

径 d_0。

翻孔高度可由图 6-10b 中的几何关系求出

$$h = \frac{D - d_0}{2} - \left(r + \frac{t}{2}\right) + \frac{\pi}{2}\left(r + \frac{t}{2}\right) = \frac{D}{2}\left(1 - \frac{d_0}{D}\right) + 0.57\left(r + \frac{t}{2}\right)$$

将翻孔系数代入，则得出允许的翻孔高度为

$$h_{max} = \frac{D}{2}\left(1 - K_{min}\right) + 0.57\left(r + \frac{t}{2}\right) \tag{6-11}$$

预制孔直径 d_0 为

$$d_0 = K_{min}D \text{ 或 } d_0 = D + 1.14\left(r + \frac{t}{2}\right) - 2h_{max} \tag{6-12}$$

拉深高度为

$$h_1 = H - h_{max} + r \tag{6-13}$$

2. 非圆孔翻孔变形的特点

图 6-13 所示为非圆孔翻孔示意图。这类翻孔的变形性质比较复杂，包括圆孔翻孔、弯曲、拉深等变形性质。对于非圆孔翻孔的预制孔，可以分别按圆孔翻孔、弯曲、拉深展开，然后用作图法把各展开线光滑连接即可。如图 6-13 所示的零件是由外凸弧线 a、直线段 b 和内凹弧线段 c 组成的非圆孔。翻孔时，a、b、c 段分别属于压缩类翻边、弯曲和伸长类翻边，是综合成形。

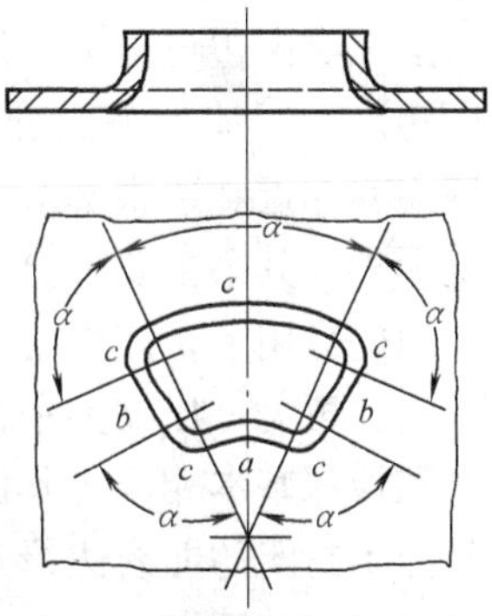

在非圆孔翻孔中，由于变形性质不相同的各部分相互毗邻，对翻孔和拉深都有利，因此翻孔系数可以按翻孔角度大小来计算，即

$$K' = K\frac{\alpha}{180°} \quad (\alpha < 180°) \tag{6-14}$$

当 $\alpha > 180°$ 时，$K' = K$

式中，K 为圆孔翻孔系数；K' 为非圆孔翻孔系数。

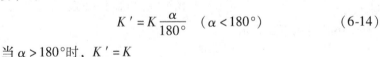

a—压缩类翻边　b—弯曲
c—伸长类翻边

图 6-13　非圆孔翻孔

二、翻边

1. 伸长类翻边

伸长类翻边包括沿不封闭的内凹曲线进行平面翻边，以及在曲面毛坯上进行的伸长类翻边。伸长类翻边的特点是毛坯变形区在切向拉应力的作用下产生切向的伸长变形。图 6-14 所示为沿不封闭的内凹曲线进行的伸长类翻边。

伸长类翻边的变形程度(图 6-14a)可由下式表示

$$K = \frac{b}{R - b} \tag{6-15}$$

伸长类翻边的成形极限根据翻边后竖边的边缘是否发生破裂来判断。如果变形程度过大，则竖边

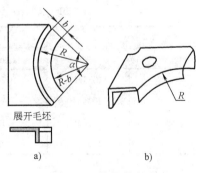

展开毛坯

a)　　　　　　　b)

图 6-14　伸长类翻边

边缘的切向伸长和厚度的减薄也比较大，容易发生破裂，在制订伸长类翻边工艺时，翻边变形程度不能超出极限变形程度的数值。

几种常用材料翻边的允许变形程度见表6-5。

伸长类翻边用于轴承套圈毛坯的生产，不但提高了毛坯的尺寸精度及表面质量，而且极大地提高了生产率，其工艺过程如图6-15所示。

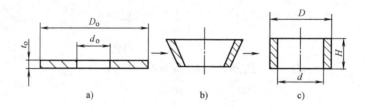

图6-15　轴承套圈的翻边工艺过程

2. 压缩类翻边

压缩类翻边可分为压缩类平面翻边和压缩类曲面翻边。在压缩类平面翻边（图6-16a）中，毛坯变形区内除靠近竖边根部圆角半径附近的金属产生弯曲变形外，其余主要部分都处于切向压应力和径向拉应力的作用下，产生切向压缩变形和径向伸长变形。由此可见，压缩类平面翻边的应力状态、变形特点和拉深基本相同，其区别仅在于压缩类平面翻边是沿不封闭的曲线边缘进行的局部非对称的拉深变形。因此，压缩类平面翻边的极限变形程度主要受毛坯变形区失稳起皱的限制。

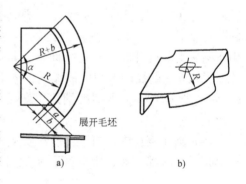

图6-16　压缩类平面翻边

压缩类翻边的变形程度（图6-16a）可用下式表示

$$K = \frac{b}{R+b} \tag{6-16}$$

压缩类翻边时，凹模工作部分的几何形状和尺寸对翻边变形和极限变形程度有较大的影响。对于较复杂形状的翻边，凹模的工作部分形状应进行适当修正，使中间部分的切向压缩变形向两侧扩展，使局部的集中变形趋向均匀，从而减少起皱的可能性。

压缩类翻边时常用材料的允许变形程度见表6-5。

表6-5　伸长类和压缩类翻边时材料允许变形程度

材 料 名 称		伸长类变形程度（%）		压缩类变形程度（%）	
		橡胶成形	模具成形	橡胶成形	模具成形
铝合金	1035M	25	30	6	40
	1035Y	5	8	3	12
	2A12M	14	20	6	30
	2A12Y	6	8	0.5	9

(续)

材料名称		伸长类变形程度(%)		压缩类变形程度(%)	
		橡胶成形	模具成形	橡胶成形	模具成形
黄铜	H62 软	30	40	8	45
	H62 半硬	10	14	4	16
	H68 软	35	45	8	55
	H68 半硬	10	14	4	16
钢	10	—	38	—	10
	20	—	22	—	10

三、变薄翻孔

如图 6-17 所示，变薄翻孔时，翻孔模的凸模和凹模之间采用小间隙，处于凸模头部处的材料变形与上述圆孔翻孔相似。在竖边形成后，随凸模的继续下行，竖边的材料在凸模和凹模的小间隙内受到挤压，发生进一步的塑性变形，使竖边的厚度显著减薄，从而增加了竖边的高度。因此，变薄翻孔属于体积变形，它的变形程度只取决于竖边的变薄系数 K

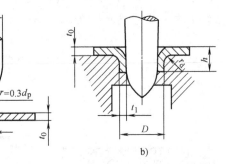

图 6-17 变薄翻孔
a）翻孔前 b）翻孔后

$$K = \frac{t_1}{t_0}$$

式中，t_1 为变薄翻孔后零件竖边的厚度；t_0 为毛坯的厚度。

变薄翻孔时，根据变薄系数可采用一次或多次变薄翻孔，一次变薄翻孔的变薄系数可取 $0.4 \sim 0.5$，甚至更小，变薄翻孔后的竖边高度按体积不变条件进行计算。变薄翻孔时，竖边处的金属在径向压应力的作用下产生塑性流动，故变薄翻孔力要比普通翻孔时大得多。

变薄翻孔常用于在薄壁零件上冲制螺纹底孔，螺纹底孔变薄翻孔的有关参数可按下式计算：

变薄翻孔后的孔壁厚度 t_1 为

$$t_1 = \frac{D - d_p}{2} = 0.65 t_0 \tag{6-17}$$

毛坯预制孔直径 d_0 为

$$d_0 = 0.45 d_p \tag{6-18}$$

凸模直径 d_p 由螺纹内径 d_s 决定，应保证 $d_s \leqslant (d_p + D)/2$；凹模内径（竖边外径）$D = d_p + 1.3 t_0$；竖边高度 h 由体积不变条件计算，一般为 $h = (2 \sim 2.5) t_0$。

用变薄翻孔加工螺纹底孔时，可以采用不同的方法：一种方法是在毛坯上先冲制预制孔，然后再进行变薄翻孔成形；另一种方法是用一个凸模同时进行冲孔和翻孔，这种方法必须在材料性能允许的条件下进行。

四、翻孔翻边模结构

图 6-18 所示为翻孔模，其结构与拉深模基本相似。图 6-19 所示为翻孔与翻边模。

图 6-20 所示为落料、拉深、冲孔、翻孔复合模。凸凹模 8 与落料凹模 4 均固定在固定板 7 上，以保证同轴度。冲孔凸模 2 压入凸凹模 1 内，并以垫片 10 调整它们的高度差，以此控制冲孔前的拉深高度，确保翻出合格的零件高度。该模具的工作顺序是：上模下行，首先在凸凹 1 和凹模 4 的作用下落料；上模继续下行，在凸凹模 1 和凸凹模 8 的相互作用下将坯料拉深，压力机缓冲器的力通过顶杆 6 传递给顶件块 5 并对坯料施加压料力；当拉深到一定深度后，由凸模 2 和凸凹模 8 进行冲孔并翻孔；当上模回升时，在顶件块 5 和推件块 3 的作用下将工件顶出，条料由料卸板 9 卸下。

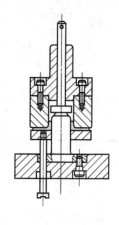

图 6-18　翻孔模

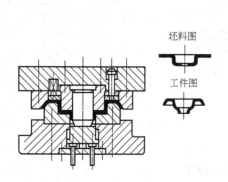

图 6-19　翻孔与翻边模

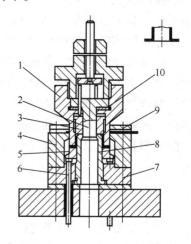

图 6-20　落料、拉深、冲孔、翻孔复合模
1、8—凸凹模　2—冲孔凸模　3—推件块
4—落料凹模　5—顶件块　6—顶杆
7—固定板　9—卸料板　10—垫片

第三节　缩　　口

缩口工艺是一种将已拉深好的筒形件或管坯开口端直径缩小的冲压方法，如图 6-21 所示。

一、缩口变形的特点及变形程度

缩口变形的主要特点是毛坯口部受切向压应力的作用，使口部产生压缩变形，直径减小、厚度和高度增加。因此在缩口工艺中，毛坯可能产生失稳起皱，缩口的极限变形程度主要受失稳条件的限制。缩口变形程度用缩口系数表示

$$K = \frac{d}{D} \qquad (6\text{-}19)$$

式中，d 为零件缩口后的直径，D 为缩口前空心毛坯的直径。
缩口次数为

$$n = \frac{\log K}{\log K_i} \qquad (6\text{-}20)$$

式中，K_i 为平均缩口系数。

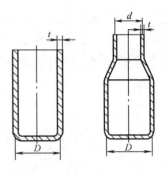

图 6-21 空心件的缩口

缩口系数的大小与模具结构、材料种类、材料厚度有关。
材料厚度越小，则缩口系数要相应增大。例如，采用无心柱式
的模具，材料为黄铜，当其厚度在 0.5mm 以下时，平均缩口
系数取 0.85；厚度为 0.5~1mm 时，缩口系数取 0.8~0.7。厚度在 0.5mm 以下的软钢，其
平均缩口系取 0.8。表 6-6 给出了不同材料和不同模具结构形式的平均缩口系数。

多道工序缩口时，一般第一道工序的缩口系数取 0.9 倍的平均缩口系数，以后各工序的
缩口系数取 (1.05~1.1) 倍的平均缩口系数值。

表 6-6　平均缩口系数 K_i

材　料	模　具　形　式		
	无支撑	外部支撑	内外支撑
软钢	0.7~0.75	0.55~0.60	0.30~0.35
黄铜 H62、H68	0.65~0.70	0.50~0.55	0.27~0.32
铝	0.68~0.72	0.53~0.57	0.27~0.32
硬铝（退火）	0.73~0.80	0.60~0.63	0.35~0.40
硬铝（淬火）	0.75~0.80	0.68~0.72	0.40~0.43

注：无支撑、外部支撑、内外支撑如图 6-22、图 6-23 所示。

二、缩口工艺计算

由于缩口时颈口处材料受切向压应力的作用，在颈口产生切向压缩变形，故厚度略有增
加，增厚程度通常不予以考虑。需要精确计算时，颈口厚度按下式计算

$$t_1 = t_0 \sqrt{\frac{D}{d_1}} \qquad (6\text{-}21)$$

$$t_n = t_{n-1} \sqrt{\frac{d_{n-1}}{d_n}}$$

式中，t_0 为缩口前毛坯的厚度；D 为毛坯直径（按中线尺寸）；t_1、t_{n-1}、t_n 为各次缩口后颈口
壁厚度；d_1、d_{n-1}、d_n 为各次缩口后颈口处直径（按中线尺寸）。

缩口后制品口部尺寸一般比缩口模公称尺寸大 0.5%~0.8% 的弹性恢复量，故设计缩口
模公称尺寸时应予以考虑。

缩口前，毛坯高度尺寸按缩口后口部形状尺寸计算，可参考有关设计手册。

三、缩口模的结构

图 6-22 所示为无心柱支撑缩口模示意图。这种模具的结构简单，适用于毛坯相对厚度

较大、变形程度较小、变形区不易失稳起皱的缩口成形。图 6-23 所示为有支撑的缩口模，缩口模采用有支撑结构后，可以提高缩口成形的尺寸精度，同时可以有效地减轻或防止变形区的失稳起皱。特别是采用内支撑的结构，其防止失稳起皱的效果更好。

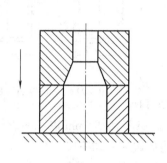

图 6-22　无心柱支撑缩口模示意图

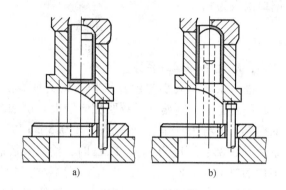

a)　　　　　　　b)

图 6-23　有支撑的缩口模
a）外部支撑　b）内外支撑

第四节　旋　　压

旋压是一种特殊的成形工艺，多用于搪瓷和铝制品工业中，在航天和导弹工业中，应用也较广泛。

一、旋压的成形原理、特点及应用

旋压是将毛坯压紧在旋压机(或供旋压用的车床)的芯模上，使毛坯同旋压机的主轴一起旋转，同时操纵旋轮(或赶棒、赶刀)，在旋转中加压于毛坯，使毛坯逐渐紧贴芯模，从而达到工件所要求的形状和尺寸，如图6-24 所示。旋压可以完成类似拉深、翻边、凸肚、缩口等工艺，而且不需要类似于拉深、胀形等复杂的模具结构，适用性较强。

旋压的优点是所使用的设备和工具都比较简单，但是其生产率低、劳动强度大，所以限制了它的使用范围。

按旋压时的金属变形特点，旋压可以分为普通旋压和变薄旋压。

普通旋压时，旋轮施加的压力一般由操作者控制，变形后工件的壁厚基本保持板料的厚度。在普通旋压中，若旋轮加压太大，特别是在板料外缘处，容易起皱。

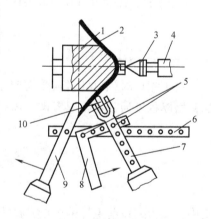

图 6-24　旋压原理图
1—芯模　2—板料　3—顶尖　4—顶针架
5—定位钉　6—机床固定板　7—旋压杠杆
8—复式杠杆限位垫　9—成形垫　10—旋轮

二、旋压工艺

合理选择旋压主轴的转速、旋压件的过渡形状及旋轮施加压力的大小，是编制旋压工艺的三个重要因素。

如果主轴转速太低，板料将不稳定；若转速太高，则容易过度辗薄。合理的转速可根据被旋压材料的性能、厚度及芯模的直径确定。一般软钢为 $400 \sim 600 \text{r/min}$；铝为 $800 \sim 1200 \text{r/min}$。当毛坯直径较大、厚度较薄时取小值，反之则取较大的转速。

旋压操作时应掌握好合理的过渡形状，先从毛坯靠近芯模底部圆角半径开始，由内向外赶辗，逐渐使毛坯转为浅锥形，然后再由浅锥形向圆筒形过渡。

旋压成形虽然是局部成形，但是，如果材料的变形量过大，也易起皱甚至破裂，所以变形量大时需要多次旋压成形。旋压的变形程度以旋压系数 m 表示。对于圆筒形旋压件，其一次旋压成形的许用变形程度大约为

$$m = \frac{d}{d_0} \geqslant 0.6 \sim 0.8$$

式中，d 为工件直径；d_0 为毛坯直径。

多次旋压成形中，如由圆锥形过渡到圆筒形，第一次成形时圆锥许用变形程度为

$$m = \frac{d_{\min}}{d_0} \geqslant 0.2 \sim 0.3$$

式中，$d_{\min}$ 为圆锥最小直径；d_0 为毛坯直径。

旋压件的毛坯尺寸计算与拉深工艺一样，按工件的表面积等于毛坯的表面积求出毛坯直径。但由于毛坯在旋压过程中有变薄现象，因此，实际毛坯直径可比理论计算直径小 $5\% \sim 7\%$。由于旋压的加工硬化比拉深严重，所以工序间均应安排退火处理。

三、变薄旋压（强力旋压、旋薄）

变薄旋压加工如图 6-25 所示。旋压机顶块 3 把毛坯 2 紧压于芯模 1 的顶端。芯模、毛坯和顶块随同主轴一起旋转，旋轮 5 沿设定的靠模板按与芯模素线（锥面线）平行的轨迹移动。由于芯模和旋轮之间保持着小于坯料厚度的间隙，旋轮施加高压于毛坯（压力可达 2500MPa），迫使毛坯贴紧芯模并被辗薄逐渐成形为零件。由此可见，变薄旋压在加工过程中，毛坯凸缘不产生收缩变形，因而没有凸缘起皱的问题，也不受毛坯相对厚度的限制，可以一次旋压出相对深度较大的零件。与冷挤压比较，变薄旋压是局部变形，而冷挤压变形区较大，因此，变薄旋压的变形力较冷挤压小得多。经变薄旋压后，材料晶粒致密细化，提高了强度，降低了表面粗糙度值。变薄旋压一般要求使用功率大、刚度大的旋压机床，多用于加工薄壁锥形件或薄壁的长管形件，所得零件尺寸精度和表面质量都比较好。

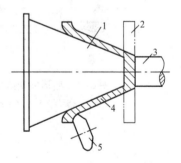

图 6-25 变薄旋压示意图
1—芯模 2—毛坯 3—顶块
4—工件 5—旋轮

变薄旋压的变形程度用变薄率 ε 表示：

$$\varepsilon = \frac{t_0 - t_1}{t_0} = 1 - \frac{t_1}{t_0} \tag{6-22}$$

式中，t_0 为旋压前毛坯厚度；t_1 为旋压后工件的壁厚。

圆筒形件的变薄旋压不能用平面毛坯旋压成形，只能采用壁厚较大、长度较短而内径与

之相同的圆筒形毛坯。

圆筒形件变薄旋压可分为正旋压和反旋压两种，如图 6-26 所示。按使用机床的不同，旋压也可分为卧式和立式旋压两种。

正旋压时，材料流动方向与旋轮移动方向相同，一般是朝向机头架。反旋压时，材料流动方向与旋轮移动方向相反，未旋压的部分不移动。

圆筒形件变薄旋压时，一般塑性好的材料一次的变薄率可达 50% 以上（如铝可达 60%~70%），多次旋压总的变薄率也可达 90% 以上。

立式旋压模如图 6-27 所示。立式旋压模用多个钢球代替旋轮，这样，旋压点增多了，不仅提高了生产率，而且降低了工件的表面粗糙度值。钢球的数目随零件的大小而不同，并在钢球组成一个圆圈后保持圆周方向有 0.5~1mm 的间隙。

立式旋压可以获得比较大的变形程度。如对于黄铜、低碳钢、不锈钢等材料，一次最大的变薄率可达 85% 左右。

立式旋压可在专用的立式旋压机上进行，也可在普通的钻床上进行。

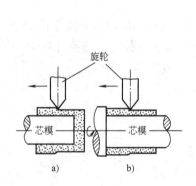

图 6-26　筒形件变薄旋压
a）正旋压　b）反旋压

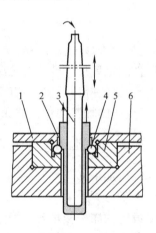

图 6-27　立式旋压模
1—压环　2—毛坯　3—芯模
4—钢球　5—凹模　6—底座

第五节　校　形

校形大都用于冲裁、弯曲、拉深和成形工序后的修整，其目的是把成形后的冲压件校正至符合零件规定的要求。

一、校形的特点及应用

校形工序的特点主要是：局部成形，变形量小；校形工序对模具的精度要求比较高；校形时的应力状态应有利于减小卸载后由工件的弹性恢复引起的形状和尺寸变化。

校形可分为：平板零件的校平，通常用来校正冲裁件的平面度；空间零件的校形，主要用于减小弯曲、拉深或翻边等工序件的圆角半径，使工件符合零件规定的要求。

二、平板零件的校平

按板料的厚度和对表面质量的要求不同，校平模可分为光面校平模和齿形校平模两种。

图 6-28 所示为光面校平模。一般对于薄料和表面不允许有压痕的板料，应采用光面校平模。为了使校平不受压力机滑块导向误差的影响，校平模应做成浮动式。采用光面校平模校正材料强度高、回弹较大的工件时，其校平效果不太理想。而采用如图 6-29 所示的齿形校平模，校平效果则远优于光面校平模。

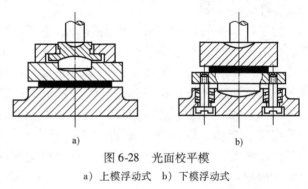

图 6-28　光面校平模

a）上模浮动式　b）下模浮动式

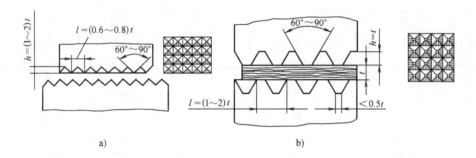

a) b)

图 6-29　齿形校平模

a）尖齿校平　b）平齿校平

齿形校平模可分为尖齿和平齿两种。尖齿模用于表面允许留有齿痕的零件，平齿模用于工件厚度较薄的铝、青铜和黄铜等表面不允许有深压痕的零件。上下模齿形应相互交错，其形状和尺寸可参照图 6-29b 所示的参考数值。

三、空间形状零件的校形

空间形状零件的校形模与一般弯曲、拉深模的结构基本相同，只是校形模工作部分的精度比成形模更高，表面粗糙度值更低。

图 6-30 所示为弯曲件的校形模。在校形模的作用下，毛坯不仅在与零件表面垂直的方

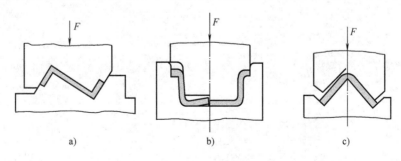

a) b) c)

图 6-30　弯曲件的校形模示意图

向上受压应力的作用，在长度方向上也受压应力的作用，产生不大的压缩变形。这样就从本质上改变了毛坯断面内各点的应力状态，使其受三向压应力作用。三向压应力状态有利于减小回弹，保证零件的形状及尺寸。

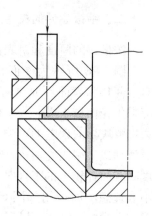

由于拉深件的形状、尺寸精度等要求不同，所采用的校形方法也有所不同。对于不带凸缘的直壁拉深件，通常都是采用变薄拉深的校形方法来提高零件侧壁的精度。可将校形工序和最后一道拉深工序结合在一起进行，即在最后一道拉深时取较大的拉深系数，其拉深模间隙仅为 $(0.9 \sim 0.95)t$，使直壁产生一定程度的变薄，以达到校形的目的。当拉深件带有凸缘时，可对凸缘平面、直壁、底面及直壁与底面相交的圆角半径进行校形，如图 6-31 所示。

图 6-31　拉深件的校形

第七章　非轴对称曲面零件冲压

非轴对称曲面零件的种类很多，有大型覆盖零件，有中、小型不规则零件，最典型的是覆盖零件。这些零件形状复杂，深度不均匀，不对称，由空间曲面组成，因而成形困难，容易产生回弹、起皱、拉裂、表面缺陷等。

下面主要叙述非轴对称覆盖零件冲压工艺与模具设计要点。

第一节　非轴对称曲面零件冲压工艺

一、非轴对称曲面零件及其成形特点

这类零件尤其是覆盖零件，其尺寸大，材料较薄，形状复杂，表面质量要求高，因而，它在成形时的变形性质一般不单是拉深，还有局部胀形、弯曲等，其变形的共同特点是：既具有前面叙述的曲面形状零件中间部分的胀形和凸缘部分拉深的复合变形特点，又具有盒形零件的沿坯料周边不均匀变形的特点。因此，前面对曲面形状零件和盒形零件拉深变形的分析方法、得出的结论和解决问题的办法等，基本上都可以用于分析非轴对称曲面形状零件的成形。但是，既然是非轴对称的曲面零件，尤其是大型覆盖零件，其内部往往有局部凸凹形状，在成形过程中毛坯是逐步贴模的，毛坯内部位于板平面内的主应力方向与大小、板平面内两主应力之比（σ_1/σ_2）等应力状态不断变化，相应的，主应变方向与大小、两主应变之比（$\varepsilon_1/\varepsilon_2$）也随之不断变化。为了实现这类零件的顺利成形，须解决不少特殊问题，如变形程度及其控制、变形不均匀性及其对策等。因此，冲压件的结构设计、冲压工艺、冲模设计与制造等都具有特殊性。

二、模型

覆盖件的形状多为空间立体曲面，其形状尺寸很难在覆盖件图样上完整准确地表达出来，因此，覆盖件的形状尺寸须借助主模型来描述。主模型是冲模设计制造的依据，图样上无法得到的形状尺寸依靠主模型采集。由此可见，主模型是覆盖件图样的必要补充。

工艺模型是利用主模型，按冲压工序的需要确定冲压方向，并增加工艺补充部分制成的模型。工艺模型的型面都取覆盖件的内表面。用工艺模型可直接以仿形或数控仿形加工拉深模的凸模和压料圈，还可用计算机按工艺模型直接生成凹模的加工程序。

数学模型是应用计算机建立的覆盖件模型。这为覆盖件成形及模具 CAD/CAE/CAM 创造了条件，它可以在计算机上模拟冲压成形、调整冲压方向、模拟装配，这是上述模型无法实现的，因此它是模具设计与制造的发展方向。

三、冲压工艺

非轴对称曲面零件的冲压工艺建立在前面所述冲压工艺基础之上，也有冲裁、弯曲、拉深、成形等工序。但它毕竟是非轴对称的三维曲面零件，成形工序往往具有复合成形性质，其模具结构与前面所述的又有原则区别，因此设计这类零件的冲压工艺时必须认真分析研究。

1. 成形可能性分析

首先，覆盖零件一般都采取一次成形，这是零件表面质量和产品经济性的要求。为此，应在选材、零件设计、冲压工艺设计及模具设计方面为一次顺利冲压成形创造条件。

对于这类零件成形的可能性，不能简单地利用以前所述的各冲压工序的工艺参数或零件尺寸参数加以确定。它很难准确计算出极限变形程度，因而采用分析方法来确定一次成形的可能性。

（1）类比法　即参考以往冲压过的类似零件的工艺资料，进行分析比较，以判断一次成形的可能性。也可以将覆盖件看成由若干个各具不同变形特点的"基本形状单元"组成（如弯曲、成形、直壁、曲面轴对称、锥形、盒形等），分别将其与前述相应的基本冲压成形进行类比分析，用基本冲压成形的计算方法进行工艺计算，并考虑基本单元间的相互影响，判断其成形时可能产生的问题及能否一次成形。这种类比法只是近似的。

（2）应力应变分析法　覆盖件能否顺利成形取决于两方面：一是传力区的承载能力，即传力区是否有足够的抗拉强度；二是变形区的变形方式及可能产生的问题。覆盖件的成形一般是伸长与压缩两种变形的组合，以伸长类为主或以压缩类为主，或者两种变形差不多。伸长变形可能产生过量变薄和破裂；压缩变形可能产生失稳起皱。

通过对覆盖件各部位应力和变形的分析，可以粗略地掌握覆盖件的伸长或压缩变形特点及成形顺利进行的主要障碍；还可以进一步明确应采取什么措施，以保证一次成形的顺利进行。应用坐标网格试验分析法，将试验数据与零件形状尺寸对照分析，可以得出更接近实际的结果。

世界各大汽车公司都采用计算机仿真技术（AE）预测产生起皱、破裂、回弹等缺陷的可能性，分析和优化冲压件结构形状和冲压成形过程。目前，汽车覆盖件的冲压成形工艺与模具设计，大多以 CAD/CAE/CAM 一体化技术代替了传统的工艺和模具设计与制造手段。

（3）成形度判断法　成形度 α 按下式计算

$$\alpha = \left(\frac{l}{l_0} - 1 \right) \times 100\%$$

式中，l 为成形后零件纵截面的长度；l_0 为成形前相应截面的坯料长度。

在覆盖件最深或认为最危险的部位，取间隔 50～100mm 的纵向截面，计算各截面的成形度。

当 $\alpha_{av} \leqslant 2\%$ 时，因胀形成分不够而产生回弹，要获得良好的所需形状是困难的。

当 $\alpha_{av} \geqslant 5\%$ 或 $\alpha_{max} \geqslant 10\%$ 时，不能只靠胀形成形，必须使坯料以拉深方式从凸缘拉入凹模。

当 $\alpha_{av} \geqslant 30\%$ 或 $\alpha_{max} \geqslant 40\%$ 时，很难用拉深成形，此即拉深极限成形度。极限成形度与材料性质、变形条件、零件复杂性、模具结构等有关。

2. 冲压方向的确定

冲压方向的确定原则如下：必须保证凸模顺利地进出凹模，需要成形的部位在一次冲压中完成；开始拉深成形时，凸模与板料接触状态良好，接触面积尽量大，且位于冲模中心；拉深深度浅且各处拉深深度均匀，以使拉深时各部分进料阻力均匀（图 7-1）。

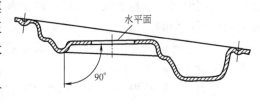

图 7-1 冲压方向与压料面选择

3. 压料面的设计

压料面对于非轴对称曲面零件的成形起着重要作用，其位置、形状及尺寸直接影响到成形阻力及变形力的大小与分布，从而影响整个坯料成形时各处的塑性变形状态。

压料面的设计原则是：压料面形状应尽量简单，以平面为宜，最好是水平面，也可以是斜面、平滑曲面或平面与曲面组合形状。压料面与冲压方向的关系有三种：图 7-2a 所示为水平压料面，成形时，其材料流动阻力容易调整与控制；图 7-2b 所示为内倾斜压料面，其流动阻力最小，用于较深拉深件的拉深成形，$\alpha < 40° \sim 50°$；图 7-2c 所示为外倾斜压料面，其流动阻力较大，用于浅拉深件的拉深成形，β 角不宜过大。压料面必须保证冲压成形工序在任一截面上，其坯料长度小于成形工序件相应截面的曲线长度，以保证毛坯伸长变形量达到 3%~5%，最小不应小于 2%（图 7-3），以减少回弹，提高工件形状准确性。压料还应使毛坯在成形工序和后续工序有可靠的定位，保证送料与出件方便。

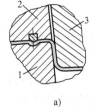
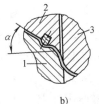
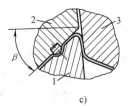

图 7-2 压料面与冲压方向的关系
a）水平 b）内倾斜 c）外倾斜
1—凹模 2—压边圈 3—凸模

图 7-3 压料面内坯料长度与成形件
内相应截面曲线长度的关系

4. 工艺补充部分和工艺切口

为了给覆盖件创造良好的拉深成形条件，在覆盖件以外增加而在后续工序中切除的部分，称为工艺补充部分，如图 7-4 所示。

工艺补充部分主要有两种作用：一种作用是压料的需要（图 7-4a），压料面由工艺补充部分和零件凸缘部分组成，或全部是工艺补充部分，还可通过工艺补充简化压料面形状（平面），以利于毛坯均匀流动和均匀变形；另一种作用是工艺延伸（图 7-4b），即

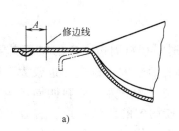
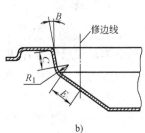

图 7-4 工艺补充部分

通过工艺延伸使拉深件形成侧壁，拉深件周边侧壁形成封闭形状，以利于拉深成形。以上都是拉深成形必不可少的。

图7-4中所示参数和其他结构形式及参数可参考有关设计资料。

工艺切口一般是指在拉深件某些凹形或凸起（即与拉深方向相反的反成形部分）处，当局部变形程度太大时，可在该部分的适当部位冲出适当形状及尺寸的工艺孔或工艺切口，使成形部分的变形程度得以减轻，以免局部开裂。其冲切时间（落料时冲出或拉深时冲出）、位置、形状、尺寸一般在试冲时确定或在计算机模拟成形时分析并确定，如图7-5所示。

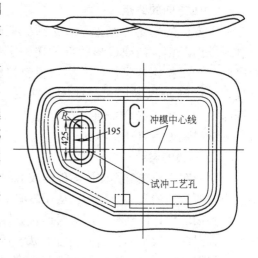

图7-5　汽车门外板拉深试冲工艺孔

5. 坯料的形状和尺寸

覆盖件坯料的展开形状和尺寸对拉深时周边阻力的大小和均匀性影响很大，从而会影响板料成形趋向性，影响拉深成形能否顺利进行，但很难用计算方法准确确定。一般是根据零件的变形性质，采用以前所述坯料展开法，并考虑压料面和修边量等，初步确定坯料形状和尺寸，再经过试冲修正，最后确定坯料的形状和尺寸。如果用剪切方法下料，坯料形状只能接近所需的理想形状。

6. 冲压工艺方案

覆盖件冲压工序包括落料、拉深成形、修边、冲孔、翻边等。其工艺方案应根据产量和零件结构等确定。当试制或进行小批量生产时，一般只有拉深成形用冲模，其他工序则用其他加工方法，如落料、修边采用剪切等；中批量生产时，除拉深成形外，修边、翻边等影响零件质量和工作量大的工序也用冲模生产；大批量生产时，每道工序基本上都用冲模生产，并安排在一条冲压生产线上，工序间以各种自动化装置及其控制系统实现传递。

第二节　非轴对称曲面零件冲模

非轴对称曲面零件，尤其是覆盖件的冲模种类很多，其设计与制造有很多特殊要求，以下为覆盖件冲模设计的要点。

一、拉深模

1. 拉深筋的设置

图7-6所示零件在成形时沿坯料周边产生的拉深变形是不均匀的，直边部分变形小，径向拉应力也小；曲线部分变形较大，拉应力也较大。所以，冲件整个侧壁内拉应力的分布是不均匀的，差值可能相当大。为使坯料四周产生尽可能均匀的变形，使坯料中间部分在各个方向上都产生比较均匀的胀形变形，有效办法是沿凹模周围恰当地设置拉深筋，以使坯料在整个周边产生较均匀的、足够大的拉应力，从而得到所需的胀形变形并达到防皱的目的。

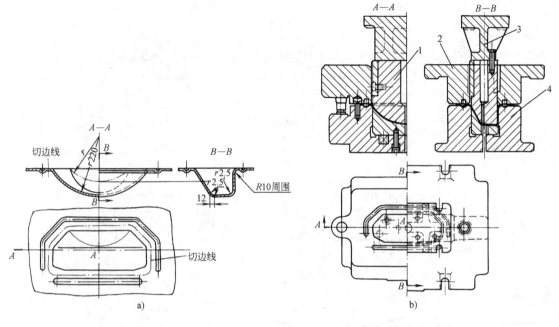

图 7-6 非轴对称曲面零件的拉深

a）非轴对称曲面零件图 b）拉深模

1—凸模 2—压边圈 3—凸模座 4—凹模

由此看来，在非旋转体曲面形状零件拉深模上设置拉深筋，不仅是为了增大径向拉应力以防皱，还是为了调整坯料周边进入凹模的阻力，使整个周边摩擦阻力均匀。改变拉深筋的结构、高度、圆角半径和数目，可以调整径向拉应力的大小及其沿周边的均匀性，调整方便，范围大。这是采用调整压料力和改变坯料尺寸来调整径向拉应力的方法难以做到的。

覆盖件拉深模常用拉深筋的种类及结构参数见图 7-7 和表 7-1。除此之外，生产中还应用三角筋、压料槛等。

表 7-1 拉深筋的结构尺寸 （单位：mm）

名 称	W	$d \times p$	d_1	l_1	l_2	l_3	h	K	R	l_4	l_5
圆形嵌入筋	12	M6 × 1.0	6.4	10	15	18	12	6	6	15	25
	16	M8 × 1.25	8.4	12	17	20	16	8	8	17	30
	20	M10 × 1.5	10.4	14	19	22	20	10	10	19	35
半圆形嵌入筋	12	M6 × 1.0	6.4	10	15	18	11	5	6	15	25
	16	M8 × 1.25	8.4	12	17	20	13	6.5	8	17	30
	20	M10 × 1.5	10.4	14	19	22	15	8	10	19	35
矩形嵌入筋	12	M6 × 1.0	6.4	10	15	18	11	5	3	15	25
	16	M8 × 1.25	8.4	12	17	20	13	6.5	4	17	30
	20	M10 × 1.5	10.4	14	19	22	15	8	5	19	35

注：材料为 45~55 钢

拉深筋在冲件周边上的布置，应根据冲件的几何形状和变形特点而定。如图 7-6 和图 7-8 所示，在径向拉应力较大的圆弧曲线部位上，应不设或少设拉深筋；在径向拉应力较小的直线部位或曲率较小的曲线部位上，要设或多设拉深筋。如果冲件周边拉应力相差很

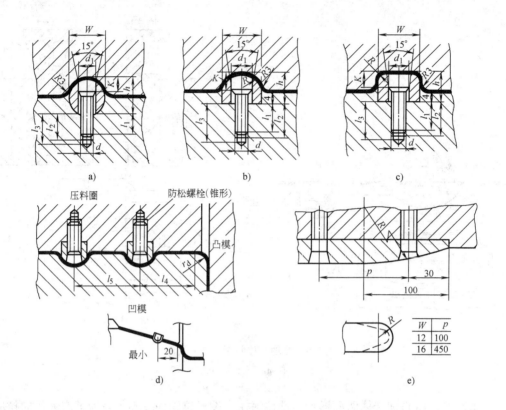

图 7-7 拉深筋结构图

a) 圆形嵌入筋 b) 半圆形嵌入筋 c) 矩形嵌入筋 d) 双筋结构 e) 双筋纵向剖视图

大，则在拉应力小的部位上设两排甚至三排拉深筋，以免因进料不均衡而产生拉偏现象。对于深度和曲率均小的零件，为了减小回弹，应加强拉深筋的作用（采用矩形筋、三角筋），使零件形状主要靠坯料的胀形得到。

2. 拉深模的导向机构

拉深模的导向包括压边圈与凸模之间导向和凹模与压边圈之间导向。

（1）单动压力机用拉深模的导向 单动压力机用拉深模，其凸模通常装在工作台上，凹模装在压力机滑块上。其导向机构的结构形式如图 7-9 所示。图 7-9a 表示凸模与压边圈间用滑板导向，而凹模与压边圈间用导板导向。凹模与压边圈还可采

图 7-8 大型覆盖零件的拉深筋布置

用箱式背靠块滑板导向（图 7-9b）和下模背靠导块式导向（图 7-9c）。对于凸、凹模合模精度高的复合模，可采用以上导向方式与导柱导向相结合的导向。

（2）双动压力机用拉深模的导向 双动拉深压力机用拉深模，其凹模通常装在压力机工作台上，凸模装在内滑块上，压边圈装在外滑块上。导向机构的结构形式如图 7-10 所示。图 7-10a 表示压边圈与凹模用背靠式导向，用于形状复杂、型面极易产生侧向力的场合。图 7-10b 表示凸模与压边圈之间采用滑板导向。图 7-6 表示压边圈与凸模以滑板导向，压边圈与凹模用导柱导套导向，其导向精度高。

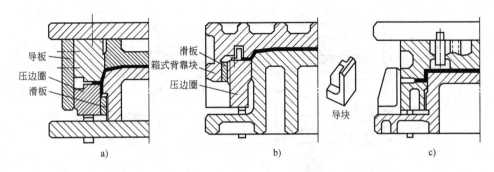

图 7-9　单动压力机用拉深模导向机构

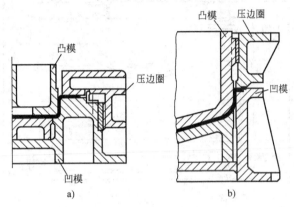

图 7-10　双动拉深压力机用拉深模导向机构

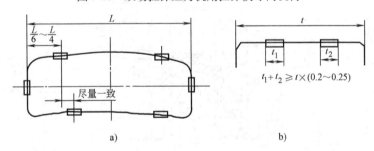

$$t_1+t_2 \geqslant t \times (0.2 \sim 0.25)$$

图 7-11　凸模和压边圈的导向布置及尺寸

a) 导向布置　b) 导向尺寸

　　导向机构应对称布置于四周,一般有 4~8 对。凸模与压边圈间的滑板导向布置在凸模外轮廓的直线部位或曲面最平滑的部位,且与中心线平行。滑板长、宽尺寸应根据模具的工作行程和轮廓尺寸而定,如图 7-11 所示。导向间隙一般为 (0.3 ±0.05)mm。

　　滑板等导向零件的材料采用 T10A,热处理硬度为 60HRC;或者采用 QT600-3A,正火处理。新型自润滑导板(滑块)是在板面上钻孔并填满石墨,在供油困难的地方特别适用。

　　导柱、导套、滑板等均已标准化。

3. 拉深模的典型结构

　　图 7-12 所示为单动拉深压力机用大型覆盖件拉深模。此模具主要由三大部件构成:凸模 6、凹模 1、压边圈 5,其导向机构采用图 7-9a 所示的结构形式,压边圈通过顶杆孔的顶杆 7 和限位块支承。

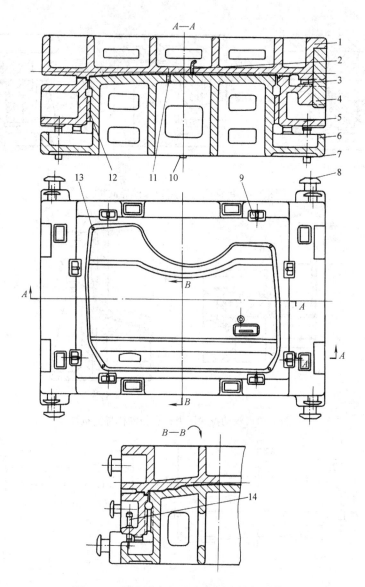

图 7-12　单动压力机用大型覆盖件拉深模

1—凹模　2、11—通气孔　3—限位块　4—导板　5—压边圈　6—凸模　7—顶杆
8—起重棒　9—定位块　10—定位键　12—滑块　13—到位标志器　14—限位螺钉

双动拉深压力机用拉深模如图 7-6b 所示。模具由四大部件构成：凸模 1、凹模 4、凸模座 3 和压边圈 2。

4. 覆盖件拉深模工作部分的结构设计及材料

（1）凸模和凹模的结构尺寸　对于覆盖件拉深模，凸模和凹模的设计至关重要。除工艺上有特殊要求外，凸模轮廓的形状尺寸和工作高度根据冲压件尺寸设计，凸模工作部分的厚度为 70～90mm，侧面有 40～80mm 直壁，然后缩小 15～40mm 并用 45°角过渡，以减少加工面。凹模的关键部位是压料面、凹模平面轮廓及圆角和安装在凹模里成形冲压件上的装饰棱线、筋条及凸台、凹坑的凸模或凹模。这些部位的形状、尺寸也是根据冲压件的尺寸和拉深成形需要设计的。凸、凹模均应设通气孔，通气孔的位置、数量、尺寸应根据拉深件形状而定。

（2）主要零件的铸件结构　覆盖件拉深模的形状复杂，其凸模、凹模、压边圈毛坯常采用铸造成形。拉深模材料可选用 HT250、HT300、QT600-3 或钼钒合金铸铁。为了满足模具的功能要求并减轻质量，铸件结构及参数必须满足铸造的工艺要求。汽车冲模模架端头、模架已标准化。

（3）限位装置　模具工艺零件的工作行程应设限位装置，如图 7-12 中的限位块 3、限位螺钉 14、到位标志器 13。

在试制和小批量生产覆盖零件时，采用铋锡低熔点合金或锌基合金，以铸造法制造拉深成形模具，不但可大大缩短制造周期，而且合金可以重新熔化、铸造，继续使用。同时合金硬度较低，工件表面不易被擦伤。但合金强度、硬度低，模具寿命短，价格比较贵。

图 7-13 所示为低熔点合金拉深模简图。其制造过程如下：先熔化置于熔箱 5 内的低熔点合金，并放入样件 3，样件上有许多小孔，以便让合金流过，然后放入凸模 13 及凸模固定板 8，并安置好压边圈 9 及限位垫板 10，凝固后以样件为界分开，取出样件，修光凸、凹模即可使用。

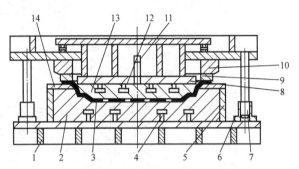

图 7-13　低熔点合金拉深模简图

1—下模座　2—低熔点合金凹模　3—样件　4、12—螺钉
5—熔箱　6—导柱固定座　7—导柱　8—凸模固定板
9—压边圈　10—限位垫板　11—通气孔
13—低熔点合金凸模　14—凹模镶块

二、切边模

1. 覆盖件切边模的特点

覆盖件切边模的作用是将拉深工序件的工艺补充部分和压料面多余材料切掉。由于零件较大，而且往往是在曲面上切边，因此，切边模有以下特点：

1）凸、凹模工作部分一般采用拼块结构，为了节省模具钢，有的还采用堆焊刃口结构。图 7-14 所示为拼块及堆焊的结构形式。拼块材料可用 T10A，但目前已逐渐被 7CrSiMnMoV 所替代。

2）冲压往往是多方向的。理想的切边方向是切边刃口运动的方向与工序件的切边面垂直，但这在覆盖件上很难做到，在曲面上切边也是不可能做到的。因此，必须允许切边方向与切边面有一个允许的夹角。根据切边刃口运动的方向有三种切边，即垂直切边（图 7-15a、c、d）、水平切边（图 7-15b）、倾斜切边（图 7-15b）。根据零件的形状，有的零件只需要在一个方向切边，有的则需要在两个以上方向切边，如图 7-15b 所示。

水平切边和倾斜切边需要斜楔滑块机构。为此，必须正确计算斜楔滑块角度与模具行程的关系、斜楔滑块角度和冲压力的关系，以及正确设计斜楔滑块结构和滑块复位机构（参考有关设计资料）。

3）废料一般采用废料切刀装置，但废料切刀装置及工作过程与第三章所述内容有所不同，其上模利用凹模拼块的接合面（该面高出凹模面）作为废料切刀的一个刃口，下模在凸模拼块之外的相应处装有一个废料切刀，如图 7-16 所示。图中 $a = 2 \sim 3$mm；$b = 6 \sim 8$mm；

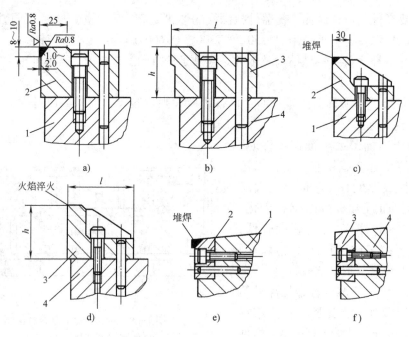

图 7-14　拼块及堆焊的结构形式

a) Q235 板块式拼块(堆焊刃口)　b) 工具钢板块式拼块　c) 角式拼块(堆焊刃口)

d) 工具钢角式拼块　e) 刀片式拼块(堆焊刃口)　f) 工具钢刀片式拼块

1、4—模体　2、3—拼块

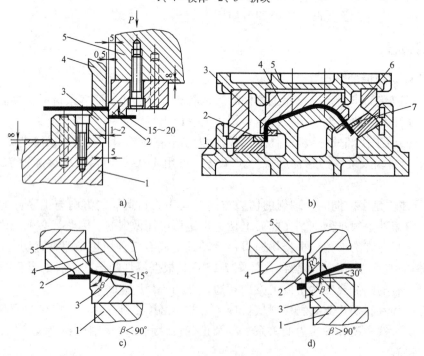

图 7-15　切边方向示意图

a) 垂直切边　b) 水平切边与倾斜切边　c) 斜面垂直切边(锐角)　d) 斜面垂直切边(钝角)

1—下模　2、7—凹模拼块　3、6—凸模拼块　4—推件器　5—上模

$c \geqslant t$（t 为板料厚度）；$h = 4 \sim 5 \mathrm{mm}$；$l_1 = 10 \mathrm{mm}$；$l_2 = 30 \sim 40 \mathrm{mm}$。

废料切刀沿工件周围布置一圈，其布局的位置及角度应有利于废料滑落并离开模具工作部位，如图7-17所示。为了便于清除废料，一般采用倒装式模具。

2. 切边模的典型结构

图7-18所示为垂直切边冲孔复合模。该模具有以下特点：①切边方向为斜面（钝角）、平面垂直切边，冲孔方向为水平面上垂直冲孔（同样道理，根据零件形状及孔位置的需要，也有倾斜冲孔、水平冲孔和在小于30°斜面上垂直冲孔）；②工序件以内形和定位杆3定位；③推件器10沿内滑板4在凹模座内上、下滑动；④凹模为镶拼结构，凸模采用堆焊刃口（图中未表示出来）；⑤切边后工件靠气动顶件器9顶起；⑥切边或切边冲孔模一般以导柱导套导向。

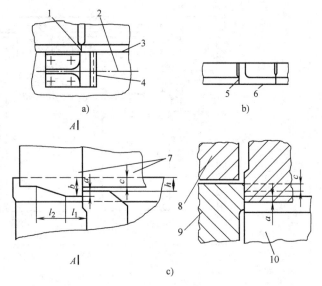

图 7-16　废料切刀装置

a）下模平面图　b）上模平面图　c）上、下刃口配合

1—凸模拼块接合面　2—工件外形　3—凸模刃口　4—废料刀刃口
5—凹模拼块接合面（切废料刃口）　6—凹模刃口
7—凹模拼块　8—推件器　9—凸模拼块　10—废料刀

三、翻边模

覆盖件翻边按翻边位置分为内孔翻边和外缘翻边；按翻边面分为平面翻边和曲面翻边；按翻边的变形性质分为压缩类翻边和伸长类翻边。同一零件可以有不同形式的翻边。以前叙述的翻边变形特点、可能产生的问题及解决问题的办法，基本上适用于覆盖件的翻边。覆盖件翻边模比较复杂，按翻边凸模或凹模运动的方向，有垂直翻边模、水平翻边模、倾斜翻边模；有向内翻边模、向外翻边模；还可分为部分翻边模和周边封闭翻边模等。

图7-19所示为垂直翻边模。该模具的特点

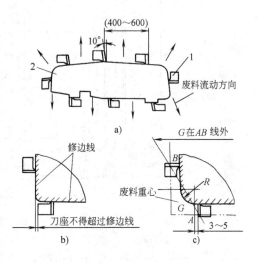

图 7-17　废料切刀的布置类型

1—废料切刀　2—切边凸模

是：①工件的四个圆角部为压缩类翻边，用钢制凹模镶块；②工序件以顶件块7四周的工作型面定位；③八个弹簧10的弹力通过推件块9把包在凸模5上的工件卸下；④由顶件块7把工件顶出凹模并由气动顶件装置8将工件顶离顶件块并翻转一定角度，以便出件；⑤上、下模以导柱导向，顶件块7与凹模以滑板导向。

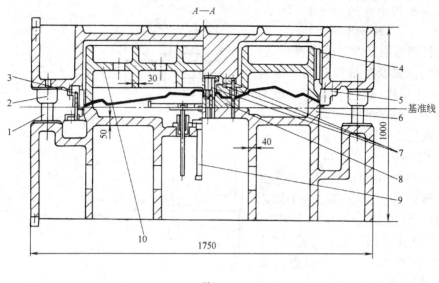

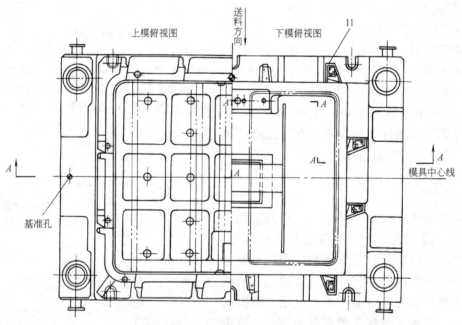

图7-18 垂直切边冲孔模

1—导柱 2—导套 3—定位杆 4—内滑板 5—凹模拼块 6—凸模（堆焊刃口）
7—冲孔凸模 8—冲孔凹模 9—气动顶件器 10—推件器 11—废料切刀

图7-20 所示为双边向内水平翻边模。上模下行，压料板1首先把工件紧紧压在凸模座2上，接着翻边凸模8在中间斜楔7的作用下扩张到翻边位置后不动，翻边凹模镶块6与滑块5一起在斜楔3的推动下向内翻边。上模上行时，凹模在弹簧9的作用下复位，凸模也在弹簧的作用下向内收缩，取出工件。

由上述两例可见，覆盖件翻边模设计时必须十分注意卸件装置的设置。

翻边凸模受力和磨损一般较小，宜设计成整体式，选用灰铸铁或铬钼钒合金铸铁，可进行局部表面淬火。凹模受力和磨损较大，宜设计成镶块，选用工具钢，热处理至58～62HRC。

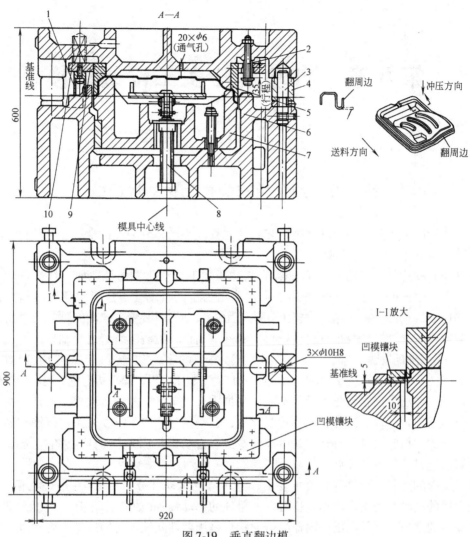

图 7-19　垂直翻边模

1—推件器限位柱　2—吊杆　3—导柱　4—导套　5—凸模拼块
6—凹模　7—顶件块　8—气动顶件装置　9—推件块　10—弹簧

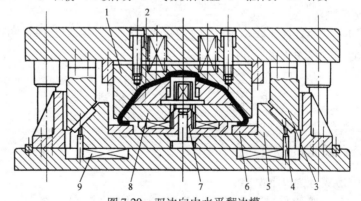

图 7-20　双边向内水平翻边模

1—压料板　2—凸模座　3—斜楔　4—滑板　5—滑块
6—翻边凹模镶块　7—中间斜楔　8—活动翻边凸模　9—弹簧

第八章　自动模与多工位级进模

第一节　冲压生产的自动化与自动模

冲压生产的自动化按照自动化范围和自动化程度不同，分为冲压全过程自动化、自动压力机与冲压自动生产线、自动模。

从冲压自动化技术发展的情况来看，目前冲压加工自动化主要是把加工材料自动送到冲模的作业点（工作位置）上，并把冲压件自动取出为主的自动化。这里包括三种情况：一是采用自动压力机；二是在普通压力机上安装通用的自动送料装置，自动卸件、自动出件装置及检测装置；三是冲模本身带有自动送料、卸件、出件、检测等装置的自动模。

随着近代工业的发展，以高质量、高效率冲模为中心的计算机控制全自动冲压加工系统不断涌现。全自动冲压加工生产线、冲压加工中心、全自动落料压力机、CNC 折弯机等均已用于生产。

自动模是冲压生产自动化的最基本的也是最重要的单元。所谓自动模，通常是指具有独立而完整的送料、定位、出件和动作控制机构，在一定时间内不需要人工进行操作而自动完成冲压工作的冲模。可见，自动模是由冲模本身和自动化装置两大部分组成的。自动模的自动化装置已向机械手方向发展。

自动模中的送料、出件等装置主要由模具本身的运动部分来驱动（一般是上模），还可以由压力机的曲轴或滑块来驱动，也可以由单独的驱动装置（如机电、液压、气动等）来驱动。

自动模的送料、卸件、出件动作的最大特点是周期性间歇地与冲压工艺协调进行。除机械手外，实现周期性动作的机构有棘轮机构、槽轮机构、凸轮机构、定向离合器、平面连杆机构等。自动模的自动化装置就是自动模的驱动装置通过周期性动作机构使自动化装置的工作零件产生周期性工作。

以下主要叙述常用的自动送料装置及自动出件装置，自动检测与保护装置仅叙述基本原理，其元器件有的已经标准化了。

第二节　自动送料装置

一、自动送料装置的分类

按送进材料的形式分为以下两类：

（1）送料装置——将原材料送入模具的装置　此装置送进的是条料、板料、带料或线材、棒料等原材料。常见的送料装置有钩式、夹持式、辊轴式等。

（2）上件装置——将工序件送入模具的装置　详细的自动送料装置的分类见表8-1。

表 8-1 冷冲压的自动送料装置

冷冲压的自动送料装置

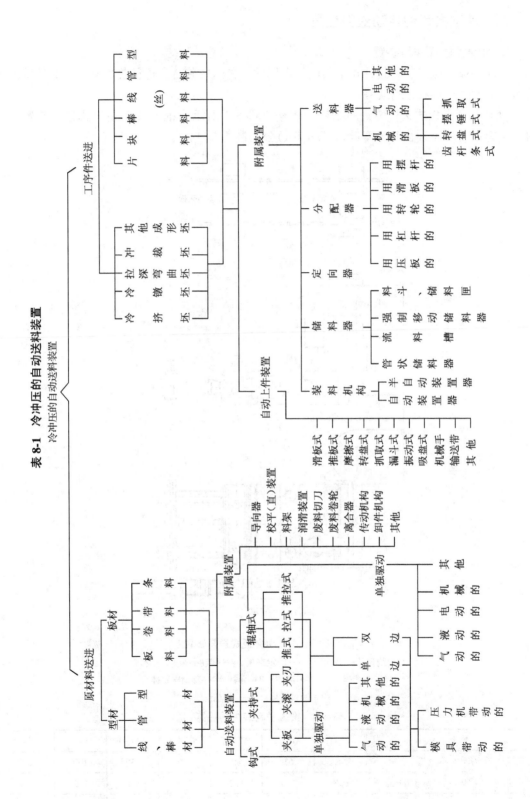

二、两种常用的自动送料装置

1. 气动夹板式送料装置

气动夹板式送料装置是近几年国内外常用的一种送料装置。这种装置有推式和拉式两种结构。下面介绍推式送料装置。

（1）气动夹板式送料装置的结构与规格　图 8-1 所示为推式气动夹板式送料装置的结构，其规格见表 8-2[由日本双叶（FUTA-BA）公司制造]。

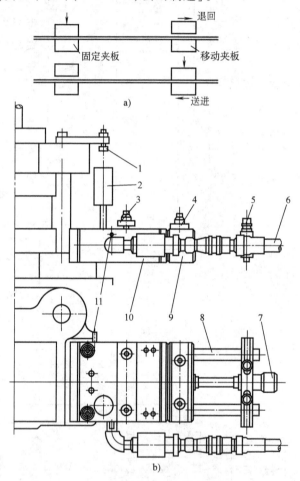

图 8-1　推式气动夹板式送料装置

1—推杆　2—导向阀　3—固定夹板　4—移动夹板　5—导轮
6—连接器　7—调节装置　8—导杆　9—移动夹紧体
10—送料器体　11—排气孔

表 8-2　推式送料装置的性能

送料器型号	AF-1C	AF-2C	AF-3C	AF-4D	AF-5D	AF-6D	AF-6S
最大送料宽度 B/mm	38	65	80	100	150	200	250
最大送料宽度时材料厚度 t/mm	0.8	1.0	1.2	1.5	1.6	1.5	1.2
所夹材料的最大厚度 t'/mm	0.8	1.0	1.2	1.5	2	2	2

（续）

送料器型号	AF-1C	AF-2C	AF-3C	AF-4D	AF-5D	AF-6D	AF-6S
最大送料长度 L/mm	50	78	78	130	150	200	200
使用空气压力 p/MPa	0.4~0.5	0.4~0.5	0.4~0.5	0.4~0.5	0.4~0.5	0.4~0.5	0.4~0.5
固定夹紧力 F'/N(0.4MPa)	160	215	215	375	630	630	630
活动夹紧力 F''/N(0.4MPa)	215	340	395	675	1060	1200	1200
拉(推)力 F/N(0.4MPa)	88	130	200	200	245	245	245
最大送料长度时滑块每分钟行程数	200	160	150	100	80	70	60
最高行程，最大送进长度时的空气消耗量 V/(L/min)(0.4MPa)	27	47	70	70	100	100	100
质量 m/kg	6.5	8.5	10	16	38	46	51

　　气动夹板式送料装置的最大特点是动作灵敏轻便，调整方便，送料步距精度高，送料后经模具导正销导正的送进距误差可达 ±0.003mm；送料后无导正的也能获得 ±0.02mm，但有噪声。目前，这种送料装置应用十分广泛，与级进模配合使用能获得很好的技术经济效果。

　　（2）气动夹板式送料装置的工作原理　图8-2为推式气动夹板式送料装置的气动原理

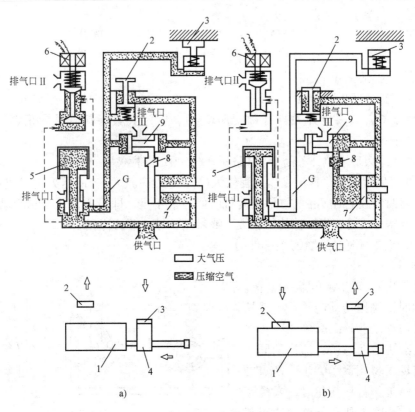

图8-2　推式气动夹板式送料装置气动原理图

a）送进动作　b）复位动作

1—送料器体　2—固定夹板　3—移动夹板　4—移动夹紧体

5—导向阀　6—电磁阀　7—主气缸　8—速度控制阀　9—推动阀活塞

图。图 8-2a 所示为送进动作原理，图 8-2b 所示为复位动作原理。

（3）送料与冲压动作的协调　送料过程必须与压力机滑块行程协调，才能保证自动送料装置的正常工作和送料精度。它们之间的关系如图 8-3 所示，图中各点的意义如下：

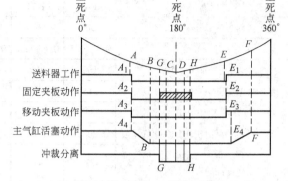

图 8-3　送料与冲压动作的协调关系

A——压力机滑块下降，推杆撞击导向阀，或者通过凸轮、限位开关、使电磁阀闭合；

A_1——送料器体开始工作；

A_2——固定夹板夹紧；

A_3——移动夹板打开；

A_4——比固定夹板和活动夹板动作略迟一点，主气缸活塞开始复位；

B——主气缸活塞复位结束；

C——凸、凹模开始工作；

D——凸、凹模工作结束，离开；

E——导向阀上升到一定位置停止，或者限位开关、电磁阀断开；

E_1、E_2、E_3——A_1、A_2、A_3 的反动作；

E_4——主气缸活塞开始送料；

F——主气缸活塞送料结束；

G——先于 C 点，限位开关打开（电路闭合），固定夹紧板打开，导正销对条料进行导正；

H——冲压结束后限位开关断开（电路断开），固定夹板夹紧。

由图 8-3 可以看出，当冲压工作行程较大（即 CD 距离较大），而压力机滑块行程长度大于导向阀行程两倍以上时，主气缸活塞复位时间可能不足，即造成冲压与送料动作不协调。这时必须降低压力机滑块每分钟的行程数，或者调整导向阀的行程。

（4）气动夹板式送料装置有关部件的调整

1）凸轮与限位开关的调整。图 8-4 为凸轮、限位开关、电磁阀电路示意图。由曲轴控制时，采用转动凸轮；由滑块控制时，采用移动凸轮。凸轮的工作应满足压力机滑块运动与送料动作的同步要求，并满足图 8-3 所示 G 点与 H 点的要求。当冲模工作行程变化时，或高速冲压时（电磁阀时滞现象会影响冲压与送料动作同步），应对电磁阀的闭合与断开时间进行调整，即改变凸轮轮廓曲线。

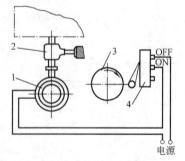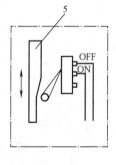

图 8-4　凸轮、限位开关与电磁阀电路示意图
1—电磁阀　2—供气阀　3—转动凸轮
4—限位开关　5—移动凸轮

导向阀与推杆的调整：从图 8-1 可以看出，推杆的安装位置必须同导向阀同轴并有一定的调节量，这是因为导向阀的动作情况对压力机滑块行程和送料动作的协调有影响，同时必须避免滑块在下死点时，导向阀撞击送料装置上表面。为此，应调整推杆高度，使滑块在下死点时，导向阀与送料装置上表面有 2mm 的间隙；也可以改用电磁阀控制。

2）送料速度的调整。送料速度是通过调整速度控制阀得到的。速度过大，活动夹紧体与送料器主体相碰时的冲击力较大，会造成条料打滑而影响送进距精度。正确的调整方法是：先把速度控制阀关闭，再慢慢拧开进行微调，直至达到要求的送进距精度为止。

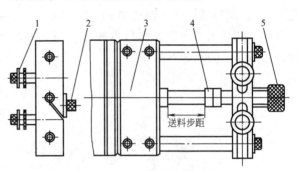

图 8-5　送进步距的调整
1—导轮　2—锁紧螺钉　3—活动夹紧体、板
4—调整垫　5—步距调整螺钉

3）送进步距的调整。如图 8-5 所示，步距大小是通过调整步距调整螺钉和调整垫达到的。

另外，气动夹板式送料装置还配备相应的开卷装置、矫平装置、材料张弛控制架和收卷装置或废料切断装置。

2. 辊轴自动送料装置

辊轴自动送料装置是通过一对辊轴定向间歇转动而进行间歇送料的，如图 8-6 所示。按辊轴安装的方式有立辊和卧辊之分，应用较多的卧辊又有单边和双边两种，单边卧辊一般是推式的，少数用拉式；双边卧辊是一推一拉的，其通用性更强，能用于很薄的条、带、卷料的送料，保证材料全长被利用。

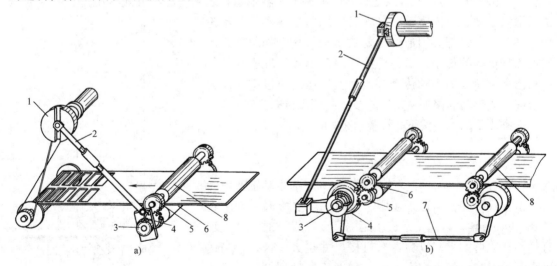

图 8-6　辊轴自动送料装置简图
a）单边卧辊推式　b）双边卧辊推拉式
1—偏心盘　2—拉杆　3—棘轮或定向离合器　4、5—齿轮　6、8—辊轴　7—推杆

（1）辊轴送料装置的工作过程　图 8-7 为四杆机构传动的单边辊轴自动送料装置结构图。其工作过程如下：开始使用时，先将偏心手柄 8 抬起，通过吊杆 5 把上辊轴 4 提起，使

上、下辊轴之间形成空隙，将条料从间隙中穿过，然后按下偏心手柄，在弹簧的作用下，上辊轴将材料压紧。拉杆7上端与偏心调节盘连接，当上模回程时，在偏心调节盘的作用下，拉杆向上运动，通过摇杆带动定向离合器2逆时针旋转，从而带动下辊轴（主动辊）和上辊轴（从动辊）同时旋转完成送料工作。当上模下行时，辊轴停止不动，到一定位置（冲压工作之前）后，调节螺杆6撞击横梁9，通过翘板10将铜套3提起，使上辊轴4松开材料，以便让模具中的导正销导正材料后再冲压。当上模再次回程时，又重复上述动作。照此循环动作，达到自动间歇送料的目的。

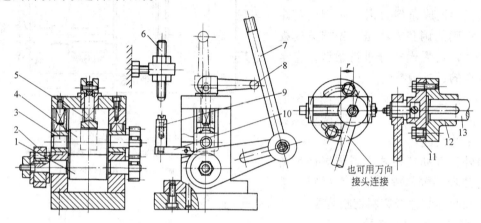

图8-7　辊轴自动送料装置结构图

1—下辊轴　2—定向离合器　3—铜套　4—上辊轴　5—吊杆　6—调节螺杆（撞钉）　7—拉杆
8—偏心手柄　9—横梁　10—翘板　11—偏心调节盘　12—法兰盘　13—曲轴

（2）辊轴送料装置的结构特性

1）驱动力的传递方式及送进步距的调节。辊轴送料装置的驱动方式有压力机曲轴或压力机滑块驱动、上模驱动、电动或气压单独驱动等。不论哪一种驱动方式都必须通过必要的传动机构，如曲轴带动曲柄摇杆机构的传动，压力机滑块、上模和气缸驱动杆等带动齿条齿轮或摇杆的传动等，把上述运动通过定向离合器最终变成辊轴的保证一定送进步距的间歇旋转运动。

送进步距的大小按下式计算（图8-8）

$$s = \frac{\pi d_1}{360}\alpha \tag{8-1}$$

式中，s 为送进步距；d_1 为主动辊直径；α 为主动辊转角。

由上式可知，当送进步距一定时，就要协调主动辊直径 d_1 和 α 转角，以满足送进步距的需要。设计时主动辊轴直径不宜取得太大，以免送料机构尺寸过大。这样，当送进步距较大时，就要增大 α 角，但对于曲柄摇杆机构，摇杆摆角一般不宜超过100°，最好在45°以内。因此，设计时应全面考虑和正确选择传动方式和机构的几何参数。

对于现有的辊轴送料装置，需要调节送进步距时，就必须调节转角 α 的大小。改变转角 α 的大小，可通过调节

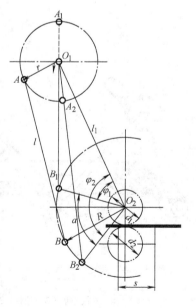

图8-8　送进步距与辊轴
直径及其转角的关系

传动机构的几何尺寸参数来实现。对于曲柄摇杆机构，可调节摇杆的长度(如图 8-7 所示，改变拉杆下端在摇杆上的位置)和偏心盘上偏心轴销的位置；对于齿轮齿条传动，可调节其传动比。曲柄摇杆机构调节送进步距的范围较小，齿轮齿条传动的调节范围较大。

另外，也可应用数字控制技术来控制送进步距，如图 8-9 所示。送进步距由数字计算机控制，并根据压力机曲轴端的转换凸轮、微动开关指令进行工作。每个脉冲的送进长度一般是 0.1mm，对于精度要求较高的送料，每个脉冲的送进长度是 0.05mm 或 0.01mm。

必须注意到，当定向离合器驱动辊轴作间歇运动时，必然要产生加速度，而且加速度最大的时刻是间歇运动开始和终了的时刻，从而引起机械振动，这对送料精度影响很大。因此，随着高速压力机的发展，出现了凸轮驱动辊轴的辊轴送料。凸轮的形状应保证间歇运动开始和终了时，加速度不会突变，从而避免振动，提高送料精度。图 8-10 所示为应用蜗杆凸轮-辊子齿轮式分度机构的辊轴送料装置。该装置即使在高速送料情况下也能保持很高的送料精度，如当送料速度为 120m/min 时，送进步距误差仅为 ±0.025mm。

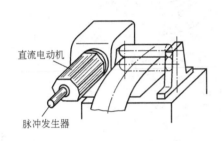

图 8-9　脉冲控制步进电动机的辊轴送料

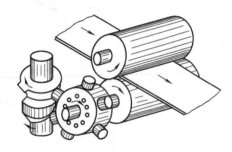

图 8-10　蜗杆凸轮驱动的辊轴送料

2) 定向离合器。自动送料装置中使用的定向离合器有普通定向离合器和异形滚子定向离合器，如图 8-11 所示。普通定向离合器的基本结构及工作原理是：当外轮逆时针转动时，由于摩擦力的作用使滚柱楔紧，从而驱动星轮一起转动，而星轮转动带动送料装置的工作零件转动。当外轮顺时针转动时，带动滚柱克服弹簧力而滚到楔形空间的宽敞处，离合器处于分离状态，星轮停止转动。外轮的反复转动是由摇杆来带动的。

异形滚子定向离合器在其内、外轮之间的圆环内装有数量较多的异形滚子，而且滚子的方向是一致的。由于滚子 $a—a$ 方向的尺寸大于 $b—b$ 方向的尺寸，因而当外轮逆时针旋转时，滚子的 $a—a$ 方向与内、外轮接触，此时起啮合作用，带动内轮一起转动；当外轮顺时针转动时，则不起啮合作用，内轮不动。这种离合器由于滚子多，滚子圆弧半径较大，所以与内、外轮的接触应力小，磨损小，寿命长。当传递相同转矩时，径向尺寸比普通定向离合器小。由于体积小，运动惯性小，送进步距精度高。

定向离合器常用于驱动辊轴送料机构的辊轴，使之产生间歇转动(图 8-7)，以达到按一定规律自动送料的目的。它允许的压力机滑块行程次数和送料速度比棘轮机构大。压力机滑块行程数小于 200 次/min，普通定向离合器送料速度小于 30m/min，异形滚子定向离合器则小于 50m/min。

3) 辊轴。辊轴是与材料直接接触的工作零件，它有实心和空心两种。直径小的、送进速度低的用实心辊轴；直径大的、送进速度高的用空心辊轴。在高速压力机上应用空心的辊轴。由式(8-1)可以导出主动辊轴直径为

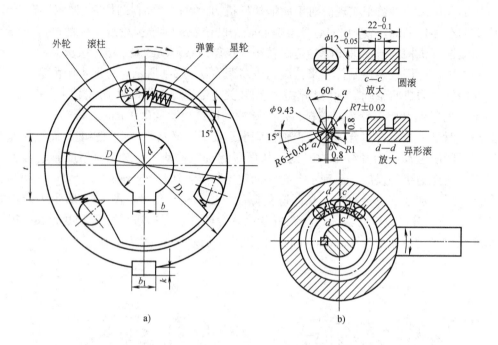

图 8-11 定向离合器

a) 普通定向离合器 b) 异形滚子定向离合器

$$d_1 = \frac{360s}{\pi\alpha} \tag{8-2}$$

从上式可以看出，主动辊直径受送进步距 s 和转角 α 的限制。从动辊可以设计得小些。由于上、下辊应有相同的圆周速度，所以辊轴的齿轮传动为升速关系。

即

$$\frac{d_1}{d_2} = \frac{n_2}{n_1} = \frac{Z_1}{Z_2} = i \tag{8-3}$$

式中，n_1、n_2 为主动辊和从动辊的转速；Z_1、Z_2 为主动辊和从动辊的齿轮齿数；i 为主动辊和从动辊的转速比。

根据上式可确定辊子的直径和齿轮的齿数。

4）抬辊装置。辊轴送料装置在使用过程中需要两种抬辊动作：一种是开始装料时临时抬辊，使上、下辊间有一间隙，以便材料通过；第二种抬辊动作是在每次送进结束后，冲压工作前，使材料处于自由状态，以便导正。实现第一种抬辊动作可以用手动；实现第二种抬辊动作有两种方式，即杠杆式和气动式，杠杆式是常用的方法。图 8-7 所示为调节螺杆推动杠杆而实现抬辊；图 8-12 所示为通过凸轮推动杠杆而抬辊，这种机构能够任意选择抬辊时间和抬辊量。

5）压紧装置。辊轴送料依靠辊轴与材料之间的摩擦力来完成材料的进给运动。为了防止辊轴与材料之间打滑而影响送进步距的精度，应设置压紧装置对辊轴施加适当的压力，以产生必要的摩擦力。压紧装置可以采用弹簧或气压，图 8-7 中的压紧装置为弹簧压紧装置。

6）制动装置。辊轴送料装置在送料过程中，由于辊轴及传动系统的惯性和离合器的打滑，会影响送进步距的精度。为克服上述现象，可在上辊或下辊轴端设置制动器，尤其对送进速度高、辊轴直径大的情况更应如此。制动器可以是闸瓦式的或圆盘式的。当然，对于送进速度小、送进距精度要求不高的也可以不设置制动器。

7）上、下辊之间的传动。上、下辊之间通常以齿轮来传动。如果仅仅是上、下辊上的一对齿轮直接传动，则材料厚度变化会引起齿隙的增大（图8-13a），从而会影响送进步距精度。因此，一方面在辊子上装制动器，另一方面建议材料厚度不超过齿轮的模数。如果采用间接传动（图8-13b），即使材料厚度发生变化，齿轮基本上也能保持正常传动。

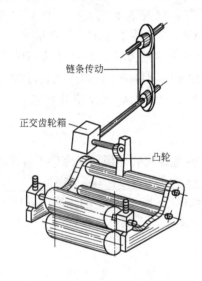

图 8-12　凸轮式抬辊机构

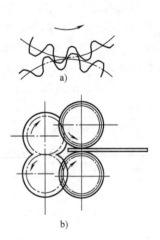

图 8-13　送料辊的传动
a）直接传动　b）间接传动

8）冲压与送料动作的协调。辊轴送料装置与其他送装置一样，必须保证冲压工作与送料动作有节奏地配合。当冲压工作行程开始时，送料装置应已完成送料工作，料停在冲压区等待冲压。冲压工作完成后，上模回到一定高度，即上、下模工作零件脱离时才能送料。这种配合关系可用送料周期图表示（图8-14）。由图可以看出，抬辊的开始点和结束点对称于滑块的下死点，而且抬辊开始点稍大于压力机的公称压力角（图8-14a），但不宜过早抬辊，以免引起板料位移而产生废品。如果不设抬辊装置，送料开始点也不一定从270°附近开始，只要避开冲压区，就可以实现送料，如图8-14b所示。

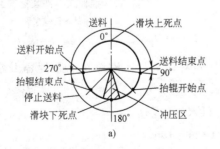

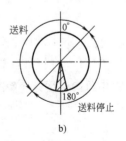

图 8-14　送料周期图

以上送料周期图是通过正确设计和调节传动机构来实现的。

（3）辊轴送料的特点及应用场合　辊轴送料装置的通用性强，适用范围广，宽度为

10 ~ 1300mm、厚度为 0.1 ~ 8mm 的条料、带料、卷料一般都适用。送进步距误差较小，一般的驱动方法可达 ±0.05mm。凸轮驱动辊轴送料，即使是高速送料，误差也可以很小。允许的压力机每分钟行程数和送进速度视驱动辊轴间歇运动的机构而定，对于棘轮机构传动，压力机转速不宜太高；对于凸轮传动，压力转速则可以很高。

三、自动上件装置

将工序件自动送到下一道冲压工序的模具上进行冲压，这种送料装置统称为自动上件装置。由于工序件的形状多种多样，因而上件装置的形式很多（见表 8-1）。一般的上件装置还需要配置一些辅助装置，组成如图 8-15 所示的送料系统。即把待加工的工序件装入料斗中，经过配出机构（包括分配机构和定向机构）使工序件具有正确的方位，并且连续不断地排列经过料槽进入上件装置，再由上件装置送到模具上进行冲压。自动生产线中的工序件也可不经过料斗和配出机构，直接通过上件机构进入模具的作业点上。现介绍几种常用的上件装置。

1. 推板式上件装置

推板式上件装置的工作原理如图 8-16 所示。将已整理定向的平板状工序件 1 置于料匣 2 中（或由配出机构把工序件直接送至推板前），当推板 3 向左运动时，将工序件从料匣底部推出，逐个推到模具上。当推板向右运动并从料匣底部退出时，料匣中的工序件随即落下相当于一块料厚的距离，使最下一块料停在送料线上，完成了一次送料的循环。下次送料照此循环进行。

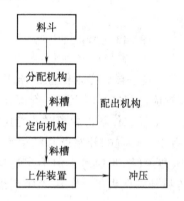

图 8-15　工序件自动送料系统

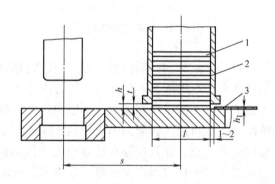

图 8-16　推板式上件装置的工作原理图
1—工序件　2—料匣　3—推板

设计推板式上件装置时必须注意以下几点：

1）为了保证工序件能顺利推出且每次只推出一件，推板在工序件导滑槽中的高度（即推板厚度）和料匣出口高度应按下式确定

$$h_1 = (0.6 \sim 0.7)t \tag{8-4}$$

$$h = (1.4 \sim 1.5)t \tag{8-5}$$

式中，h_1 为推板厚度；h 为料匣出口高度；t 为板料厚度。

2）料匣轴线到凸模轴线的距离 s 为坯料在送进方向上的长度 l 的整数倍，而推板的行程比工序件在送料方向的长度大 1 ~ 2mm。

3）采用推板式上件的平板件厚度一般应大于 0.5mm，并要求平整、无毛刺，不宜有过多的润滑剂，以免阻碍送进。

图 8-17 所示为具有推板式上件装置的半自动弯曲模。摇杆 11、连杆 10 和推板 4 通过连接件 1、7 连接而成的机构实质上是曲柄滑块机构。当上模下行时，上模通过滚轮 6 压下摇杆和连杆，推板沿由导向件 2、3 组成的导滑槽向右运动（侧视图），退出料匣 9 底部，工序件落下一个板料厚度的距离，弯曲凸模 8 和凹模 13 进行弯曲工作。当上模回程时，推板在弹簧的作用下向左复位（摇杆和连杆也复位），把工序件向左推进一步，一件推一件地把前面的工序件推入弯曲凹模的工作位置（限位板 5 定位）。同时顶杆 12 把弯曲好的工件推离弯曲模工作位置。

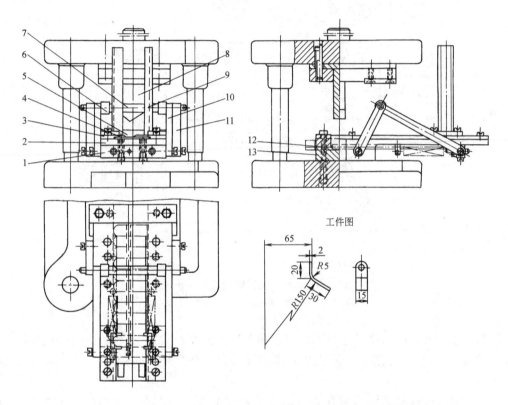

图 8-17　推板式上件半自动弯曲模
1、7—连接件　2、3—导向件　4—推板　5—限位板　6—滚轮　8—凸模
9—料匣　10—连杆　11—摇杆　12—顶杆　13—凹模

推板式上件装置的结构简单、制造方便、通用性强、成本低，但采用斜楔驱动时，一般送进步距较小。它可在较高速度的压力机上应用，当坯料在送料方向的尺寸小于 20mm 时，压力机行程次数可达 150 次/min；当尺寸大于 20mm 时，行程次数应适当减小。该装置主要用于平板工序件的送进。

2. 转盘式自动上件装置

转盘式自动上件装置是一种常见的上件装置。间歇旋转的转盘把配出机构送出的工序件依次送到模具上进行冲压。带动转盘转动的机构有棘轮机构、槽轮机构、蜗杆副、凸轮机构、摩擦器等。

图 8-18 所示为斜楔驱动棘轮传动的转盘式上件装置。其工作原理如下：当上模下行时，斜楔通过滚轮推动滑板向右运动，从而使棘爪带动棘轮（转盘）转过一定角度，即转动一个工位，把工序件送到凹模上。当上模回程，斜楔离开滚轮后，滑板在拉簧的作用下复位。照此循环动作，继续送料。转盘料孔中的工序件可以由配出机构送来。

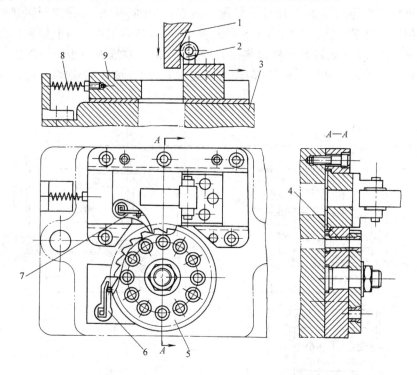

图 8-18　棘轮传动的转盘式上件装置

1—斜楔　2—滚轮　3—模座　4—凹模　5—转盘
6—定位爪　7—棘爪　8—拉簧　9—滑板

转盘式上件装置的轮廓尺寸与工位数量和工序件大小有关，工位数多、工序件尺寸大，转盘尺寸就大。但工位数少，一次上件转盘的转角大、惯性大，送料精度低。一般工位数为 24～30 个。

由于转盘式上件装置的送料作业点离开冲模作业点，较安全，因而广泛用于小型的杯形、平板形等工序件的送料。

图 8-19 所示为转盘式上件半自动冲裁弯曲模。当上模下行时，滚轮 8 推动斜楔 6 带动摆杆 9 摆动，棘轮 7 在摆杆中棘爪的拨动下做顺时针转动。由于棘轮与转盘 3 为刚性连接，因而棘轮转动带动转盘一起转动，直到滚轮离开斜楔进入直边部分，棘轮连同转盘不再转动，待小导柱 5 插入转盘上的导向孔后进行冲压。当上模回程时，在拉簧的作用下，斜楔复位，棘轮和转盘分别在定位爪 10 和定位楔 1 的作用下不动。照此循环动作，继续送料和冲压。

在转盘上的定位槽转到位置 2 之前，应将工序件放入定位槽内（连续用手工放置）。位置 2 是切口工序；位置 3 是冲长方孔工序；位置 4 是压弯工序；位置 5 是工件从凹模 2 排料孔落下。冲件在冲压过程中由固定卸料板 4 进行卸料。

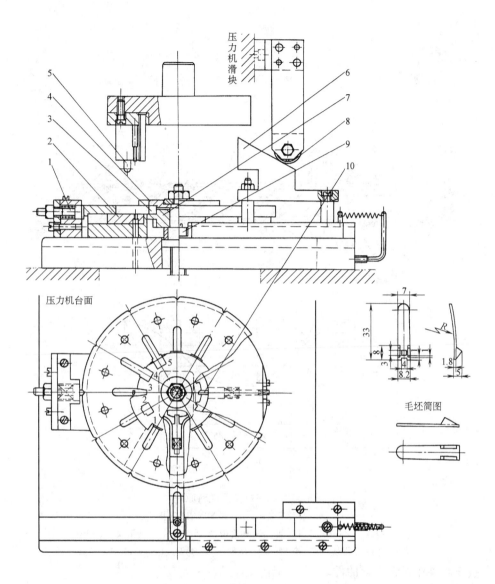

图 8-19 转盘式上件半自动冲裁弯曲模

1—定位楔 2—凹模 3—转盘 4—固定卸料板 5—小导柱
6—斜楔 7—棘轮 8—滚轮 9—摆杆 10—定位爪

3. 冲压机械手

随着冲压技术的发展，以多工位压力机和多台压力机冲压联动生产线的应用，冲压机械手在冲压安全生产和提高生产率等方面起到了突出的作用。图 8-20a 为二向(x、y)式机械手送料装置示意图，该装置用于普通压力机上的多工位传递模，它将工序件依次从上一工位传至下一工位，从而完成一个完整的冲压过程。

凸轮 1 安装在曲轴端上，随着曲轴的旋转而旋转，从而带动拉杆 2 上、下运动。通过摇臂 3、轴 4、扇形齿轮 5、齿条 6，使滑块 7、连接板 8 及两条夹板 9 沿着小滑块 10 的滑槽做纵向运动。在压力机滑块的两旁各装有一斜楔 11，随着滑块向下运动，推动小滑块 10 上的滚轮 12，使夹板连同夹钳 14(也称手指)张开。当压力机滑块向上运动时，在弹簧 13 的推动

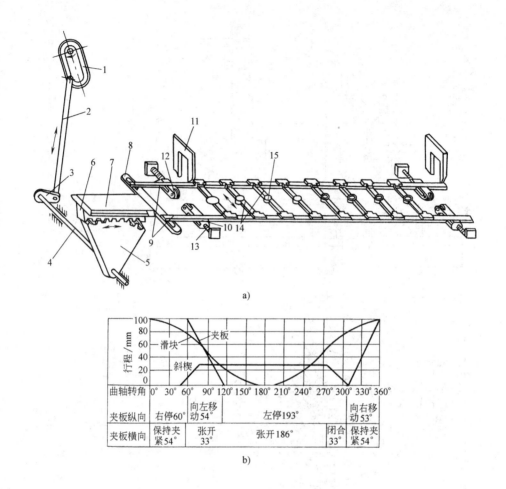

a)

b)

图 8-20　二向机械手送料原理

a）送料装置示意图　b）送料周期循环图

1—凸轮　2—拉杆　3—摇臂　4—轴　5—扇形齿轮　6—齿条　7—滑块　8—连接板

9—夹板　10—小滑块　11—斜楔　12—滚轮　13—弹簧　14—夹钳　15—冲件

下，夹板连同夹钳闭合夹紧冲件。

图 8-20b 为送料装置的送料周期循环图。当压力机滑块从上死点向下行程中，夹钳由夹紧冲件状态到张开，而夹板 9 由送料终点的静止状态开始复位；当压力机滑块处于工作行程状态时，夹钳仍然张开，夹板已复位并静止不动；当压力机滑块向上行程并接近于上死点时，夹钳夹紧冲件，夹板开始送料行程，直至滑块到达上死点，夹板送料行程结束，完成一个送料循环工作。

除了上述的机械传动的二向式机械手送料装置外，还有气动二向冲压机械手送料装置等。其"手指"有真空吸盘式和电磁铁式等结构形式。

4. 自动上件的附属装置

自动上件的附属装置很多，如储料器、料槽、分配器、定向器、控制器等。它们的作用是储存一定数量的工序件并经过分配与定向，使之具有一定的方向，经过料槽有次序地送到上件装置，以便按预定的规律送至冲模的工作位置上。

振动式料斗是典型的综合了储料、分配、定向等作用的装置，如图 8-21 所示。它由料斗1、芯轴2、托板3、电磁铁4、弹性支架5、底座6等组成。其工作原理如下：接通工频电源，经降压和整流(小型工序件也可以不整流)后输入电磁铁，在周期性变化磁场的作用下，电磁振动器的衔铁连同料斗和工序件产生上下振动，由于料斗是用三个倾斜的弹簧片支撑的，因而在上下振动的同时必然产生圆周方向的振动，两个方向振动的合成是螺旋方向的振动。结果是使工序件沿着料斗内壁上的螺旋导轨蠕动前进，直至送入料槽。通常工序件需要在料斗中定向，因而需要根据不同工序件的具体要求，在螺旋轨道上设置各种形状的分配与定向机构，如图8-22所示。

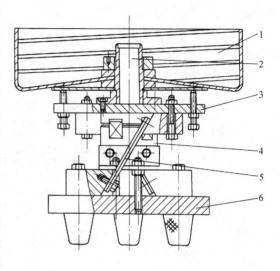

图8-21 振动式料斗
1—料斗 2—芯轴 3—托板 4—电磁铁
5—弹性支架 6—底座

振动式料斗结构不复杂、制造较方便，适应性强，使用很广泛。

图8-23所示为半自动冷挤压模，它采用振动式料斗储料并以分配器2和定向器1对坯料进行分配和定向。经定向后的坯料经过料槽进入挤压模的送料轨道(由导料板7构成)。当上模下行时，斜楔8推动滚轮9带动滑板3后移，此时料槽里的坯料进入轨道，同时对已进入凹模的坯料进行挤压。当上模回程时，靠拉簧的作用使滑板复位，带动推料板6向前运动，把坯料再送入凹模。当上模再次下行时，重复上述动作，继续进行挤压加工。在滑板上装有压料板4和压料钉5，其作用是在坯料的送进过程中起压料作用。

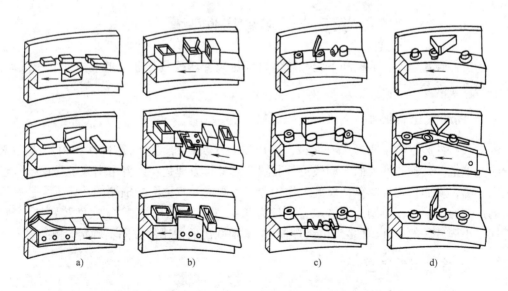

a)　　　　b)　　　　c)　　　　d)

图8-22 振动式料斗的各种分配与定向机构

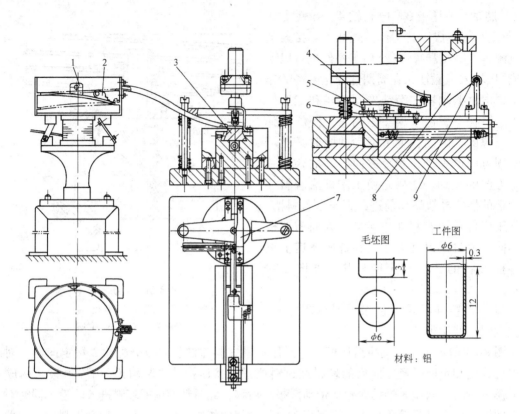

图 8-23 半自动冷挤压模

1—定向器 2—分配器 3—滑板 4—压料板 5—压料钉
6—推料板 7—导料板 8—斜楔 9—滚轮

第三节 自动出件装置

自动出件装置是使自冲模卸下的冲压件自动送离冲压模具作业点的装置。它有气动式、机械式和机械手等形式。

一、气动式出件装置

气动式出件装置的主要形式有两种，即压缩空气吹件和气缸活塞推件。图 8-24 为直接用压缩空气把冲件吹离冲模的气动式出件装置。其工作原理是：由管道引来的压缩空气经气阀送到喷嘴，从而将工件吹离冲模的工作位置。气阀的开或关由曲轴端的凸轮 1 来控制，保证其动作与冲压动作相协调。气体压力一般为 0.4～0.6MPa。压缩空气吹件装置结构简单，广泛用于小型冲件的出件(如多工位级进模中)，但吹出的冲压件方向不确定，噪声大。

二、机械式出件装置

机械式出件装置的结构形式很多。图 8-25 所示为接盘式出件装置。它是由上摇杆和下摇杆及接盘组成，接盘与下摇杆焊接成一个整体并互成 β 角，上、下摇杆之间为铰接并分别与上、下模铰接。这种结构保证了上模回程到最高位置时，接盘处于水平位置，以便冲压件

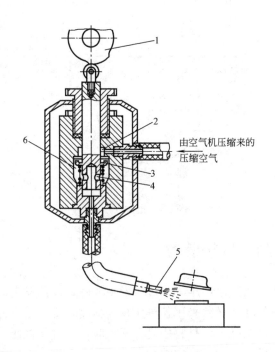

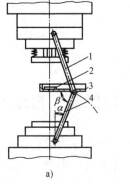

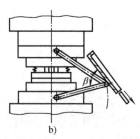

图 8-24　压缩空气吹件装置

1—凸轮　2—气阀上腔　3—阀门　4—孔

5—喷嘴　6—气阀下腔

图 8-25　接盘式出件装置

1—上摇杆　2—工件　3—接盘　4—下摇杆

在冲模推件装置的推动下落到接盘上
(图 8-25a)；当上模下行时，上、下
摇杆向外摆动，接盘有较大倾斜角，
使工件从接盘滑下(图 8-25b)。

接盘式出件装置的其他结构形式
如图 8-26 所示。其中，图 8-26a 所示
为斜楔推动的接盘式出件装置，斜楔
装在滑块上或模具上。图 8-26b 所示
为滑动式的接盘出件装置，它由滑块
通过钢丝绳带动摇杆、连杆运动，从
而带动接盘沿滑道滑动。

图 8-27 所示为弹簧式出件装置，
它利用弹簧(簧片)的弹力，将冲压件
推离冲模工作位置。

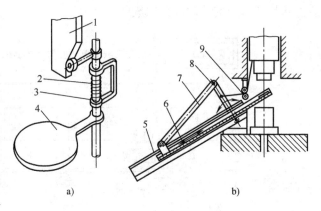

图 8-26　接盘式出件装置

1—斜楔　2—扭簧　3—轴　4、6—接盘　5—滑道

7—连杆　8—摇杆　9—钢丝绳

接盘式和弹簧式出件装置结构简单，在实际生产中应用很广泛。

三、出件与冲压工作的配合

出件装置的动作必须与冲压过程协调配合，冲件一般应在下一次被加工原材料或工序件
送至冲模作业点之前取出。图 8-28 为出件周期图，从图看出，一般把上模脱离下模，冲件
可以推出时至上模回到上死点之前作为出件时间。但对于不同的出件装置和不同的驱动方

式，出件时间的先后也有所不同。

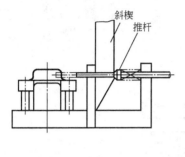

图 8-27 弹簧式出件装置

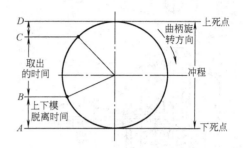

图 8-28 出件周期图

第四节 自动检测与保护装置

为使冲压生产的自动化能够顺利进行，必须防止整个冲压工作过程发生故障，以免发生冲模或设备的损坏甚至人身事故。为此，在必要的环节必须采用各种监视和检测装置，当出现送料差错、材料重叠或弯曲、料宽超差、冲压件未推出、材料用完等现象时，检测装置便发出信号，使压力机自动停止运转，保证生产过程安全地、稳定地进行。

图 8-29 为自动模及其有关环节所具有的各种监视和检测装置示意图。一般来说，检测与保护系统是由能感觉出差错的检测部分（如传感器等）及将检测出的信号向压力机发出紧急停止运转命令的控制部分组成的。

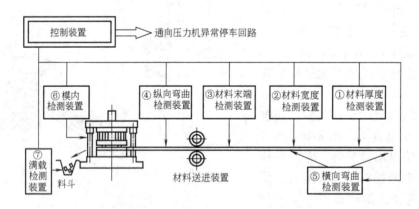

图 8-29 冲压自动化的监视与检测装置

目前常用的检测方法有：靠机械动作的限位开关或按钮开关进行检测；或者在电气系统回路中，用接触短路发出电信号并把电信号传给控制部分。利用传感器的方法（包括光电检测法）在现代冲压自动化生产中应用日益增多。

下面介绍几种检测方法及其特点。

一、原材料检测与自动保护装置

图 8-30a 所示为监视材料厚度、采用常闭限位开关的一种自动保护装置。图 8-30b 和图 8-30c 所示分别为检测卷料和工序件是否用完、采用常开限位开关的检测装置。

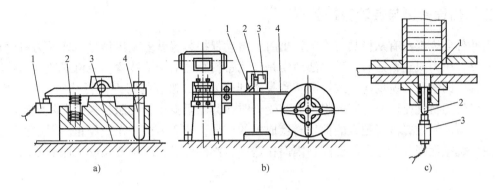

图 8-30 原材料的检测装置

a）1—开关 2—杠杆 3—材料 4—顶销 b）1—杠杆 2—触头 3—开关 4—卷料

c）1—工序件 2—顶杆 3—开关

二、模具内的检测与保护装置

图 8-31 所示为模具内的检测装置。其中图 8-31a 是定位检测法示意图。它是在定位板上设置传感器，只有材料送至预定的位置，并接触传感器时，压力机才会开动进行冲压工作，否则，压力机就不工作。图 8-31b 所示检测法用于级进模，当材料送到活动挡料器时，常开触头 KA_1 方能接通，压力机才能开动，否则压力机不能开动。如果上次冲压后，由于某种原因冲件未被顶出凹模，则常闭触头 KA_2 处于被顶件器顶开的状态，压力机滑块将停在上死点不动。如果冲孔凸模折断，材料没有冲出孔，或送进不到位，则导正销被顶起，常闭触头 KA_3 被顶开，滑块也处于停止状态，具体结构如图 8-31c、d 所示。

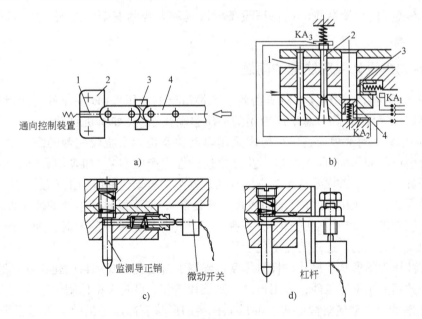

图 8-31 模具内的检测装置

a）1—传感器 2—定位挡板 3—剪切 4—材料

b）1—冲孔凸模 2—导正销 3—活动挡料器 4—顶件器

三、出件检测与自动保护装置

当冲件或废料没有从模具工作区推出时，自动保护装置就能发出信号，使压力机停止运转；相反，压力机正常运转。其办法通常是使用带传感器的检测装置，光电式监视与检测装置就是其中的一种。所谓光电式检测装置是指利用光电二极管的特性进行冲压过程的检测。光电二极管的特性是遮光时其内阻很大，受光时，其电阻变小，光照越强，电阻值越小。因此，可以借助光敏二极管把光的信号转换成电的信号，使压力机工作或停止。因这种装置调整方便，抗振性强，工作灵敏度高，因而在送料、推件等过程的监视及安全保护方面应用较广泛。

第五节　自动模设计要点

一、对自动模的要求

对自动模设计与制造有以下一般要求：

1）是否采用自动模及其自动化程度应根据冲压件产量、尺寸和复杂程度确定。

2）自动模的各种动作，包括送料、冲压、出件应按预定的冲压工作循环、有节奏地、可靠地协调配合，这是自动模稳定工作的基本条件。

3）组成自动模的各机构、元件均应可靠，包括零件强度、刚度应足够，弹性元件的弹力及工作行程应足够，液压、气动、电气装置应符合冲压工作的特点要求，安全可靠。这些是自动模工作稳定性的保证。

4）具备必要的检测装置，以保证设备、模具和人身的安全，保证冲压自动化的顺利进行。

二、自动模设计中应注意的问题

（1）正确确定自动化程度　对于需要连续性生产的冲压件（即冲压件生产量极多，几乎要连续生产同一零件），除考虑采用专用的冲压自动化系统（如单机自动化或自动冲压生产线）和高速冲压外，对冲模而言，可考虑采用自动化及检测系统较完善的高寿命的自动模。对于持续性生产的冲压件（即生产量不及需要连续性生产的多），如果用自动化生产，短期即可完成任务。对此，首先要选用基本的、通用性强的自动化冲压加工系统。对于冲模，应采用通用性强的自动化机构（如气动夹板式送料装置）；对于暂时性生产的冲压件（即要求安排生产的冲压件形状、尺寸不断变化），在推广标准化和简易冲模的同时，为生产安全起见，可考虑采用一些简易的、通用的自动化装置。

但是，冲压件的形状、尺寸、板料厚度也限制了自动化方式和自动化程度。例如，中小型冲压件，尤其是小型冲压件，采用自动化系统较适宜，可是大型件则较困难。

（2）正确选择自动模结构形式　冲压原材料的形状、冲压件的公差要求及所用压力机的类型是确定自动模结构形式的主要依据。加工材料为条料、带料、卷料或板料，则采用自动送料装置；加工材料为工序件，则采用自动上件装置。推板式上件装置适用于平板工序件的送进；转盘式的可用于平板件或成形件的送进；振动式料斗可用于各种形状的小型工序件的储料、分配、定向及送料工作。对于公差要求较高的，应使用夹板式或凸轮传动的辊轴送料装置。

实现间歇送料机构的选用原则是：当压力机滑块每分钟行程次数低时，可采用棘轮等驱动机构；当压力机滑块每分钟行程次数高时，应采用异形滚子的定向离合器；高速压力机宜用凸轮驱动的辊式送料装置等。

（3）正确确定自动模冲压周期图　由不同结构形式的送料和出件装置组成的自动模，其送料、冲压、出件均必须保证动作协调而不互相干扰。因此，必须根据自动模所选用机构的特性制定冲压周期图（图 8-14 和图 8-28），作为机构调节的依据（如曲轴端偏心盘初始位置的调节等），以保证良好的工作特性，保证产品质量和生产安全。

采用不同结构的送料和出件装置，其冲压周期图是不同的，但基本要求都一样，即冲压工作行程必须在送料动作结束之后；出件必须在凸、凹模脱离且能够取出冲件时开始；当采用气动夹板式和辊式送料时，必须保证冲压材料的导正等。

（4）自动模中的送料或出件机构应有一定的调节范围和必要的送进精度　这是为适应材料尺寸在一定范围的变化和保证准确送料。

需要通过调整有关机构方能达到送进要求的参数有材料宽度、厚度、送进步距及精度等。有关机构的调节方法前面已经叙述过，应该着重指出的是送进步距精度问题。影响送进步距精度的因素很多，如送料装置的结构形式、驱动和传动方式、压力机滑块每分钟行程次数、送进速度高低等，这些条件变化，送进步距误差也变化。

当然，保证送进步距误差不超过一定要求，一方面要靠送料机构，另一方面要靠模具本身的定位方式。所以，在辊轴等送料装置的自动模中往往应加上导正销或侧刃定位。

（5）设计自动模还应该注意与自动模有联系的生产环节　只注意模具本身而不考虑其与整个生产作业线的联系是不妥的。如自动模需要配以储料装置或料斗、工序件的分配与定向机构、冲件的及时整理与输送机构等。

第六节　多工位级进模

多工位级进模是在级进模基础上发展起来的高效模具。多工位级进模一般都配置自动送料、自动出件、自动检测与保护等装置，以实现高速、自动化生产，它适用于批量大、板料较薄的中、小型冲压件的生产，如电子电器接插件、IC 框架、散热片、连接件等。

一、多工位级模的分类

1. 按级进模所包含的工序性质分

多工位级进模不仅能完成所有的冷冲压工序，而且能进行装配等工作，但冲裁是最基本的工序。按工序性质，它可分为冲裁多工位级进模、冲裁拉深多工位级进模、冲裁弯曲多工位级进模、冲裁成形（胀形、翻孔、翻边、缩口、校形等）多工位级进模、冲裁拉深弯曲多工位级进模、冲裁拉深成形多工位级进模、冲裁弯曲成形多工位级进模、冲裁拉深弯曲成形多工位级进模等。

2. 按冲压件成形方法分

（1）封闭型孔级进模　这种级进模的各个工作型孔（除侧刃外）与被冲零件的各个型孔

及外形(或展开外形)的形状完全一样,并分别设置在一定的工位上,材料沿各工位经过连续冲压,最后获得成品或工序件(图8-32)。

(2)切除余料级进模 这种级进模是对冲压件较为复杂的外形和型孔,采取逐步切除余料的办法(对于简单的型孔,模具上相应型孔与之完全一样),经过逐个工位的连续冲压,最后获得成品或工序件。显然,这种级进模工位一般比封闭型孔级进模多。图8-33所示为经过八个工位冲压,获得一个完整的零件。

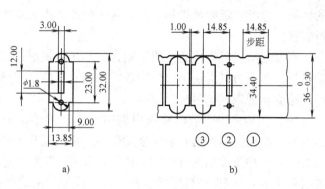

图8-32 封闭型孔多工位冲压
a)冲件图 b)条料排样图

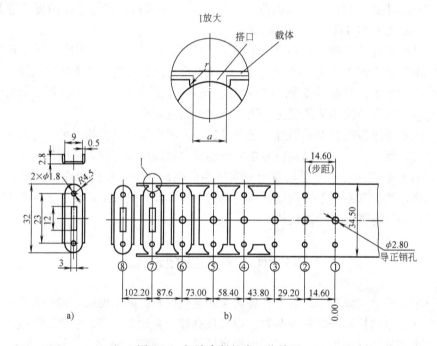

图8-33 切除余料的多工位冲压
a)零件图 b)条料排样图

以上两种级进模的设计方法是截然不同的,有时也可以把两种结合起来设计,即既有封闭型孔又有切除余料的级进模,以便更科学地解决实际问题。

二、多工位级进模的设计步骤

总的来说,多工位级进模设计与普通冲模设计一样,都必须首先进行零件工艺性分析和冲压工艺设计,进而进行模具设计。但由于多工位级进模是集分离工序与成形工序中许多冲压性质不同的工序于一副模具中,因而多工位级进模的设计与普通冲模的设计有很大的不同,要求也高得多。例如,设计冲压工艺时,必须得到试制或小批量生产的技术数据或工序样件,必要时还得以简易模或手工进行工艺验证,以获得较准确的零件展开形状及尺寸、工序性质、数量、顺序及工序件尺寸等，这是多工位冲压条料排样设计的重要依据。而多工位级进模的排样设计是多工位级进模设计的关键。排样设计之后即进行凸模、凹模、凸模固定板、垫板、卸料装置，导料、定距等零部件的结构设计。最后绘制总图和零件图，并提出使用维护的说明。

三、多工位级进模的排样图设计

一个正确而完整的排样图设计必须解决以下几个方面的问题。

1. 载体与搭口的选择

如图 8-33 所示，载体的作用是运送冲件至各个工位进行连续冲压，保证冲件在动态中保持稳定准确的定位。而搭口起的是连接载体与冲件或冲件与冲件的作用。

载体的基本形式如图 8-34 所示。

（1）等宽双侧载体（图 8-34a） 双侧载体条料送进平稳，送进步距精度高，可在载体上冲导正销孔，以提高送进步距精度；但材料利用率较低。双侧载体又可分为等宽双侧载体和不等宽双侧载体。对于板料薄的可采用双侧加强载体（图 8-35f）。

（2）单侧载体（图 8-34b） 单侧载体的条料刚度和送进步距精度不如双侧载体，宜用于板料厚度大于 0.5mm 和零件一端或几个方向都有弯曲的场合。对于细长件，为了增加条料刚度，采用单侧载体加上桥接载体，如图 8-35 所示。为了提高送进步距精度，可采用加强

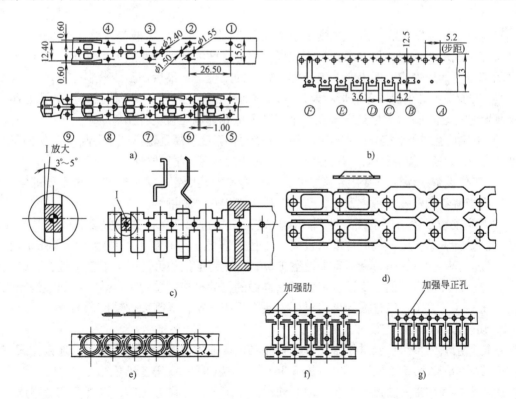

图 8-34　载体的形式
a）等宽双侧载体　b）单侧载体　c）中间载体　d）原载体
e）边料载体　f）双侧加强载体　g）加强导正载体

导正载体(图8-34g)。

（3）中间载体(图8-34c)　这种载体节省材料，适用于对称性零件，尤其是对于两外侧有弯曲的对称性零件，抵消了两侧弯曲时产生的侧压力。

（4）原载体(图8-34d)　原载体是指在条料上撕切出工件的展开形状，留出载体搭口，而后在各工位级进成形的一种载体。它适用于薄板多排的场合，可以节省材料。宜采用拉式送料。

（5）边料载体(图8-34e)　边料载体是在搭边或余料处冲出导正孔的一种载体。它省料，适用于板料较厚，余料上具有导正孔位置的场合。

2. 多工位级进模的工位排列原则

（1）排列数的确定　排列数应根据产量、零件形状及尺寸、模具制造与维修水平、材料利用率等而定，产量大、零件外形简单且尺寸小、模具制造与维修水平高、材料利用率高的，可采用双排或多排；否则，应采用单排。

（2）工序性质、数量与顺序的确定　这应根据零件工艺性要求、各种冲压工序变形规律与极限变形程度、零件的精度要求、冲压工艺稳定性、模具制造难易程度等，并考虑多工位连续冲压的特点，参照实际生产中类似零件的排样图，经认真分析与计算而定。除必须遵守第三章中普通级进模的排样原则外，特别强调以下几点：

1）在多工位级进模中，为了提高工艺稳定性，弯曲、拉深、成形等在一个工位上的变形程度宜小些。

2）在工序顺序安排方面，原则上宜先安排冲孔、切口、切槽等冲裁工序，再安排弯曲、拉深、成形等工序，但如果孔位于成形工序变形区的，则应在成形后冲出；对于精度要求高的部位，如校平或整形工序，应安排在较后的工位上；最后切断或落料分离。

3）工步安排必须保证零件形状及尺寸的准确性。对于精度要求高的部位(如孔心距、孔边距、两成形部位间)，应尽量安排在一个工位上或相邻两工位上冲出。

4）复杂内孔或外形按分步冲出时，只要不受冲件精度和模具轮廓尺寸限制，应力求凸、凹模简单规则，以便于模具制造，提高模具寿命，但也应注意控制工位数。

5）工位设置应保证凹模有足够强度，凸模容易安装固定。为此，除设置必要的空工位外，还应当避免凹模孔口距离太近，凸、凹模出现尖角、狭槽等。

（3）空工位设置与工位数的控制　设置空工位的目的是保证凹模强度，便于凸模安装调整和设置特殊结构或试模后可能增设某一工位的需要。其原则是：步距小($s < 8mm$)宜多设空工位，步距大($s > 16mm$)不宜多设空工位；导正销定位的可适当多设空工位，否则应少设空工位；冲件精度高的应少设空工位。这样做的目的是控制总的工位数，从而控制轮廓尺寸已经比较大的多工位级进模的外形尺寸，减少累积误差，提高冲件精度。

3. 切除余料过程中连接方式的选择

在切除余料的多工位级进模中，分段切除必须保证各段连接平滑无毛刺。连接方式有三种：搭接(图8-33第5工位)、平接(图8-34c)、切接(图8-33第8工位)。

由于平接和切接容易产生毛刺，因此前后两个工位间应设导正销，以提高定位精度。

4. 成形的方向问题

多工位级进冲压过程中必须保持条料的基本平面为一水平面，其成形部分只能向上或向下。

对于弯曲、拉深等成形工序究竟采用向上或向下成形，主要应考虑模具结构和送料方法以及卸料与顶件的可靠性，做到模具结构简单，送料方便，卸料、顶件可靠稳定。

5. 冲压力的平衡问题

排样图设计的结果应尽量使冲压力中心与模具中心重合，两者偏移量不能超过模板长(L)或宽(B)的1/6。还要注意成形过程产生侧压力的部位、方向、大小及影响，采取必要措施予以平衡。

6. 冲压毛刺的方向

有的冲压件有毛刺方向的要求，无论采用双排或多排，或分段切除余料，必须保证冲出的冲件毛刺方向一致。对于弯曲件，毛刺朝内较好，从这个意义上讲，向下弯曲可以达到要求。

7. 侧刃与导正销的设置

多工位级进模一般都设导正销进行精定位，侧刃则起粗定位作用。当使用送料精度较高的送料装置时，可不设侧刃，只设导正销即可；当送料精度较低或手工送料时，则应设置侧刃粗定位，导正销精定位。

导正销孔在第一工位冲出，第二工位开始导正，以后根据零件精度要求，每隔适当工位设导正销。它可以是零件上的孔(不宜用高精度的孔)，也可以在载体或余料上冲工艺导正孔。对于带料连续拉深，则可借助拉深凸模进行导正，但更多的是冲导正工艺孔。

8. 模具结构与加工

设计排样图时，必须自始至终认真考虑模具结构、装配方法、各零件尤其是各工艺零件的加工工艺及加工方法；保证模具结构的正确性和良好的加工与装配的工艺性。

9. 侧向冲压问题

需要侧向冲压时，应力求使凸模的侧向运动方向垂直于送料方向，以便将侧向冲压机构设在送料方向的两侧。

10. 材料的辗压纹向与排样的关系

除材料的力学性能、厚度、宽度应满足冲压件及多工位连续冲压的特定要求外，排样时必须注意冲压件对材料辗压纹向的要求，弯曲线与材料纹向的关系，即弯曲线应尽量与纹向垂直或成一个角度。

排样的结果，必须保证条、带料送进过程不发生步距变化；送进过程畅通无阻，不受浮动装置和模具工作零件高低部位的阻碍；材料利用率高。

多工位级进模排样图的设计实例：图8-35为簧片的多工位级进冲压排样图，带料为锡磷青铜，$t = 0.3$mm。

四、多工位级进模的步距精度与条料的定位误差

多工位级进模的工位间公差(步距公差)直接影响冲件精度。步距公差小，冲件精度高，但模具制造难。因此，应根据冲件的精度和复杂程度、材质及板料厚度、模具工位数、送料和定位方式，适当确定级进模的步距公差。计算步距公差的经验公式为

$$\pm \frac{T}{2} = \pm \frac{T'K}{2\sqrt[3]{n}} \tag{8-6}$$

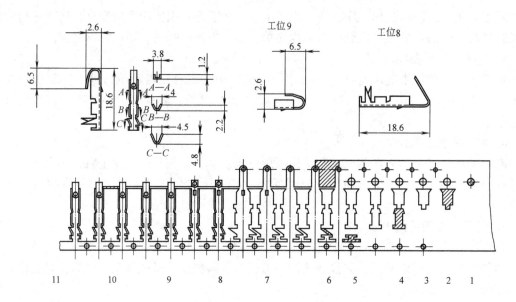

图 8-35 连接簧片排样图

1— 冲导正孔　2—切除余料　3—冲小孔　4、5、6—切除余料　7—切舌
8—首次弯曲　9—弯曲成形　10—切除桥接载体　11—切除载体

式中，$\pm\dfrac{T}{2}$ 为步距对称偏差值（mm）；T' 为冲件沿送料方向最大轮廓尺寸（展开后）的精度提高三级或四级后的实际公差值（mm）；n 为工位数；K 为修正系数，见表 8-3。

表 8-3 修正系数 K 值

冲裁（双面）间隙 Z/mm	K	冲裁（双面）间隙 Z/mm	K
0.01 ~ 0.03	0.85	>0.12 ~ 0.15	1.03
>0.03 ~ 0.05	0.90	>0.15 ~ 0.18	1.06
>0.05 ~ 0.08	0.95	>0.18 ~ 0.22	1.10
>0.08 ~ 0.12	1.00		

注：修正系数 K 主要是考虑料厚、材质因素，并将其反映到冲裁间隙的关系上去。

为了克服由于工位的步距积累误差，每一工位的位置尺寸均由第一工位标起，公差均为 $\pm\dfrac{T}{2}$。

例 8-1 如图 8-33 所示冲件，展开后沿送料方向的最大轮廓尺寸为 13.85mm，工位数为 8，原图样规定冲件精度为 IT14，提高到 IT10，则尺寸 13.85mm 的公差值为 0.07mm，模具的双面冲裁间隙为 0.08 ~ 0.10mm，试确定步距公差。

解 $T' = 0.07$mm，$n = 8$，查表 8-3 知 $K = 1$，代入式（8-6）得

$$\pm\frac{T}{2} = \pm\frac{0.07 \times 1}{2 \times \sqrt[3]{8}} = \pm 0.0175\text{mm} \approx \pm 0.02\text{mm}$$

即这副模具的步距对称偏差为 ±0.02mm，如图 8-36 所示。

在级进模中，条料的定位精度直接影响到冲件的精度。在模具步距精度一定的条件下，

可以通过载体设计和导正销设置，达到要求的条料定位精度。条料定位误差按以下经验公式计算

$$T_\Sigma = CT\sqrt{n} \qquad (8\text{-}7)$$

式中，T_Σ 为条料的定位积累误差；T 为级进模的步距公差；n 为工位数；C 为精度系数，C 值如下：单载体每步均设导正销时，$C = 1/2$；加强导正定位时，$C = 1/4$。双载体每步均设导正销时，$C = 1/3$；加强导正定位时，$C = 1/5$。当载体隔一步导正时，精度系数取 $1.2C$；隔两步导正时，精度系数取 $1.4C$。

例 8-2　某一排样图为单中载体，隔一步由导正销导正，步数 $n = 25$，步距公差 $\pm\dfrac{T}{2} = \pm 0.002\text{mm}$，则条料定位积累误差为

$$T_\Sigma = 1.2CT\sqrt{n} = 1.2 \times \frac{1}{2} \times 0.004\ \sqrt{25}\,\text{mm}$$
$$= 0.012\text{mm}$$

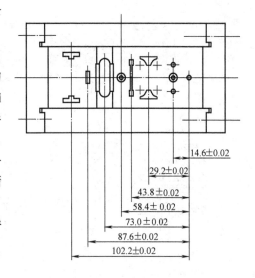

图 8-36　多工位级进模凹模的
步距尺寸及其公差

五、多工位级进模结构设计

1. 模架

多工位级进模要求模架刚度好、精度高。因而除了小型模具可采用双导柱模架外，多采用四导柱模架；精密级进模一般采用滚珠导向模架，而且卸料板一般采用有导向的弹压卸料结构；精密长寿命模具采用图 8-37 所示的弹压导板模架。上、下模座的材料除小型模具用 HT200 外，其余多采用铸钢、锻钢或厚钢板(45 钢甚至合金钢)。

2. 凸模

在一副多工位级进模中，凸模种类一般都比较多，截面有圆形和异形的，功用有冲裁和成形的(除纯冲裁级进模外)。大小和长短各异，有不少是细长凸模。又由于工位多，凸模安装空间受到一定的限制，所以多工位级进模凸模的固定方法也很多，生产中常用的固定方法如图 8-38 所示。

应该指出，在同一副级进模中应力求固定方法基本一致，还应便于装配与调整，小凸模力求以快换式固定。凸模长度一般取 35 ~ 65mm，冲裁凸模与弯曲、拉深、成形凸模及导正销长度有正确关系。

3. 凹模

除了工步较少，或纯冲裁的、精度要求不很高的级进模的凹模为整体式的外，较多的级进模凹模是镶拼式的结构，这样

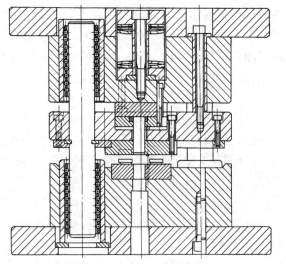

图 8-37　弹压导板模架

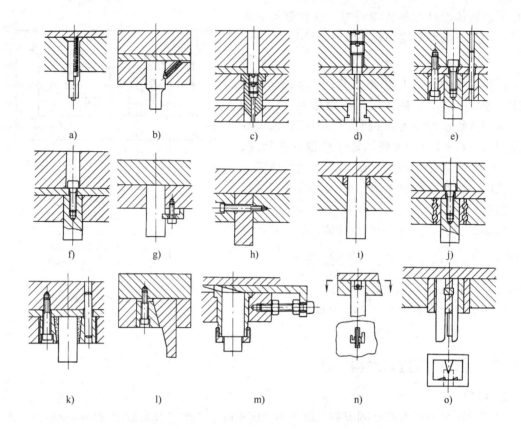

图 8-38 多工位级进模凸模及其固定方法

a) 圆凸模固定法 b) 圆凸模快换固定法 c)、d) 快换凸模带护套 e) 异形凸模用大小固定板套装结构
f) 异形直通式凸模快换固定 g)、h) 异形直通凸模压板固定 i) 异形直通凸模焊接台阶固定
j)、k) 异形凸模粘结剂固定 l) 楔块固定 m) 可调凸模高度的安装结构
n) 圆柱销固定 o) 组合式凸模

便于加工、装配、调整和维修，易保证凹模几何精度和步距精度。凹模镶拼原则与普通冲模的凹模基本相同。分段拼合凹模在多工位级进模中是最常用的一种结构，如图 8-39 所示。其中，图 8-39a 所示结构由三段凹模拼块拼合而成，用模套框紧，并分别用螺钉销钉紧固在垫板上；图 8-39b 所示凹模由五段拼合而成，再分别由螺钉、销钉直接固定于模座上（加垫板）。另外，对于复杂的多工位级进模凹模，还可采用镶拼与分段拼合综合的结构。

分段拼合时必须注意以下几点（参考图 8-39）：

1）分段时最好以直线分割，必要时也可用折线或圆弧分割。

2）同一工位型孔原则上分在同一段，一段也可以包含两个工位以上，但不能包含太多工位。

3）较薄弱、易损坏的型孔宜单独分段。冲裁与成形工位宜分开，以便刃磨。

4）凹模分段分割面到型孔应有一定距离，型孔原则上应为闭合型孔（单边冲压的型孔和侧刃除外）。

5）分段拼合凹模，组合后应加一整体垫板。

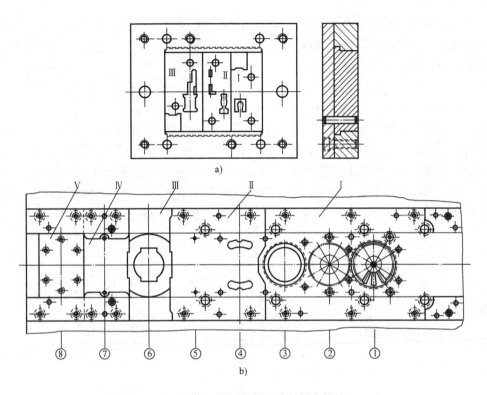

图 8-39 多工位级进模的分段拼合结构

a) 分段拼合凹模示例之一 b) 分段拼合凹模示例之二

4. 导料装置

多工位级进模的冲压要求条料在送进过程中无任何阻碍,因此,在完成一次冲压行程之后条料必须浮顶到一定高度,以便下一次无阻碍送料。这不仅对含有弯曲、拉深、成形等工步的多工位级进模是必要的,对纯冲裁的级进模也是必要的,因为需要防止毛刺阻碍顺利送进的可能。

完整的多工位级进模导料系统应包括导料板、浮顶器(或浮动导料销)、承料板、除尘装置及检测装置,有的还有侧压装置。

(1) 带台导料板与浮顶器配合使用的导料装置(图 8-40) 这是常用的导料装置,尤其

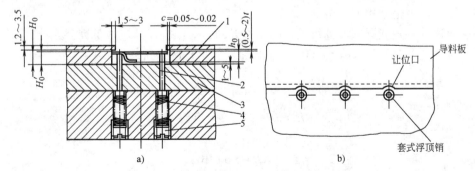

图 8-40 带台导料板与浮顶器配合使用的导料装置

a) 装置的构成及尺寸 b) 导料板上导正销让位口

1—带台式导料板 2—浮顶销 3—凹模 4—弹簧 5—平端紧定螺钉

适用于料边为断续条料的送进导向。很明显，多工位级进模采用带台式导料板是为了在浮顶器的弹顶作用下，条料仍保持在导料板内运动。但在导正销装于两侧进行导正的级进模中，台阶必须做出让位口（图8-40b）。

在图8-40a中，H_0为条料最大允许浮升高度；H'_0为条料实际浮升高度；h_0为工件最大成形高度。显然，H'_0应比h_0大$1.0 \sim 3.5$mm，条料才能顺利地送进。

浮顶器的种类如图8-41所示。图8-41a～图8-41c为圆柱形浮顶销，其中图8-41a是细小浮顶销；图8-41b、图8-41c是较大直径的浮顶销。图8-41d为套式浮顶销。另外还有块式浮顶器。浮顶器的工作原理如图8-41e所示。由图可见，套式浮顶器使导正销得到保护。浮顶器一般应为偶数左右对称布置，且在送料方向上间距不宜过大。条料较宽时，应在条料中间适当位置增加浮顶器。另外，应避免在送料方向不连续的面上设置浮顶器。

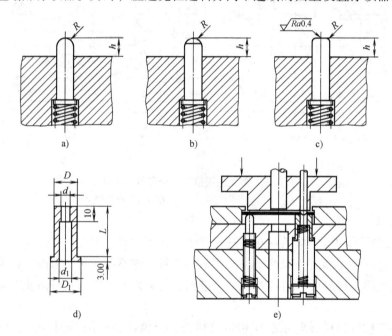

图8-41　浮顶器

（2）带槽浮动导料销的导料装置（图8-42）　带槽浮动导料销既起导料作用，又起浮顶条料的作用，这也是常用的结构形式。

为了使这种装置能顺利地进行条料的送进导向，其结构尺寸应按下列公式计算

$$h = t + (0.6 \sim 1.0) \quad (h\ \text{不小于}\ 1.5\text{mm});$$
$$C = 1.5 \sim 3.0;$$
$$A = C + (0.3 \sim 0.5);$$
$$H = h_0 + (1.3 \sim 4.0);$$
$$h_1 = (3 \sim 5)t;$$
$$\text{或}\ d = D - (6 \sim 10)t$$

式中，h为导向槽高度（mm）；C为带槽导料销头部高度；A为卸料板让位孔深度（mm）；H为浮顶器活动量（mm）；h_1为导向槽深度（mm）；t为板料厚度（mm）；h_0为冲件最大高度（mm）。

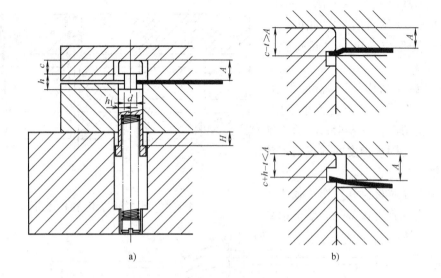

图 8-42　带槽浮动导料销的导料装置

　　如果结构尺寸不正确，则在卸料板压料时将产生如图 8-42b 所示的问题，即条料料边产生变形，这是不允许的。

　　由于带导向槽浮动导料销与条料接触为点接触，间断性导料，不适于料边为断续的条料的导向，故在实际生产中还有浮动导轨式的导料装置，如图 8-43 所示。

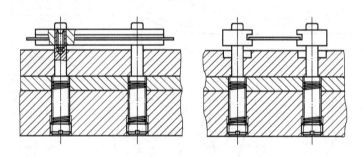

图 8-43　浮动导轨式的导料装置

　　在实际生产中，根据条料在多工位级进冲压过程中料边及工序件的变形情况，往往将两种导料装置联合使用，即条料一侧用带台导料板导料，另一侧用带槽浮动导料销导料；或一段用前者，另一段用后者等。

5. 导正销的设置

　　导正销按安装位置分为两种：一种是安装在凸模上的导正销，这种导正销在第三章已叙述过；另一种是凸模式导正销，它与自动送料装置配合使用，广泛用于精密多工位级进模。凸模式导正销的结构形式如图 8-44 所示，其中图 8-44a 所示形式与凸模固定方法是一样的；图 8-44b 所示导正销带有弹压卸料块，可防止导正销把板料带上；图 8-44c 所示为浮动式导正销，可防止因误送料而导致导正销折断；图 8-44d 实际上与图 8-44a 相同，但更换方便。

　　导正销露出卸料板底面的直壁高度(工作高度)一般取 $(0.5 \sim 0.8)t$，材料较硬的可取小值。如果露出高度较长或为薄板冲压，可采用图 8-44b 所示的结构。凹模板上的导正销让位孔与导正销之间间隙取 $(0.12 \sim 0.2)t$。

　　导正销头部结构如图 8-45 所示，其中图 8-45a 对导正孔直径大小不限，有良好的导正精度；图 8-45b 所示为锥形导正销，小孔用小锥度的导正销；较大孔用大锥度的导正销。

　　导正销直径对材料利用率、载体强度、导正精度等有直接影响。导正销直

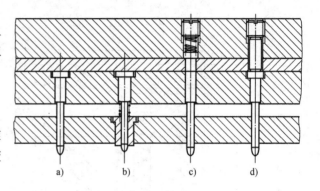

图 8-44　凸模式导正销的结构形式

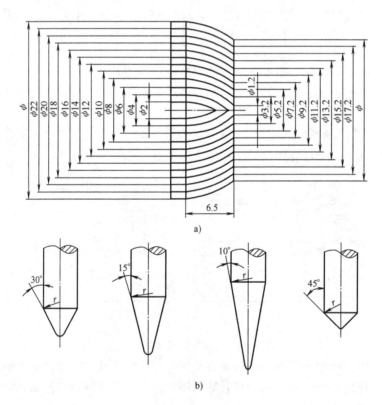

图 8-45　导正销头部结构

径的选取，要保证被导正定位的条料在正常送进情况下，导正销与导正孔有最大可能的偏心时，仍可得到导正。取 $d \geqslant 4t$（t 为板料厚度），d 不应过小，一般不小于 2mm。

　　导正销与导正孔的配合间隙直接影响冲件精度。间隙大小可参考图 8-46。

　　不难看出，冲导正孔的凸模直径等于导正销直径加上导正销与导正销孔间隙，还应适当考虑冲孔的弹性恢复量（取决于冲裁间隙）。

6. 卸料装置（图 8-47）

　　多工位级进模卸料装置的特点是：一般采用弹压卸料，极少用固定卸料；卸料板一般装

有导向装置，精密模具还采用滚珠导向；为保证卸料平稳，卸料力较大，弹性元件多用强力弹簧或聚氨酯橡胶；卸料板一般采用镶拼结构，以保证孔精度、孔距精度及与凸模的配合间隙；卸料板用螺钉、销钉紧固于卸料板座上。

设计多工位级进模卸料装置时还应注意以下几点：

（1）卸料板对凸模起导向与保护作用 为此，卸料板各型孔应与凹模型孔同轴，卸料板与凸模的配合间隙为凸、凹模冲裁间隙的1/3～1/4。对于高速冲压，取较小间隙；对于低速冲压的多工位级进模，可以适当放

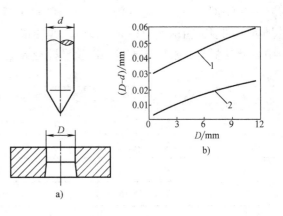

图 8-46　导正销与导正孔的配合间隙
1—用于一般冲件　2—用于精密冲件

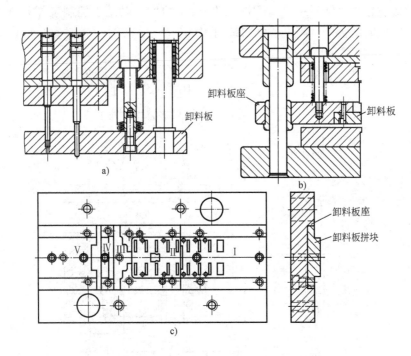

图 8-47　多工位级进模的卸料装置

宽。卸料板的导柱导套配合间隙一般为卸料板与凸模配合间隙的1/2。冲裁间隙、卸料板与凸模的配合间隙、导柱与导套的配合间隙三者之间的关系见表8-4。由表可见，导柱导套间隙很小，当冲裁间隙≤0.05mm 时，导柱导套间隙只有0.006mm 以下，在这种情况下应该采用滚珠导向。

卸料板对凸模要有一定的导向高度，尤其是小凸模，必要时应在卸料板上加保护套对凸模进行导向与保护。

（2）卸料板必须具有足够的强度与耐磨性 为此，卸料板和卸料板座应有一定厚度，卸料板应选用工具钢制造。高速冲压多工位级进模卸料板可选合金工具钢或高速钢，硬度为

56~58HRC；冲压速度不高的，可选碳素工具钢，硬度为40~45HRC。卸料板各型孔必须具有小的表面粗糙度值（Ra为0.4~0.1μm），速度高时，表面粗糙度取小值。在高速冲压中，卸料板与凸模、导正销，以及导柱与导套间应有良好的润滑状态。

表8-4 三种间隙之间的关系

序号	模具冲裁间隙 Z/mm	卸料板与凸模间隙 Z_1/mm	辅助小导柱与导套间隙 Z_2/mm
1	>0.015~0.025	>0.005~0.007	约为0.003
2	>0.025~0.05	>0.007~0.015	约为0.006
3	>0.05~0.10	>0.015~0.025	约为0.01
4	>0.10~0.15	>0.025~0.035	约为0.02

（3）卸料力必须均衡 为此，卸料螺钉须均匀分布在工作型孔外围；弹性元件分布必须合理；卸料螺钉工作长度必须一致。

在多工位级进模中，卸料螺钉宜用图8-48所示结构，以便于控制工作长度L，也便于每次刃磨凸模时同时磨去同样高度的卸料螺钉工作长度。

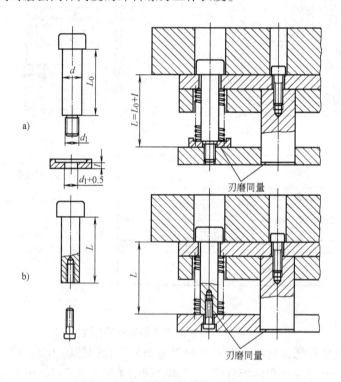

图8-48 卸料螺钉的结构及其调整

7. 限位装置

多工位级进模，尤其是高效、精密、长寿命级进模，在工作状态下，凸模进入凹模不能太深，存放时，凸、凹模应处于开启状态，为此，必须设置限位装置（限位柱、限位套等）。

六、多工位级进模实例分析

实例 1　电位器接线片多工位级进模(图 8-49b),属于切除余料的冲裁、弯曲、挤压倒角多工位级进模。其特点是:所冲零件尺寸小,精度较高,板料较薄,故步距精度较高;空位多(共 27 个工位,有效工位只有 13 个),有效工位依次是冲导正孔、切余料、冲孔 $\phi(3 \pm 0.05)$mm、挤压孔倒角 $C0.2$mm、切余料、切余料、切舌、向下弯曲、向上弯曲、向下弯曲、向上弯曲、弯曲、落料;采用单侧载体,六个导正销;采用带导向装置的弹压卸料板,以保护细小凸模;凹模和卸料板用分段拼合,分别固定于凹模固定板(框套)和卸料板座中;冲裁间隙小,采用滚珠导向模架;冲压过程中既有向上弯曲又有向下弯曲,带料的一边是非连续面,采用带台导料板加浮动顶料销;有效工位向上弯曲采用弹压弯曲凸模挡底校正。图 8-49a 为工件与排样图。

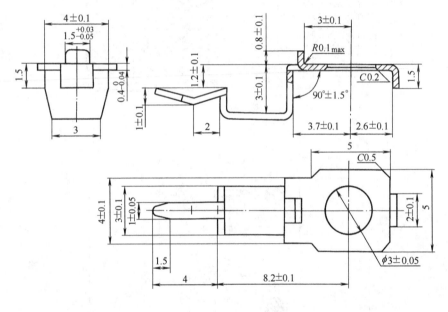

材料:黄铜带　厚料0.4

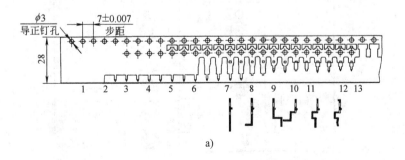

a)

图 8-49　电位器接线片多工位级进模

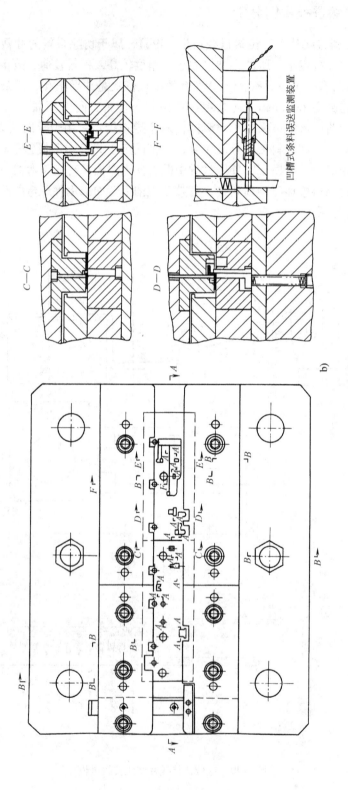

$E-E$

$C-C$

$F-F$

$D-D$

凹槽式条料误送监测装置

b)

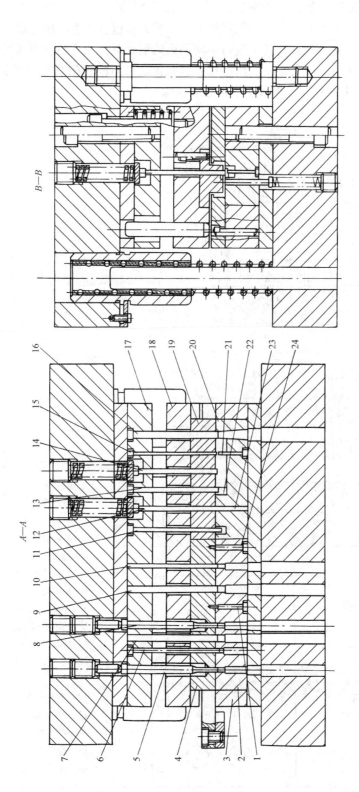

图 8-49 电位器接线片多工位级进模

1—挤压凸模 2、20—凹模拼块 3—凹模固定板 4、19—卸料板拼块 5—冲导正销孔凸模
6—导正销 7、8、9、10—冲裁凸模 11、12、13、14、15—弯曲凸模 16—落料凸模
17—凸模固定板 18—卸料板座 21、22、23、24—弯曲凹模

实例2 电位器外壳带料连续拉深多工位级进模(图8-50a)。

采用带料连续拉深主要考虑两点:一是这种冲压工艺方案适合于生产用普通拉深方法难以操作的小型空心件;二是所给材料在不进行中间退火的情况下,允许的总拉深系数应小于零件成形需要的总拉深系数,否则,不能用带料连续拉深。材料的极限总拉深系数 m_z 见表8-5。电位器外壳符合以上两点,故可采用带料连续拉深。

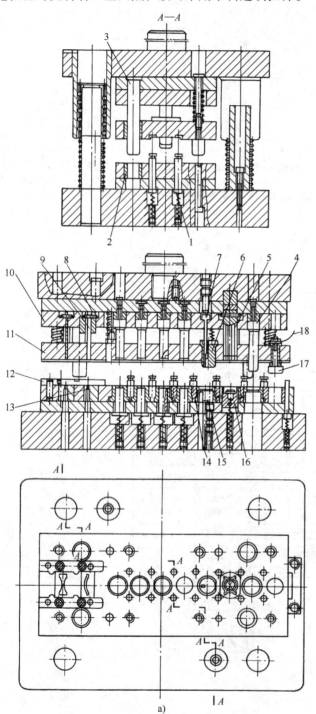

图 8-50 电位器外壳多
工位级进模

1—浮动导料销

2—小导套

3—小导柱

4—翻边凸模

5—切边凸模

6—导向套

7—冲小方孔凸模

8—凸模护套

9—冲缺口凸模

10—凸模固定板

11—卸料板

12—侧面导板

13—冲缺口凹模镶块

14—定位圈

15—冲孔凹模

16—顶件块

17—检测导正销

18—导线

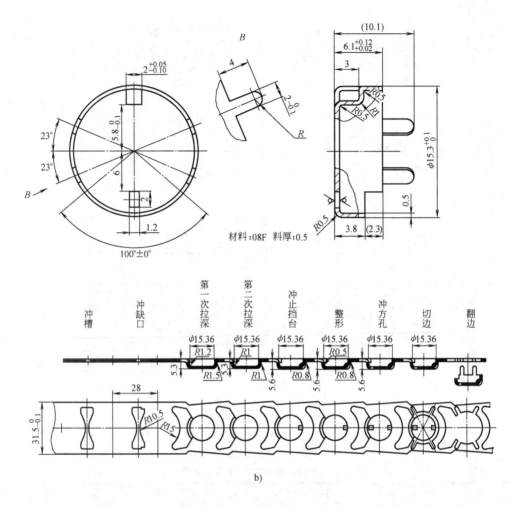

图 8-50　电位器外壳多工位级进模（续）

表 8-5　连续拉深的极限总拉深系数

材　　料	抗拉强度 σ_b/MPa	伸长率 δ(%)	极限总拉深系数 m_Z		
			不带推件装置		带推件装置
			材料厚度 $t \leqslant 1.2$mm	材料厚度 $t = (1.2 \sim 2)$mm	
08F 钢	300 ~ 400	28 ~ 40	0.40	0.32	0.16
黄铜 H62、H68	300 ~ 400	28 ~ 40	0.35	0.29	0.2 ~ 0.24
软铝	80 ~ 110	22 ~ 25	0.38	0.30	0.18

　　电位器外壳与冲压排样方案如图 8-50b 所示。连续拉深按是否冲工艺切口分为无工艺切口连续拉深和有工艺切口连续拉深两类（图 8-51），两者的应用范围见表 8-6。可见，电位器外壳基本符合有切口带料连续拉深的应用范围。至于带料宽度和送进步距的计算，其基本依据是拉深件坯料展开计算法、工艺切口形式及考虑了带料连续拉深材料变形特点后所推荐的搭边值。详见有关冲压手册。

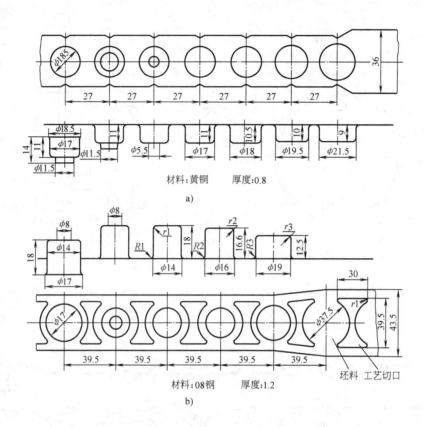

图 8-51　带料连续拉深的分类

a) 无工艺切口　b) 有工艺切口

表 8-6　带料连续拉深的分类及应用范围

分　类	图　示	应用范围	特　点
无工艺切口带料连续拉深	图 8-51a	$\dfrac{t}{D} \times 100 > 1$ $\dfrac{d_t}{d} = 1.1 \sim 1.5$ $\dfrac{h}{d} \leqslant 1$[①]	1. 用这种方法拉深时，相邻两个拉深件之间互相影响，使得材料在纵向流动困难，主要靠材料的伸长 2. 拉深系数比单工序大，拉深工步数增加 3. 节省材料
有工艺切口带料连续拉深	图 8-51b	$\dfrac{t}{D} \times 100 < 1$ $\dfrac{d_t}{d} = 1.3 \sim 1.8$ $\dfrac{h}{d} > 1$	1. 有了工艺切口，类似于有凸缘零件的单个拉深，但由于相邻两个拉深件间仍有部分材料相连，因此变形比单个带凸缘零件稍困难些 2. 拉深系数略大于单个零件的拉深 3. 费料

注：表列式中 t 为材料厚度；d 为零件直径；d_t 为零件凸缘直径；D 为包括修边余量的坯料直径；h 为零件高度。

① 表示对于塑性好的材料 $h/d > 1$ 也适用。

　　工艺切口的基本形式有多种，有的工艺切口还应根据零件成形过程，经分析试验后确定，如电位器外壳排样图中的工艺切口（图 8-50b），就是按零件上高度为 3.8mm 的缺口部位成形过程而定的。

带料连续拉深时，坯料变形特点与有凸缘圆筒形件相似，所以带料连续拉深工步尺寸的计算与有凸缘圆筒形件工序件的尺寸计算相似。但考虑到工步间的相互影响，并为了工艺的稳定性，其极限拉深系数应比单个坯料进行多次拉深相应的极限拉深系数大，尤其是无切口的连续拉深。

带料连续拉深多工位级进模的设计与其他多工位级进模的设计是有一定区别的。下面是图 8-50 所示模具的结构特点及设计带料连续拉深模时应注意的问题：

1）该模具的卸料板（压料板）为一整体结构，卸料板下面开一深 0.5mm、宽 34mm 的槽，以免拉深过程中带料被压得太紧。必须指出，冲工艺切口和首次拉深最好单独设压料板，尤其是在需要的压边力较大时。

采用弹压卸料（压料），以对零件凸缘平面起校正作用。各拉深工步均设顶件器，将工件顶出凹模。

2）带料以导料板和浮动导料销导向，并以浮动导料销辅助抬料与卸料。步距精定位靠导向套 6 和翻边凸模 4 导正。

3）冲裁凸模与拉深凸模的高度差比拉深工序件高度小些，以便于调节拉深深度。

拉深凸模用螺钉紧固，以便刃磨冲裁凸模时，只要磨削拉深凸模固定端端面，而工作端保持不变。

切边凸模 5 采用高度可调节结构以便控制凸模切入材料的深度，使工件既可分离，又不脱离带料，可靠地带到翻边工位上。

4）各工步的凹模均为镶块以便维修。必须指出，分离工步与成形工步的凹模最好分开固定，以便修理、刃磨和更换。

5）凸、凹模尺寸及公差计算方法与普通冲裁和拉深的基本相同，但拉深凸、凹模圆角半径较小。

6）自动监视与检测采用检测导正销 17，如果带料误送，检测导正销与带料接触，电路接通，使压力机电路断开，立即停机。

实例 3 电扇电动机定、转子铁芯的冲压、叠装多工位级进模（图 8-52）。

该模具冲压获得的产品如图 8-52a 所示。材料为 D23 硅钢片，料厚为 0.5mm。带料经冲转子轴孔、转子槽、转子叠压点、转子落料叠压、定子槽、定子叠压点、定子落料叠压等七个工步。步距为 87.5±0.005mm（排样图 8-52b）。

该模具是高效、精密、长寿命模具。选用具有自动送料机构和安全检测装置，行程次数为 160～400 次/min 的高速压力机，并附有开卷机、自动较平机、自动加油润滑和废料切断等辅助设备，以实现高效率生产。模具采用精密滚动导向模架、精密导向卸料装置，导正销精定位，凸、凹模结构合理，精度很高，以保证冲件精度要求。模具工作零件材料为硬质合金，以保证模具有较长的寿命。

设计与制造这种高精度、长寿命的硬质合金多工位级进模时应注意以下几点：

1）正确排样与送料，并保证正常搭边值，避免硬质合金凸、凹模单边工作。

2）模架应有足够的强度和刚度，上、下模座厚度为常规的 2.5～3 倍，采用 45 钢或 40Cr 并经调质处理。一般用 4～6 个滚珠导向装置，导柱导套材料为 GCr15，硬度达 62～64HRC。有模柄的模具一般用浮动式模柄。

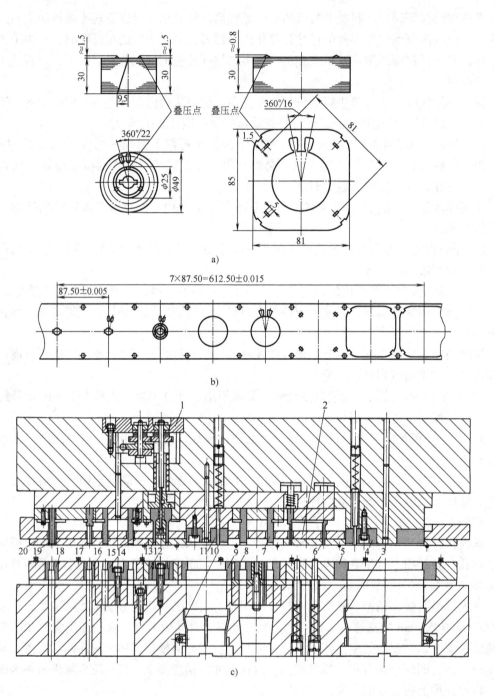

图 8-52 电动机定、转子铁芯的冲压、叠装多工位级进模

1—转子扭角转动系统 2—弹压卸料板座 3—定子喉箍 4—定子落料凸模 5—定子落料凹模
6—定子叠压点凸模 7—定子槽凸模 8—定子槽凹模 9—转子落料凸模 10—转子喉箍
11—转子落料凸模 12—转子扭角凹模 13—转子扭角凸模 14—转子槽凹模
15—转子槽凸模 16—导正销凹模 17—导正销凸模 18—轴孔凹模
19—轴孔凸模 20—卸料板

3）凸、凹模一般采用镶拼结构。根据硬质合金特性，宜采用小压板固定、螺钉固定（过孔）、台肩固定、镶嵌固定等，固定板厚度应足够。定、转子冲片槽型孔凹模的固定方法如图8-53所示；凸模固定方法如图8-54所示。硬质合金冲裁间隙比普通冲裁的大，以免间隙不均匀导致崩刃。

4）除凸模加垫板之外，凹模也加垫板，且比普通冲模的厚度大，刚度好，硬度达50~60HRC。

5）卸料板不仅起卸料与压料的作用，同时起保护凸模的作用。因此，要求卸料板具有好

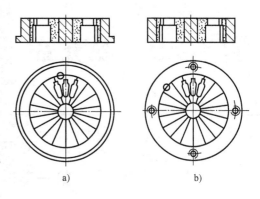

图8-53　镶嵌凹模

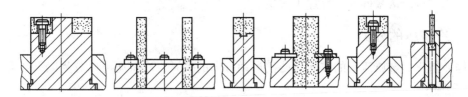

图8-54　凸模固定方法

的刚度和耐磨性，制造精度高，与上、下模平行。工作时，卸料板与凹模面应有大于料厚的间隙，以免卸料板冲击凹模面。卸料力取冲裁力的7%。

6）对于这样长寿命的模具，其导料板、导料销等工艺零件均应热处理到较高硬度。

为了实现定、转子自动叠压、并使转子扭转一个角度，必须在定、转子铁芯片上冲出叠压点，并在冲转子叠压点时使冲叠压点的凸模或凹模每冲一次旋转一个角度。同时还要控制叠压的总高度（片数）。为此，模具必须具有相应的动作机构及控制系统。这些可参考电动机铁芯冲压的有关专著。

第九章 冷 挤 压

第一节 冷挤压概述

冷挤压是在常温下对挤压模模膛内的金属施加强大压力，使之从模孔或凸、凹模间隙中挤出，从而获得所需零件的一种加工方法。

一、冷挤压的分类

根据冷挤压时金属流动的方向与凸模运动方向的关系，冷挤压可以分为以下几类。

1. 正挤压

挤压时，金属流动的方向与凸模运动的方向一致（图 9-1）。正挤压可以利用实心或空心坯料制造各种形状的实心件和空心件，如图 9-2 所示。

2. 反挤压

挤压时，金属流动的方向与凸模运动的方向相反（图 9-3）。反挤压可以制造各种形状的杯形零件和空心零件，如图 9-4 所示。

3. 复合挤压

挤压时，金属朝凸模运动方向及其相反方向同时流动（图 9-5）。复合挤压可以制造各种形状的零件，如图 9-6 所示。

以上三种挤压方式的金属流动方向都与凸模运动的方向平行，故统称轴向挤压。

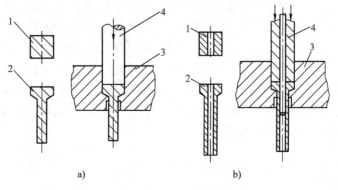

a)   b)

图9-1 正挤压示意图
a) 实心 b) 空心
1—坯料 2—挤压件 3—凹模 4—凸模

4. 径向挤压

挤压时，金属流动的方向与凸模运动的方向垂直。它又分为离心挤压和向心挤压两种，离心挤压是指金属在凸模作用下沿径向外流（图9-7），向心挤压则沿径向内流。冷镦工艺实际上就是离心径向挤压。径向挤压主要用于制造带凸缘的零件，如图9-8所示。

把上述轴向挤压和径向挤压联合的加工方法称为镦挤法。镦挤法的采用使冷挤压工艺的应用范围进一步扩大，图9-9所示支承杆的制造过程就采用了镦挤法。镦挤法能成形较为复杂的零件，可挤压出以单独的轴向或径向冷挤压难以成形的零件。

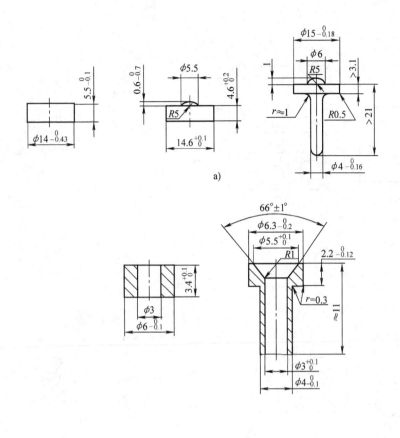

图 9-2　正挤压零件示例图

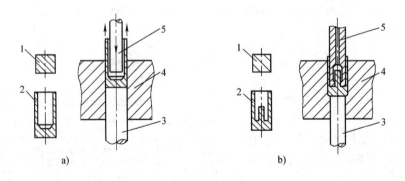

图 9-3　反挤压示意图

1—坯料　2—挤压件　3—顶杆　4—凹模　5—凸模

二、冷挤压的特点及应用

1. 冷挤压的特点

（1）坯料变形区塑性好，变形抗力大　由于挤压坯料处于很强的静水压力作用下，因而塑性好，变形程度可以很大，但塑性变形需要的力也很大。

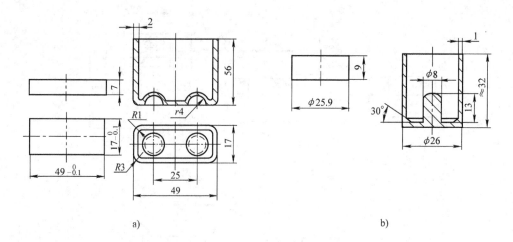

a)   b)

图 9-4 反挤压件示例

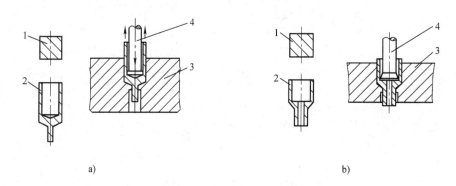

a)   b)

图 9-5 复合挤压示意图

1—坯料 2—挤压件 3—凹模 4—凸模

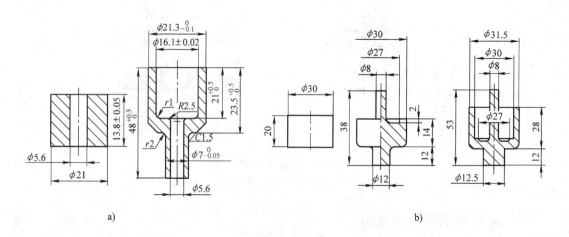

a)   b)

图 9-6 复合挤压件示例

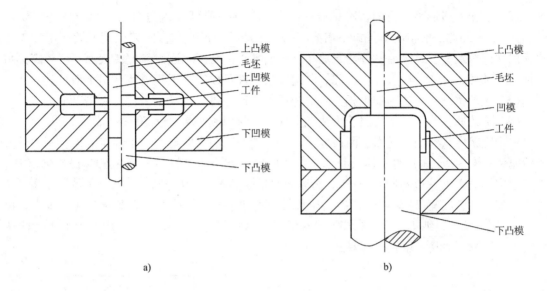

图 9-7 径向挤压

a) 枝叉类 b) 杯形类

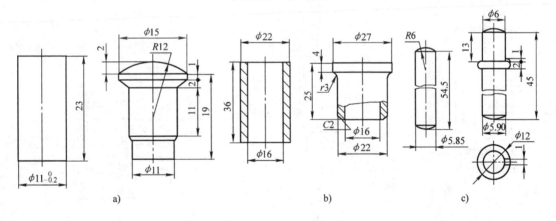

图 9-8 径向挤压件示例

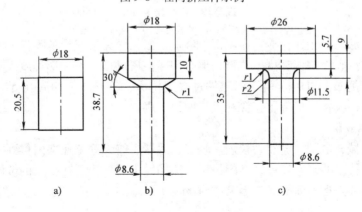

图 9-9 镦挤法示例

（2）挤压件质量高　目前，冷挤压件的尺寸公差一般可以达到 IT7，表面粗糙度 Ra 可达 $1.6 \sim 0.2\mu m$，一般情况下可以不需要切削加工即可满足要求。冷挤压使金属产生加工硬化、内部组织致密、纤维沿零件轮廓分布，因而零件的强度、刚度较好，表面硬度较高，耐磨性、耐蚀性、抗疲劳性较好。因此，制造冷挤压件可以用一般钢材代替贵重钢材。

（3）生产率高　与切削加工相比，冷挤压的生产率可提高几十倍甚至百倍以上。

（4）节约原材料　冷挤压属于少或无屑加工，材料利用率可达 70% ~ 95%。

由于冷挤压具有上述优点，因而应用冷挤压生产制品有明显的技术经济效果。例如，汽车活塞销（图 9-10a）采用冷挤压代替原来的切削加工方法，材料利用率由 40% 提高到 80%，生产效率提高 2 倍，成本降低 37%，力学性能提高 20% ~ 100%，疲劳寿命是原来的 3.5 倍。又如，纯铁底座（图 9-10b）用冷挤压代替切削加工，材料消耗为原来的 1/10，生产率提高了 30 倍。又如，纯铝电容器（图 9-10c）形状复杂、尺寸小、要求高，用切削加工无法达到要求，而采用冷挤压就比较容易达到。

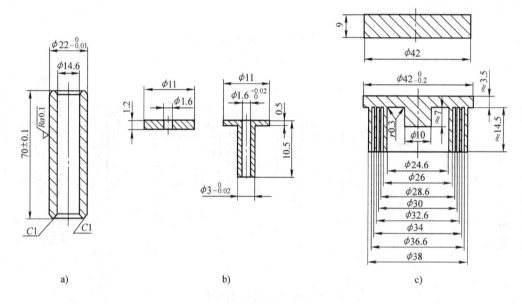

图 9-10　冷挤压零件

a）汽车活塞销　b）纯铁底座　c）纯铝电容器

与板料的拉深工艺相比，冷挤压不但能够加工出拉深无法成形的零件，而且有些薄壁空心零件虽然用拉深和冷挤压都可以成形，但采用冷挤压成形，其变形程度大，因而成形工序少，生产率高。例如，图 9-11 所示的零件过去用拉深、整形加上冲底孔等共五道工序，现改为冷挤压，用一次挤压代替了拉深和整形四道工序。

2. 冷挤压的应用

冷挤压在机械、电子、电器、仪表、轻工、兵器、航天等工业部门得到了越来越广泛的应用。由于挤压技术的迅速发展，新的挤压方法相继出现，用于冷挤压的金属已由非铁金属发展到钢铁材料并正在不断扩大，制品的质量也不断增加。

三、当前应用冷挤压技术应解决的主要问题

由于冷挤压金属变形所需要的单位挤压力很大，而且作用时间较长，所以，当前冷挤压

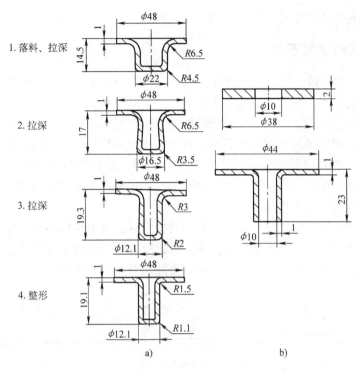

图 9-11 纯铝仪表零件

技术的应用必须解决强大的变形抗力与模具承载能力的矛盾。为此必须做到:

1) 设计合理的、工艺性良好的冷挤压件。

2) 恰当选择冷挤压金属材料,正确确定坯料形状尺寸及热处理规范,要特别注意坯料的表面处理与润滑。

3) 制订合理的冷挤压工艺方案,合理选择冷挤压方式,适当控制冷挤压变形程度。

4) 采取有效措施解决模具的强度、刚度和寿命问题。这就要求设计合理的模具总体结构,正确确定模具工作零件的结构、几何参数及加工要求,认真选择模具材料及热处理方法。

5) 选用合适的挤压设备。

第二节 冷挤压的金属变形

实践证明,挤压件形状、挤压方式、摩擦条件、模具几何参数、变形程度等都直接影响着冷挤压的顺利进行和挤压件的质量。只有通过研究了解这些因素对挤压过程的影响,才能正确地设计冷挤压工艺和挤压模具。

研究挤压金属变形最简便的试验方法是坐标网格法。即由两个半圆柱组成圆柱体试样(图 9-12),其中一块刻有正方形网格,在拼合面上涂润滑油,拼合后即可进行各种形式的挤压试验。通过试验后网格的变化情况,来分析各种挤压方式的金

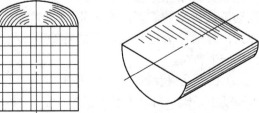

图 9-12 挤压试样

属变形情况及各种因素对挤压变形的影响。

一、正挤压的金属变形

图9-13a所示为正挤压过程的应力应变状态。图9-13b所示为正挤压实心件过程中试样上坐标网格的变化情况。变形金属大体可以分为以下几个区。

（1）已变形区（挤出部分）　由已变形区网格变化情况可以看出，沿着横截面，金属变形是很不均匀的，中间金属流动大于表面，致使横向坐标线产生很大的弯曲。

（2）变形区　挤压金属的变形区是在凹模口附近，即图中的Ⅰ—Ⅰ与Ⅱ—Ⅱ两虚线之间的区域。金属在这个区域产生剧烈的塑性变形，结果横向坐标线向挤出方向弯曲，纵向坐标线自Ⅰ—Ⅰ线开始向中心弯曲。

（3）待变形区　变形区与凸模端面之间为待变形区。其坐标网格没有什么变化，说明这部分金属未产生塑性变形。随着挤压过程的进行，这部分金属逐步加入变形区。当坯料高度降到一定值后，如果继续挤压，则靠近凸模的金属也开始产生塑性变形（图9-13c）。

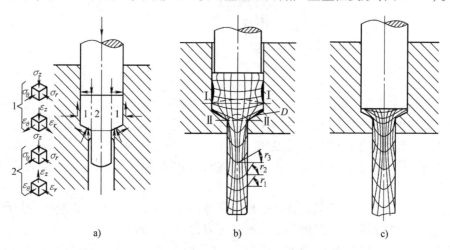

a)　　　　　　　　b)　　　　　　　　c)

图9-13　正挤压的金属变形情况

（4）死角　凹模转角部位的金属（图中D处）在挤压过程不参与变形，称为"死角"。

各区的大小及变形的均匀性与许多因素有关。影响金属变形的主要因素有：

（1）模具与挤压金属间摩擦力的影响　摩擦力对金属变形有很大影响，由于摩擦力的影响，使外层金属的流动滞后于内层，导致挤压件外层产生附加拉应力，摩擦系数越大，外层金属流动滞后内层越多，即变形不均匀性加大，附加拉力也越大，可能导致表面层产生裂纹。

（2）模具几何参数的影响　图9-14表示凹模中心锥角对金属变形的影响。

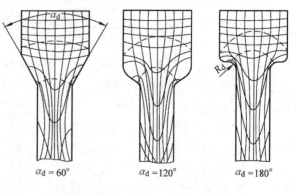

$\alpha_d = 60°$　　　$\alpha_d = 120°$　　　$\alpha_d = 180°$

图9-14　凹模中心锥角对金属变形的影响

当中心锥角α_d较小时，变形区集中在凹模口附近，外层与内层金属变形差别不大，"死角"

最小。当中心锥角 α_d 增大时，变形区范围扩大，外层与内层金属变形差别增大，死角也相应增高。当中心锥角 α_d 达到 180°时，变形区及变形的不均匀性达到最大。

除了凹模中心锥角对挤压金属变形有重大影响外，凹模挤出口部的圆角半径 R_d（图 9-14）对挤压金属的变形也有影响。当 R_d 较小时，金属流动阻力加大，变形不均匀性增加。

除了摩擦力和模具几何参数对挤压变形的影响之外，变形程度、坯料形状和尺寸、变形速度、挤压金属的性质等都对挤压变形有影响。变形程度增加，变形的不均匀性增大；坯料的横截面形状与凹模孔形状相同或接近，其变形均匀性比两者形状不相同的好；当坯料的相对高度 $h_0/d_0 = 1 \sim 1.5$ 时，变形不均匀性随着坯料高度的增加而增大，但相对高度超过 1.5 后，随着坯料高度的增大，变形不均匀性不再增大。

二、反挤压的金属变形

图 9-15a 所示为反挤压过程的应力应变状态。图 9-15b 所示为高度大于直径的坯料反挤压过程中的稳定挤压阶段。此时，变形金属大体有以下几个区。

（1）粘滞区 该区是紧靠凸模端面的部分，由于凸模端面与金属之间摩擦力的影响，这个区域金属变形极小，故称粘滞区。

（2）变形区 图中两虚线之间即为反挤压金属的强烈变形区。强烈变形区的金属向外、向上流动，到达筒壁后就不再变形，在后续变形金属的推动和本身金属流动惯性力的作用下向上平移，成为已变形区。

在稳定挤压阶段，粘滞区和强烈变形区的大小保持不变，但其位置随着凸模的下行而逐步向下变动。

（3）待变形区 变形区下面即为待变形区。随着凸模向下移动，待变形区逐步加入变形区而减小。

（4）死角 处于凹模角部的金属始终不参与变形（图 9-15c 中的 D 处），即为"死角"。

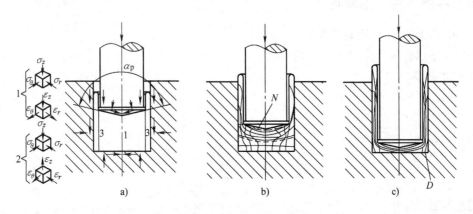

图 9-15 反挤压过程金属变形情况

从上述网格的变化情况分析来看，反挤压金属变形也是很不均匀的。在横向（直径方向），内表面变形程度大于外表面；在轴向，中部变形最大，口部和底部较小。这些不均匀的变形势必在挤压件内产生附加应力，可能造成挤压件的变形与开裂。

影响反挤压金属变形的因素与正挤压基本相同。反挤压凸模的几何参数和凸、凹模之间间隙的均匀性对反挤压变形影响甚大。实践证明，当凸模端部的锥角 $\alpha_p = 126°$ 时，金属变

形的不均匀程度比 $\alpha_p = 180°$ 时小。所以，采用合理的反挤压凸模形状及参数，有利于金属的流动，也可以减小挤压力。反挤压凸、凹模间隙沿周边必须均匀，否则，将造成金属流动阻力不均匀，直接影响挤压件质量。

三、复合挤压的金属变形

图 9-16 所示为复合挤压的金属变形情况。由图可以看出，由于复合挤压的方式不同，因而金属流动情况也不一样。图 9-16a 所示为正挤压和反挤压金属变形规律的综合；图 9-16b 所示为上、下两个杯形反挤压变形规律的综合；图 9-16c 所示为上、下两个杆形正挤压变形规律的综合。

复合挤压的变形情况是比较复杂的，它存在正、反两个方向的挤出速度、挤出长度的控制问题，挤压金属变形情况既与复合挤压的方式有关，又与变形程度、凸（凹）模形状与尺寸、表面粗糙度、润滑条件等因素有关。这些因素中有一个因素变化，都会引起复合挤压时金属变形状况的变化。

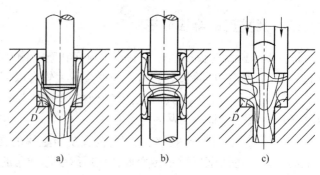

图 9-16　复合挤压的金属变形情况

综上所述，为使冷挤压金属产生较为理想的变形，即产生匀速流动和均匀变形，保证挤压件质量，必须控制变形程度，正确设计凸、凹模的几何形状及参数，尽量减少摩擦力，注意改善润滑条件和对模具工作表面的表面粗糙度提出严格要求。

四、冷挤压的变形程度

1. 冷挤压变形程度的表示方法

冷挤压变形程度可用以下几种形式表示。

（1）断面变化率

$$\psi = \frac{A_0 - A}{A_0} \times 100\% \tag{9-1}$$

（2）挤压比

$$R = \frac{A_0}{A} \tag{9-2}$$

（3）对数挤压比

$$\varphi = \ln \frac{A_0}{A} \tag{9-3}$$

式中，A_0 为坯料横截面积；A 为挤压件横截面积。

2. 极限变形程度

冷挤压时，一次挤压加工可能达到的最大变形程度称为极限变形程度。挤压金属可能达到很大的变形程度。但变形程度很大时，单位挤压力很大，会显著降低模具的使用寿命；如果单位挤压力超过模具强度所许可的范围，则会造成模具的早期破坏。所以，冷挤压极限变形程度实际上是受模具强度和模具寿命的限制。也就是说，冷挤压的极限变形程度，实际上是指在模具强度允许的条件下，保持模具有一定寿命的一次挤压变形程度。

影响极限变形程度的因素很多，主要有两个方面：一方面是模具本身的许用单位压力（承载能力），目前，模具钢的单位压力一般不宜超过 2500~3000MPa；另一方面是挤压金属产生塑性变形所需的单位挤压力，这取决于挤压金属的性质、挤压方式、变形程度、模具工作部分的几何形状、坯料表面处理与润滑等。所以提高变形程度可以通过设计和制造耐压强度高的模具结构及正确选用模具材料与热处理方法，以提高模具本身的承载能力；还可以通过正确设计挤压工艺，以减少所需要的单位挤压力，使之在相同的模具承载能力下提高挤压变形程度。

表 9-1 为部分非铁金属一次挤压的极限变形程度。

表 9-1　非铁金属一次挤压的极限变形程度

金属名称	断面变化率 ψ(%)		备　注
铅、锡、锌、铝、防锈铝、无氧铜等软金属	正挤	95~99	低强度的金属取上限，高强度的金属取下限
	反挤	90~99	
硬铝、纯铜、黄铜、镁	正挤	90~95	
	反挤	75~90	

图 9-17、图 9-18、图 9-19 所示分别为正挤压碳素钢实心件、正挤压碳素钢空心件、反挤压碳素钢空心件时的极限变形程度。这些极限变形程度值是按模具许用单位压力为 2500MPa，正挤压凹模中心圆锥角为 120°，坯料相对高度 $h_0/d_0 = 0.7 \sim 1.0$，并经退火、磷化、润滑处理后进行挤压试验得到的。

使用上述各图时应该注意，图中斜线以下是许用变形区，它可以保证模具的工作寿命达到 1 万件至 10 万件。如果需要模具寿命达到 10 万件以上，则斜线就得降低，即变形程度就得减小。斜线中间为过渡区，其上限适用于模具钢质量高，挤压条件好

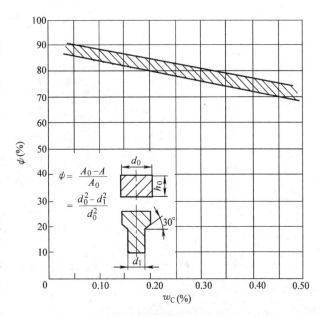

图 9-17　正挤压碳素钢实心件极限变形程度

的情况；下限适用于一般情况。斜线以上是待开发区，随着挤压技术的发展，斜线上限可能被突破。

如果实际生产条件与上述各图的试验条件不符，则应对极限变形程度进行适当的修正。

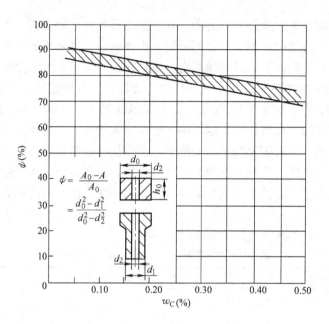

图 9-18　正挤压碳素钢空心件极限变形程度

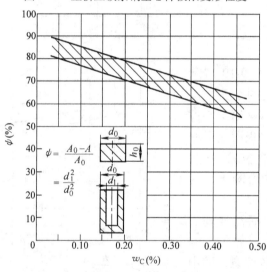

图 9-19　反挤压碳素钢空心件极限变形程度

第三节　冷挤压的材料与坯料制备

一、冷挤压用原材料

1. 冷挤压工艺对金属材料的要求

强度、硬度低，硬化模数小，有一定的塑性；化学成分要求较严格，钢中硫、磷含量少，冷挤压工艺性好。

2. 可用于冷挤压的金属材料

目前可用于冷挤压的金属主要是非铁金属及其合金、纯铁、碳素钢、低合金钢、不锈钢。

此外，对于经过适当热处理的钛和某些钛合金等也可以进行冷挤压，甚至轴承钢（GCr9、GCr15）和高速钢（W6Mo5Cr4V2）也可以进行一定变形程度的冷挤压加工。随着冷挤压技术的发展和新模具材料的应用，可用于冷挤压的金属种类必将进一步扩大。

二、冷挤压坯料形状和尺寸的确定

1. 冷挤压坯料的形状

冷挤压坯料的形状主要根据挤压件的截面形状和挤压方式决定。坯料的横截面轮廓形状应尽量与挤压件轮廓形状相同，并与挤压模型腔吻合，以便定位。坯料的几何形状应保持对称、规则、两端面平行；坯料表面应光滑，不能有裂纹、折叠等缺陷。

常用的冷挤压坯料如图 9-20 所示。对于正挤压和径向挤压，这几种坯料都可用，实心坯料用于正挤实心件，空心坯料用于正挤空心件。反挤压常用图 9-20a、b 所示的两种坯料。

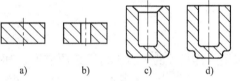

a)   b)   c)   d)

2. 坯料尺寸的确定

坯料的体积（V_0）等于零件的体积加上修边

图 9-20　冷挤压用坯料的形状

余量和切削量（需要时）。不同挤压件的修边余量可参照表 9-2 和表 9-3 选取。

表 9-2　旋转体冷挤压件的高度修边余量

挤压件高度 h/mm	10	10~20	20~30	30~40	40~60	60~80	80~100
修边余量 Δh/mm	2	2.5	3	3.5	4	4.5	5

注：1. 当挤压件高度大于 100mm 时，修边余量为高度的 5%。

    2. 复合挤压件的修边余量应适当加大。

    3. 矩形挤压件的修边余量按表列数据加倍。

表 9-3　大量生产铝质外壳所用的修边余量

挤压件高度 h/mm	15~20	20~50	50~100
修边余量 Δh/mm	8~10	10~15	15~20

注：表列数值适用于大量生产的壁厚为 0.3~0.4mm 的铝制反挤杯形件。

坯料横截面尺寸按下述原则确定：外径（d_0）一般比凹模小 0.1~0.2mm，以便放入凹模；内径（d_2）一般比挤压件内孔（或芯轴直径）小 0.01~0.05mm。当挤压件内孔表面粗糙度要求不高时，坯料内孔也可以比挤压件内孔大 0.1~0.2mm。

坯料的高度为

$$h_0 = \frac{V_0}{A_0}$$

(9-4)

式中，h_0 为坯料高度；V_0 为坯料体积；A_0 为坯料横截面积。

例　确定图 9-21 所示挤压件的坯料形状及尺寸。

解　查表 9-2 取修边余量 $\Delta h = 3$mm。

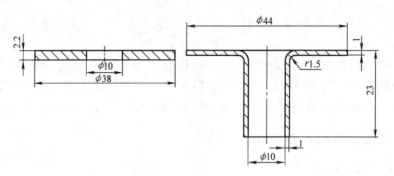

图 9-21　冷挤压件图

按图求得坯料体积 $V_0 = 2278\,\text{mm}^3$；坯料外径取 $d_0 = (44 - 0.2)\,\text{mm} = 43.8\,\text{mm}$；坯料内径取 $d_2 = 10\,\text{mm}$；则坯料高度为

$$h_0 = \frac{V_0}{A_0} = \frac{2278}{\frac{\pi}{4}(43.8^2 - 10^2)}\,\text{mm} \approx 1.6\,\text{mm}$$

采用这样尺寸的坯料进行正挤压成形，其变形程度为

$$\psi = \frac{A_0 - A}{A_0} \times 100\% = \frac{(43.8^2 - 10^2) - (12^2 - 10^2)}{43.8^2 - 10^2} \times 100\% = 97.5\%$$

查表 9-1，纯铝的正挤压极限变形程度为 $95\% \sim 99\%$。这说明挤压变形程度接近极限变形程度上限。为了减小变形程度，从而减小单位挤压力，将坯料外径减小到 $\phi 38\,\text{mm}$，采用正挤压和径向挤压复合成形。此时，坯料高度为

$$h_0 = \frac{V_0}{A_0} = \frac{2278}{\frac{\pi}{4}(38^2 - 10^2)}\,\text{mm} \approx 2.2\,\text{mm}$$

三、冷挤压坯料的加工方法

坯料的加工方法有切削加工、剪切、冲裁、拉深或反挤压等。究竟采用哪种方法制造坯料，应根据坯料的形状和尺寸、挤压件的精度和表面粗糙度、生产率及材料利用率等实际要求来选择。

四、冷挤压坯料的软化处理

冷挤压坯料软化处理的目的是降低材料的硬度，提高塑性，获得良好的金相组织（晶粒度大小适中的球状组织最好），消除内应力，降低变形抗力，提高挤压件质量和模具寿命。

由于冷挤压金属的变形程度较大，冷作硬化较严重，所以还应根据冷作硬化程度适当安排工序间的软化处理工序。对于黄铜和不锈钢经冷挤后务必及时进行消除应力的退火，否则会开裂。黄铜消除应力退火的加热温度为 $250 \sim 300\,℃$；12Cr18Ni9 不锈钢消除应力退火的加热温度为 $750\,℃$。

五、冷挤压坯料的表面处理与润滑

对冷挤压坯料进行表面处理与润滑十分必要，其目的是减少模具表面与金属间的摩擦力。

1. 表面处理

不同金属材料表面处理与润滑的方法不同，碳素钢和合金结构钢通常采用磷化处理；不锈钢(12Cr18Ni9)采用草酸盐处理；硬铝采用氧化、磷化、氟硅化处理中的一种。经处理后，获得与坯料表面牢固结合的润滑覆盖层。这个覆盖层是结晶的多孔性的薄膜，能吸附润滑剂，在挤压过程中，还能随挤压金属一起发生塑性变形，保证挤压过程的有效润滑。例如，钢通过磷化处理，在坯料表面形成一层细致的很薄的磷酸盐薄膜覆盖层。实践证明，它吸附润滑油的能力为光滑钢表面的13倍；未经磷化处理的摩擦系数为0.108，而磷化处理后却降至0.013；磷化层还有400~500℃短时间的耐热能力。

至于磷化处理、草酸盐处理等的规范可参考有关手册。

2. 润滑处理

为了进一步降低摩擦系数，需要对坯料进行润滑处理。经磷化处理后的碳素钢和合金结构钢坯料需进行皂化润滑处理。

经皂化处理后，磷化层表面生成不溶解的硬脂酸锌层。这是更为有效的润滑层，其结构如图9-22所示。皂化处理后须经干燥，方可进行挤压。皂化处理后再加猪油拌二硫化钼润滑，则效果更好。磷化处理后也可以不进行皂化处理，而直接用猪油拌二硫化钼进行润滑。

经草酸盐处理后的不锈钢坯料以85%的氯化石蜡加15%的二硫化钼为润滑剂；经氧化处理后的硬铝坯料以工业菜油为润滑剂。

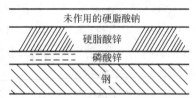

图 9-22　皂化处理后的钢坯料表面润滑层

由于非铁金属的单位挤压力不是很大，一般可不经过磷化等处理，而在表面清理之后直接进行润滑处理即可(见有关手册)。

第四节　冷挤压力的确定

一、冷挤压力曲线

图9-23所示为冷挤压时挤压力 F 与行程 S 的关系曲线。曲线 a 和 b 分别是坯料高度较大的正挤压力曲线和反挤压力曲线，曲线 c 是坯料高度较小的挤压力曲线。

由图可以看出，在冷挤压过程中压力的变化一般可分为四个阶段：Ⅰ是挤压初始镦粗与充满型腔阶段；Ⅱ是稳定挤压阶段；Ⅲ是挤压终了阶段；Ⅳ是刚端挤压阶段。值得注意的是刚端挤压阶段。当反挤压坯料底部或正挤压的凸缘厚度小于某一数值(纯铝为0.2~0.3mm,钢铁材料约为1.5mm)时，变形非常困难，变形阻力极大，挤压力急剧上升。图中曲线 c 表明，由于坯料高度较小，由初始镦粗与充满型腔阶段很快转入刚端挤压阶段，故挤压力曲线的几个阶段很不明显。

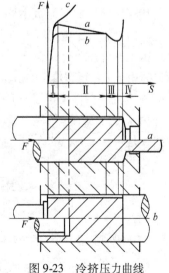

图 9-23　冷挤压力曲线

显然，冷挤压工艺应在刚端挤压阶段之前结束；否则，容易造成模具和压力机的损坏。一般情况下，计算冷挤压力是以稳定挤压阶段为依据的。

二、单位挤压力及其影响因素

作用在凸模上的单位挤压力是总挤压力与凸模接触坯料的表面在凸模运动方向上的投影面积之比，即

$$p = \frac{F}{A} \tag{9-5}$$

式中，p 为单位挤压力；F 为总挤压力；A 为凸模与挤压坯料接触表面在凸模运动方向上的投影面积。

必须注意，作用在凹模上的单位挤压力与作用在凸模上的单位挤压力是不一样的，如图 9-24 所示。正挤压时（图 9-24a），作用在凸模上的单位挤压力小于作用在凹模上的单位挤压力；反挤压时（图 9-24b），作用在凸模上的单位挤压力则大于作用在凹模上的单位挤压力。一般以作用在凸模上的单位挤压力来计算挤压总力。

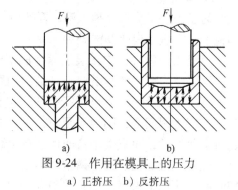

图 9-24　作用在模具上的压力
a）正挤压　b）反挤压

单位挤压力与挤压金属性能、挤压方式、变形程度、模具工作零件几何形状及参数、毛坯相对高度和毛坯处理与润滑等多种因素有关。

三、挤压力的确定和冷挤压压力机的选用

由于影响挤压力的因素较为复杂，要准确地确定单位挤压力和总的挤压力，目前还有些困难。因此，在实用上通常采用近似计算和图解法确定，可参考有关设计手册。

由于冷挤压时的单位压力和工作行程都很大，冷挤压件的精度要求又很高，因而对冷挤压使用的压力机提出了一些特殊要求，如能量大、刚度好、导向精度高、具备顶出机构和过载保护装置等。

用于冷挤压的压力机主要有两类：机械压力机和液压机。用于冷挤压的偏心齿轮式压力机，其做功能力比通用压力机大得多，公称压力角度一般为 $0° \sim 46°$，比通用压力机大，适应冷挤压工作行程较大的需要。肘杆式和拉力肘杆式压力机，其公称压力行程仅为 $3 \sim 10\text{mm}$，因而只适用于工作行程较小的挤压。这种压力机工作比曲轴式（或偏心齿轮式）的平稳，冲击力小。

液压机的特性决定了它适用于工作行程较大的挤压，但生产率较低。

由于冷挤压工作行程一般较大，故应与拉深等成形工艺一样，必须校核冷挤压的压力—行程曲线是否在压力机的许用负荷曲线范围内，不能只根据冷挤压力选择压力机的公称压力。

第五节　冷挤压件的工艺性

一、冷挤压件的结构工艺性

根据冷挤压金属变形的特点，最适宜于冷挤压的零件形状是轴对称旋转体零件，而非轴

对称零件的挤压成形则较困难。

挤压件应尽量避免以下结构(图 9-25):锥体、锐角、直径小于 10mm 的深孔(孔深为直径的 1.5 倍以上)、径向孔和轴向两端小而中间大的阶梯孔、径向局部凸耳、凹槽、加强筋等。如果零件使用要求必须具有上述结构,则应将零件加以简化,以改善挤压工艺性,在挤压后用切削加工等方法进行加工。

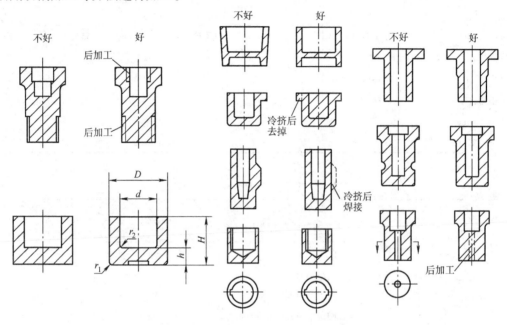

图 9-25　冷挤压件的结构工艺性

冷挤压零件一次成形允许的尺寸可参考表 9-4、表 9-5 和图 9-26。复合挤压的尺寸参数参照单一的正挤压和反挤压的尺寸;连皮厚度 δ_1 应大于或等于壁厚 δ(图 9-26)。

表 9-4　反挤压件的尺寸参考表

尺 寸 参 数	低 碳 钢	非 铁 金 属	
内孔直径 d	≤0.86D	<0.99D(纯铝)	<0.9D(硬铝、黄铜)
d_1	≤0.86D	<0.99D(纯铝)	<0.9D(硬铝、黄铜)
d_2	≥0.55D	≥0.55D	

（续）

尺寸参数	低碳钢	非铁金属
壁厚 δ	$\geqslant 1/10d$	$>(1/200)d$（纯铝）　　$>(1/18 \sim 1/20)d$（硬铝、黄铜）
内孔深度 h	$\leqslant 3.0d$	$\leqslant 3.0d$
h_1	$\leqslant 3.0d_1$	$\leqslant 3.0d_1$
h_2	$\leqslant d_2$	$\leqslant d_2$
底部厚度 δ_1	$\geqslant 1.2\delta$	铜及其合金 $>1.0\delta$　纯铝 $>0.5\delta$
孔底锥角 α	$0.5° \sim 3°$	$0° \sim 2°$
过渡锥角 α_1	$27° \sim 40°$	$12° \sim 25°$
底部锥角 β	$<0.5°$	$0°$
凹角半径 r/mm	$0.5 \sim 1.0$	$0.2 \sim 0.5$
凸角半径 R/mm	$0.5 \sim 5$	$0.5 \sim 1.0$

表 9-5　正挤压件尺寸选取参考表

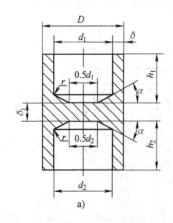

尺寸参数	低碳钢	纯铝
圆锥角 α	$120° \sim 170°$	$140° \sim 170°$
顶端锥角 β	$0.5°$	$0°$
凸角半径 R/mm	3	$3 \sim 5$
凹角半径 r/mm	$0.5 \sim 1.0$	$0.2 \sim 0.5$
杆部直径 d_1	$\geqslant 0.45D$	$\geqslant 0.22D$
杆部长度 h	$\leqslant 10d_1$	$\leqslant 10d_1$
压余厚度 δ_1	$\geqslant 0.5d_1$	$\geqslant 0.5d_1$

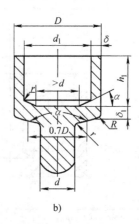

a)　　　　　　　　　　b)

图 9-26　复合挤压件的形状及尺寸参数

　　如果给定零件的尺寸超出以上表中所列的尺寸范围，则应考虑增加工序或改变挤压方法。

二、冷挤压件的尺寸公差与表面粗糙度

冷挤压件的尺寸公差等级受模具精度、压力机刚度及导向精度、挤压坯料的制造及表面处理、冷挤压工艺方案的合理性等因素影响较大。随着冷挤压技术的进步，目前已经可以获得尺寸公差等级相当高的冷挤压件，一般可以达到IT7。

冷挤压件的表面粗糙度与模具的表面粗糙度、润滑等因素有关，目前表面粗糙度 Ra 达 $0.2\mu m$。

第六节 冷挤压工艺过程设计

冷挤压工艺过程设计包括以下内容：挤压件的工艺性分析；确定包括冷挤压方式、工序数目及有关辅助工序在内的挤压工艺方案；制订冷挤压件图；确定坯料的形状、尺寸、质量及备料方法；挤压力计算和设备的选用；冷挤压模设计；制订工艺卡片。

现就一些主要过程叙述如下。

一、冷挤压工艺方案的确定

1. 冷挤压件的分类及其挤压方式

（1）杯形类冷挤压件（图 9-27） 这类零件一般采用反挤压（图 9-27a～c），或反挤压制坯后再以正挤压成形（图 9-27e）。有的杯形件也可用正挤压成形（图 9-27d）。带凸缘的则用反挤压与径向挤压联合成形（图 9-27f）。

（2）管类、轴类挤压件（图 9-28） 这类零件一般采用正挤压。有的零件也可用反挤压（图 9-28d）；有的用径向挤压（图 9-28e、f）；阶梯相差较大的可用正挤压与径向挤压联合的镦挤成形（图 9-28g），双杆的零件（图 9-28h）也可用复合挤压。

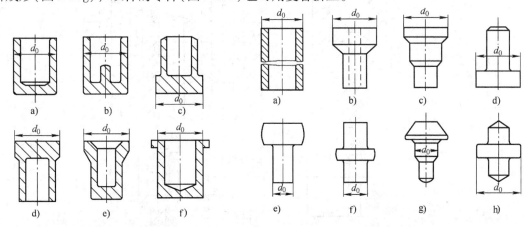

图 9-27 杯形类冷挤压件   图 9-28 管类、轴类冷挤压件

（3）杯杆类、双杯类冷挤压件（图 9-29） 这类挤压件一般采用复合挤压，也有用正挤压和反挤压两次挤压。

（4）复杂形状的冷挤压件（图 9-30） 带有齿形或花键等的轴对称挤压件可以用正挤压、反挤压、复合挤压或径向挤压成形。

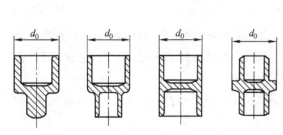

图9-29　杯杆类、双杯类冷挤压件　　　　图9-30　复杂形状冷挤压件

2. 确定冷挤压工艺方案的基本原则

1）零件的形状尺寸是确定挤压方式的基本依据。

2）确定工序数量的基本依据是零件结构及挤压变形程度。原则上应尽量减少工序数量，以减少模具和设备数量，提高生产率，但变形程度不能超过极限值。在大批量生产时，应考虑适当减小变形程度，以提高模具寿命。做到以最合适的变形程度和最经济的挤压次数来生产零件。复合挤压的变形程度可以适当超过单纯正挤压或单纯反挤压的变形程度。

3）采用的挤压工序和工序顺序应符合挤压金属变形规律。这有利于金属流动和变形的均匀性。图9-31a所示零件如果采用复合挤压（图9-31b），反挤部分的变形程度（$\varphi = 31\%$）远小于正挤部分的变形程度（$\varphi = 94\%$），由于正、反挤压变形程度相差甚大，因而正、反两边金属流速相差很大。这样，在挤压时，金属首先向上流动，产生反挤，待上部完全充满型腔后，在凸模封闭环的作用下，金属开始向下流动，产生正挤。这是一种很不正常的变形过程，它将引起封闭环的早期破坏。因此，在这种情况下，不宜采用复合挤压，而应该采用图

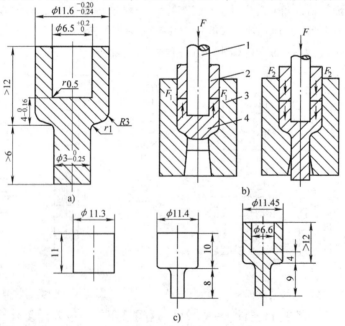

图9-31　挤压工艺方案比较

a) 冷挤压件　b) 复合挤压示意图　c) 合理的挤压工艺方案

1—凸模　2—封闭环　3—凹模　4—挤压件

9-31c 所示的挤压过程。

4）在保证零件顺利成形的条件下尽量采用冷挤压力较低的挤压工序。图9-32所示为20钢两种反挤工艺方案单位挤压力的比较。由图可以看出，一次挤压比两次挤压成形的最大单位挤压力大15%～20%。因此，对于这类挤压件，通常采用先挤大孔后挤小孔的两次挤压成形方法。但小孔的深度比其直径小或阶梯孔直径差较小的，也可以一次挤压成形。

5）必须保证零件的尺寸及精度要求。图9-33所示为钢制杯形件的挤压过程。之所以采用两次反挤成形，是因为孔的相对深度较大（$h_2/d_1 \geq 2.5$）。实践证明，孔的相对深度越大，一次挤压成形所得零件的壁厚偏差越大。为保证壁厚的均匀性，两次挤压成形时，第一道挤出的深度 $h_1 \geq 1.5d_1$（图9-33b），第二道挤出要求尺寸（图9-33c）。为了提高这类零件的精度，必要时可加一道变薄修整工序，如图9-34序号（3）。

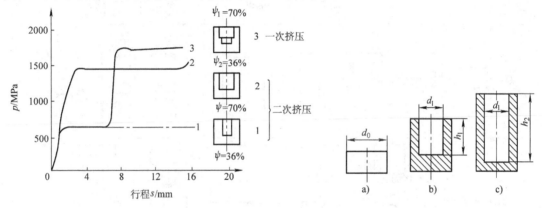

图9-32 挤压工艺过程对单位挤压力的影响　　图9-33 钢制杯形件的挤压过程

综上所述，正确确定冷挤工艺过程十分重要，尤其是复杂形状的挤压件或需要两次以上挤压成形的零件。只有挤压工艺过程确定得正确，才能得到合乎要求的零件。图9-34所示为几种典型零件的挤压工艺过程。现就其中一些零件的挤压过程说明如下。

序号（2）是带底的外阶梯杯形件。这类零件通常采用预先反挤压，然后从小阶梯到大阶梯进行两道正挤压成形，以利于金属流动。

序号（4）是口部有直径较大凸缘的杯形件。这类零件的工艺过程是先反挤成筒形，再冷镦口部成形。冷镦口部必须保证 $H/\delta \leq (1.8\sim2)$，否则可能起皱。如果 $H/\delta > (1.8\sim2)$，可采用反挤、正挤、冷镦口部或反挤和两道冷镦口部成形。

序号（6）是内孔深度 h_2 大于外圆柱高度 H_0 的凸缘件。对于这类零件，有两种挤压工艺方案，两种工艺方案的工序件孔深 h_1 与外圆柱高度 H_0 关系为 $h_1 \leq H_0$。

序号（8）是阶梯轴类零件。对于这类零件，挤压的顺序是从小直径到大直径依次正挤压成形。由于在第二道挤压时，会影响到前道已挤压的部分，使之产生弯曲，故最终需要校形。对于零件精度要求高，相邻阶梯直径相差不大的，可一次挤压成形。如果头部直径与杆部直径差很大，可以采用先正挤后镦粗头部的工艺过程。

序号（9）是头部带凸缘的零件。这类零件一般以头部冷镦方法制造，如果镦粗比大于2.5，则一次冷镦会产生纵弯曲，必须先镦成锥形的过渡形状，最后镦挤成形。

序号（10）是锥齿轮。以镦挤方法制造锥齿轮，工序件的圆锥角 α 非常重要，实践证明取 $\alpha = \alpha' - (7°\sim12°)$ 最合适，否则不利于齿形的成形。

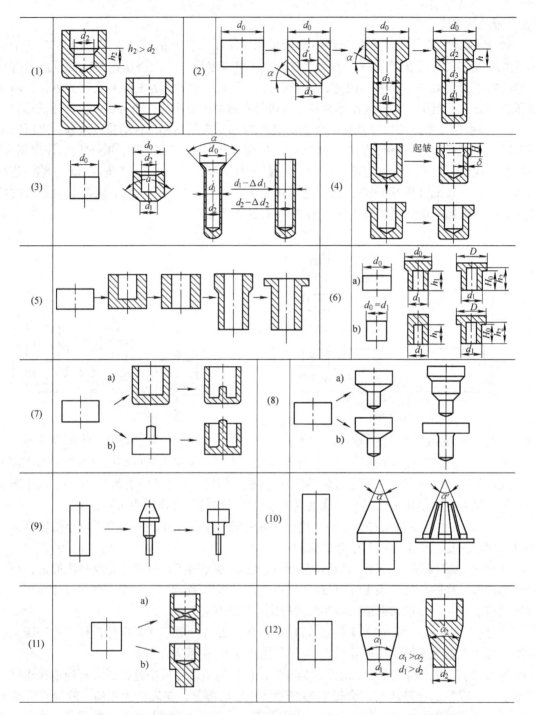

图9-34 典型零件的冷挤压过程

序号(11)是双杯形或杯杆形零件。对于这类零件,当两边变形程度差别不太悬殊时,一般采用复合挤压较为有利。

序号(12)是深筒锥体零件。如果锥体角度较大、长度较小,且上、下变形程度相近,可以一次挤压成形。否则,应采用逐步成形(如图所示),通常取 $d_1 \geqslant d_2$,$\alpha_1 \geqslant \alpha_2$。如果孔的深度很大,可能要三道工序逐步成形。

二、冷挤压件图的设计

冷挤压件图是根据零件图、冷挤压工艺性、机械加工工艺要求而设计的适合于冷挤压的图形。它是编制冷挤压工艺过程、设计冷挤压模具，以及设计机械加工用夹具等的依据。

冷挤压件图设计的内容和步骤如下：设计冷挤压件图时首先应充分了解零件的性能和使用要求；对零件进行全面的工艺性分析；初步确定零件的成形工艺路线、冷挤压方式。在此基础上，对零件进行必要的简化，确定冷挤压件的形状、尺寸。需要机械加工的部位应根据需要加上余量和公差，不需要机械加工的部分应直接按零件要求的尺寸与公差设计；其他尺寸参数均应按照挤压工艺性要求确定。此外，还有其他特殊问题的考虑及技术条件的制订等。

三、冷挤压的典型实例

实例1 如图9-35a所示的导杆是细长空心零件，材料为30钢。其冷挤压工艺过程设计如下。

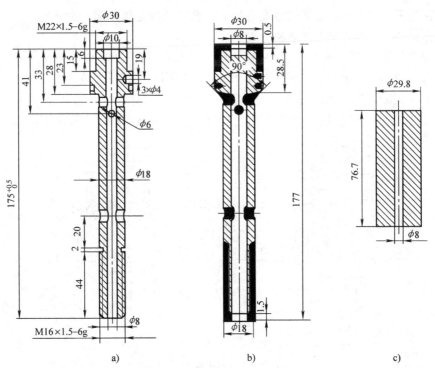

图9-35 典型冷挤压实例1

a）导杆零件图 b）冷挤压件图 c）坯料尺寸

（1）冷挤压件图的设计 该零件是轴对称旋转体零件，材料为30钢，均适宜于冷挤压成形。根据零件特点以正挤压成形为宜，但零件必须加以简化，以改善冷挤压工艺性。

$\phi30$mm与M22×1.5直径相差不大，可一律改为$\phi30$mm，否则凸模壁容易破裂（图9-36）。$\phi18$mm与M16×1.5直径相差不大，为了简化挤压凹模，减少挤压力，可一律改为$\phi18$mm。考虑到坯料的制造误差和压力机行程下死点的控制误差，在长度上应加修整量2mm。

为改善正挤压金属变形的均匀性，减少单位挤压力，取挤压凹模中心圆锥角为90°。简化后的冷挤压件图如图9-35b所示。

（2）坯料形状和尺寸的确定 采用空心坯料。坯料外径取 $d_0 = 29.8mm$，坯料内径取 $d_2 = 8mm$，经计算后，坯料尺寸如图9-35c所示。

（3）冷挤压工艺过程的确定 以正挤压方法加工，由图9-18查得，30钢的极限变形程度为79% ~ 83.5%，而该挤压件总的变形程度为

$$\psi = \frac{A_0 - A_1}{A_0} \times 100\% = \frac{30^2 - 18^2}{30^2 - 8^2} \times 100\% = 69\%$$

因挤压件总变形程度小于极限变形程度，故可一次挤压成形。

其工艺过程确定如下：切割坯料→退火→加工坯料孔→表面磷化处理→皂化处理→一次挤压→切削加工。

在冷挤压工艺过程中，为什么把坯料孔的加工安排在退火之后呢？这是因为如果孔在退火之前加工出来，空心坯料在退火之后，其表面都附有氧化皮，内孔氧化皮很难在表面清理时清理干净，这就影响了磷化和皂化的效果，致使在挤压时内孔与芯轴间的摩擦力很大，容易造成芯轴断裂。而在退火后加工坯料内孔，可避免上述现象的发生。

图9-36 不合理的挤压件形状与凸模结构

（4）冷挤压力的计算 根据有关冷冲压设计手册查得单位挤压力 $p = 1700MPa$，总挤压力为1.1MN。由此可见，单位挤压力在模具许用单位挤压力范围内。

实例2 如图9-37a所示的通信机壳体是一个阶梯形零件，材料为10钢。零件结构和尺寸基本符合冷挤压工艺性要求，可按图进行冷挤压。其冷挤压过程设计如下。

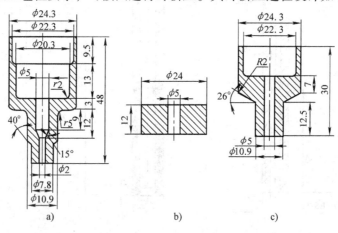

a)   b)   c)

图9-37 典型冷挤压实例2

（1）冷挤压坯料形状和尺寸的确定 采用空心坯料，坯料外径取 $d_0 = 24mm$，坯料内径取 $d_2 = 5mm$，经计算坯料尺寸如图9-37b所示。

（2）冷挤压工艺过程的确定 根据该零件的形状特征确定采用复合挤压。至于工序数目视其总变形程度而定。

1）正、反挤压的变形程度校核。正挤压最小直径的变形程度为

$$\psi = \frac{A_0 - A_1}{A_0} \times 100\% = \frac{(24^2 - 5^2) - (7.8^2 - 2^2)}{(24^2 - 5^2)} \times 100\% \approx 90\%$$

查图 9-18 得，正挤压极限变形程度为 85% ~ 90%。

反挤压上端薄壁部分的变形程度为

$$\psi = \frac{A_0 - A_1}{A_0} \times 100\% = \frac{(24^2 - 5^2) - (24.3^2 - 22.3^2)}{(24^2 - 5^2)} \times 100\% \approx 83\%$$

查图 9-19 得，反挤压极限变形程度为 77% ~ 86%。

2）挤压工序数目的确定。根据上述计算结果，单纯的正挤压部分与反挤压部分的变形程度都接近于极限变形程度的上限，为了改善金属变形的摩擦条件，像这样的阶梯外形和内孔的零件以采用两道挤压成形为宜。

第一道复合挤压得图 9-37c 所示工序件，其正、反挤压断面变化率均为 83%。第二道复合挤压成为图 9-37a 所示零件。正挤压部分采用阶梯形的凸模芯轴（直径由 5mm 过渡到 2mm）进行缩径，其断面变化率为 $\psi = 39\%$；而反挤压是将厚壁部分（孔径为 20.3mm）反挤出来，使已成形部分向上刚性平移，从而获得阶梯形孔，其断面变化率为 $\psi = 68\%$。由此可见，两道复合挤压的变形程度都是允许的。

所以该挤压件的挤压工艺过程为：车床上制坯→退火→钻坯料孔→酸洗→磷化→皂化→第一次复合挤压→酸洗→磷化→皂化→第二次复合挤压。

（3）冷挤压力的计算　第一道复合挤压时，根据有关冷冲压设计手册查得单纯正挤压的单位挤压力 $p = 1850\mathrm{MPa}$；单纯反挤压的单位挤压力 $p = 2350\mathrm{MPa}$。第二道复合挤压时，由直径 $\phi10.9\mathrm{mm}$ 缩小到 $\phi7.8\mathrm{mm}$，其挤压力很小。单纯反挤压的单位挤压力 $p \approx 1800\mathrm{MPa}$。

两道挤压工序均属复合挤压。实践证明复合挤压力小于或接近于单一挤压力的较小值，根据这一规律，第一道复合挤压的单位挤压力大约为 1850MPa，第二道复合挤压的单位挤压力不大，两道工序的单位挤压力都在模具许用单位压力范围之内。

第七节　冷挤压模具

冷挤压模具必须适应冷挤压金属的变形特点和强大的冷挤压力对模具提出的要求。例如，模具工作部分的形状、尺寸参数及表面粗糙度应有利于金属的塑性变形，有利于减小挤压力；模具应有足够的强度和刚度，有良好的导向装置；应选用适合冷挤压要求的模具材料及热处理工艺规范；结构上还应注意易损件拆卸、更换、安装方便及通用性等。

一、典型冷挤压模具的结构

冷挤压模具的结构形式很多，按冷挤压方式有正挤压模、反挤压模、复合挤压模及其他冷挤压模；按通用性有专用冷挤压模和通用冷挤压模；按调整的可能性有可调式冷挤压模和不可调式的冷挤压模。为适应冷挤压金属成形的需要和降低模具制造成本，往往采用可调式冷挤压模和通用式冷挤压模。

图 9-38 所示为挤压带凸缘的纯铝零件的正挤压模具，该模具的主要特点是：

1）采用通用模架，通过更换凸、凹模可挤压不同的冷挤压件。凸模 6 通过弹性夹头 4、凸模固定圈 5 和紧固圈 7 固定；凹模通过凹模固定圈 10 和紧固圈 8 固定，凹模固定圈与紧固圈以 H6/h5 配合。

2）以导柱导套导向，为了增加导柱长度，特将导柱固定于上模。当然也可以根据需要

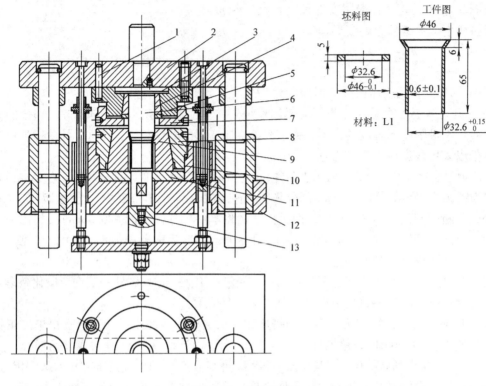

图 9-38　正挤压模具

1—定位销　2—上模座　3—垫板　4—弹性夹头　5—凸模固定圈　6—凸模　7、8—紧固圈
9—凹模　10—凹模固定圈　11—垫板　12—下模座　13—顶杆

将导柱固定于下模。导柱导套以 H6/h5 配合。

3）挤压件留在凹模中，采用拉杆式顶出装置通过顶杆 13 将挤压件顶出，卸件工作可靠。

4）上、下模座用中碳钢；凸、凹模分别用较厚的淬硬垫板支承。

图 9-39 所示为挤压钢铁材料空心件的反挤压模具。该模具的主要特点是：

1）采用通用模架，更换凸模、组合凹模等零件，可以反挤压不同挤压件，还可以进行正挤压、复合挤压。

2）凸、凹模的同轴度可以调整，即通过螺钉和月牙形板调整凹模的位置，以保证凸、凹模的同轴度。同时可以依靠月牙形板和压板 1 压紧定位，以防挤压过程中凹模位移。

3）凹模为预应力组合凹模结构，承受的单位挤压力较大。

4）对于钢铁材料反挤压，其挤压件可能箍在凸模上，因而设置了卸件装置，将卸件板做成弯形是为了减少凸模长度。但挤压件更容易留在凹模内，故又设置了顶件装置(顶件器)。

5）因钢铁材料的挤压力很大，所以凸模上端和顶件器下端做成锥度，以扩大支承面积，并加以厚垫板。

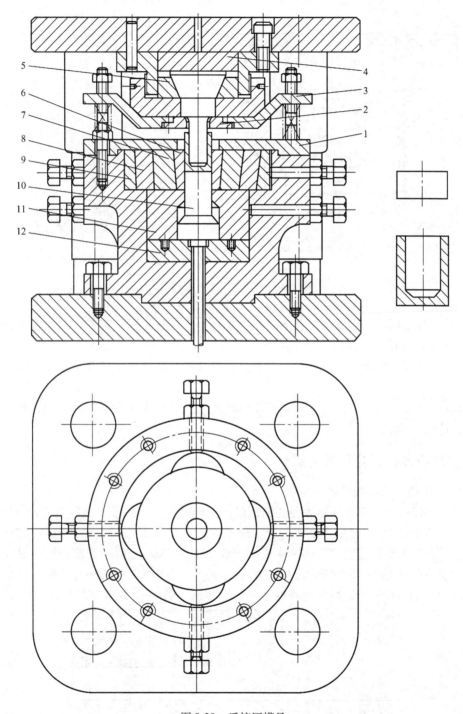

图 9-39 反挤压模具

1—压板 2—卸件器 3—卸件板 4—垫板 5—凸模 6—凹模

7—组合凹模中圈 8—组合凹模外圈 9—月牙形板

10—顶件器 11—垫块 12—垫板

图 9-40 所示为螺塞径向挤压(冷镦)模具。该模具的主要特点是:

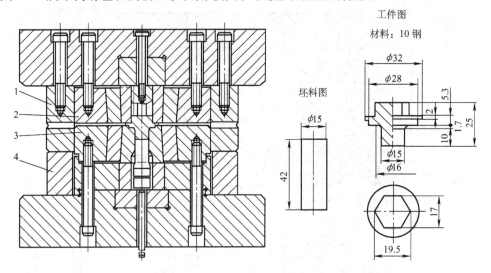

图 9-40　径向挤压(冷镦)模具

1—导向套　2—组合上模外圈　3—组合下模外圈　4—限位套

1) 该模具是以导向套1与组合下模外圈3导向。模具在工作时处于封闭状态,导向套1还有安全防护作用。下设限位套4。

2) 上、下模均为预应力组合结构。上模六角型腔底部开有出气孔,确保六角头部轮廓清晰。

3) 为了保证六角头部成形良好和提高模具寿命,坯料体积大于零件体积,多余金属形成飞边,冷镦后切除。

二、冷挤压凸模与凹模的设计

1. 正挤压凸、凹模的设计

(1) 正挤压凹模　正挤压凹模是正挤压模的关键零件,一般采用预应力组合结构,其结构形式如图 9-41 所示。其中图 9-41a 所示凹模内层是整体式结构,制造容易,应用较广,但型腔内转角处容易因应力集中而产生横向开裂。图 9-41b、c 所示凹模内层为纵向分割结构,最内层小凹模与挤压筒之间以过盈配合,过盈量一般应大于 0.02mm。图 9-41d ~ f 所示凹模为横向分割结构,制造时应严格保证上、下两部分的同轴度,为防止金属流入拼合面,

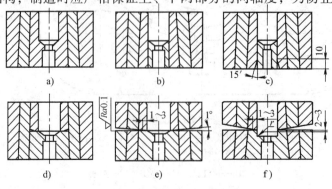

图 9-41　正挤压凹模

上、下两部分的拼合面不宜过宽，一般取 1~3mm，而且要求抛光。图 9-41f 所示结构能有效地防止金属流入拼合面，但寿命较低。

正挤压凹模重要的几何参数如图 9-42 所示。凹模中心锥角 α_d 一般取 $90° \sim 126°$，塑性好的挤压材料可以增大。凹模工作带高度，对于纯铝 $h_d = 1 \sim 2mm$；对于硬铝、纯铜、黄铜 $h_d = 1 \sim 3mm$；对于低碳钢 $h_d = 2 \sim 4mm$。凹模型腔的过渡圆角 r_1 最好取 $(D_d - d_d)/2$，不小于 $2 \sim 3mm$；$R = 3 \sim 5mm$。

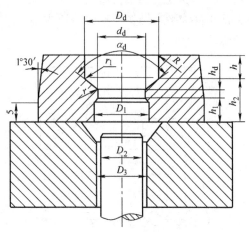

图 9-42 正挤压凹模的几何参数

凹模型腔深度为

$$h = h_0 + R + r_1 + h_3 \qquad (9-6)$$

式中，h 为凹模型腔深度；h_0 为坯料高度；h_3 为凸模接触坯料时已进入凹模直壁部分的深度，对于钢 $h_3 = 10mm$，对于非铁金属 $h_3 = 3 \sim 5mm$。

（2）正挤压凸模 正挤压凸模的结构形式如图 9-43 所示。其中图 9-43a 所示为正挤压实心件用凸模；图 9-43b ~ e 所示为正挤压空心件用凸模。正挤压空心件凸模的设计关键是芯轴结构。芯轴受径向压力和轴向拉力的作用，工作条件差，容易产生断裂。图 9-43b 所示为整体式凸模，适用于挤压纯铝等软金属或芯轴与凸模直径相差不大、芯轴长度不长的情况。图 9-43c 所示为固定组合式凸模，适用于较硬金属的正挤压。图 9-43d、e 所示为浮动式组合凸模，用于钢铁材料的正挤压。在挤压过程中，芯轴可随变形金属的流动一起向下滑动，减少了芯轴被拉断的可能，提高了芯轴的寿命。

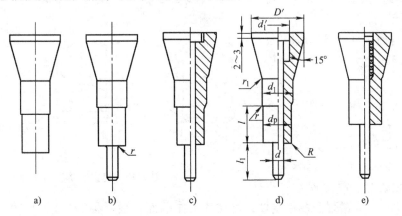

图 9-43 正挤压凸模

正挤压凸模的重要几何参数如图 9-43d 所示。凸模的横截面形状取决于挤压件的头部形状，d_p 等于挤压件头部尺寸并与凹模保持最小间隙等于零的间隙配合。芯轴直径 d 等于空心件内孔直径。芯轴露出凸模端面长度 l_1，对于正挤压杯形件，为坯料内孔深度；对于正挤压无底空心件，为坯料高度加上凹模工作带高度。

凸模工作部分长度 l 等于坯料变形高度加上凸模接触坯料时已导入凹模的深度。

2. 反挤压凸、凹模的设计

（1）反挤压凸模 反挤压凸模是反挤压模的关键零件。钢铁材料反挤压凸模结构形式如图 9-44 所示。其中图 9-44a 所示结构应用较普遍；图 9-44b 所示结构挤压力小，但容易受到坯料平面度差的不良影响，易造成挤压件壁厚不均匀；图 9-44c 所示结构挤压力较大，用于挤压件为平底结构或单位挤压力不大的情况；图 9-44d 所示结构有利于金属流动，但制造较麻烦。

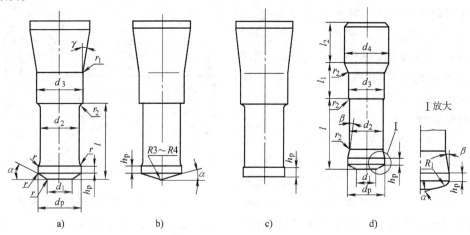

图 9-44　钢铁材料反挤压凸模

钢铁材料反挤压凸模的重要几何参数如下：凸模锥顶角 $\alpha_p = 180° - 2\alpha$，$\alpha = 7° \sim 27°$；工作带高度 $h_p = 2 \sim 3mm$；圆角半径 $r = 0.5 \sim 4mm$，$R_1 = 0.05d_p$；小圆台直径 $d_1 = 0.5d_p$。

非铁金属反挤压凸模原则上与钢铁材料是一样的，但因为单位挤压力较小，因而工作带高度可以较小（$h_p = 0.5 \sim 1.5mm$），α 角也较小，$r = 0.2 \sim 0.5mm$。纯铝反挤压凸模工作部分的结构及尺寸如图 9-45 所示。对于铜和硬铝等的反挤压凸模可参照钢铁材料和纯铝的反挤压凸模进行设计。

反挤压凸模的工作部分长度 l 不宜过长，否则会失稳折断。其长度范围如下：

纯铝 $l \leqslant (6 \sim 8)d_p$

黄铜 $l \leqslant (4 \sim 5)d_p$

纯铜 $l \leqslant (5 \sim 6)d_p$

钢 $l \leqslant (2.5 \sim 3)d_p$

反挤塑性较好、深度较大的非

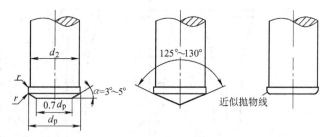

图 9-45　纯铝反挤压凸模

铁金属薄壁件时，为增强凸模稳定性，可在其工作端面开设对称的工艺槽（图 9-46），以增大端面与金属的摩擦，从而防止凸模滑向一侧造成挤压件壁厚不均匀和凸模折断。

（2）反挤压凹模　反挤压凹模的结构形式如图 9-47 所示。其中图 9-47a、b 所示结构设有顶出装置，适用于反挤压后工件留在凹模的情况，常用于钢铁材料的反挤压。图 9-47c ~ f 所示结构用于非铁金属反挤压。图 9-47c、d 所示为整体式结构，型腔转角处容易产生横向破裂，寿命短，用于挤压力小、生产量不大的场合；图 9-47e、f 所示为组合式结构，其中图 9-47e 所示结构设有硬质合金镶块，其寿命较长，但对制造要求较高，适用于大批量生产。

反挤压凹模的几何参数如下：型腔内壁有一定斜度以利于金属的流动；凹模底部圆角根

据挤压件要求而定，r 可取 $(0.1 \sim 0.2)D_d$，但应大于 0.5mm；$R = 2 \sim 3$mm。型腔深度为

$$h = h_0 + r + R + (2 \sim 3)\text{mm} \qquad (9\text{-}7)$$

式中，h_0 为坯料高度。

3. 冷挤压凸、凹模工作部分横向尺寸的计算

反挤压凸、凹模工作部分横向尺寸的计算方法如下：

当零件要求外形尺寸时

$$D_d = (D_{max} - 0.75\Delta)_0^{+\delta_d} \qquad (9\text{-}8)$$

$$d_p = (D_d - 1.9\delta)_{-\delta_p}^0 \qquad (9\text{-}9)$$

当零件要求内形尺寸时

$$d_p = (d_{min} + 0.5\Delta)_{-\delta_p}^0 \qquad (9\text{-}10)$$

$$D_d = (d_p + 1.9\delta)_0^{+\delta_d} \qquad (9\text{-}11)$$

式中，D_d 为冷挤压凹模的公称尺寸[当采用组合凹模时,应增加 $(0.005 \sim 0.01)D_d$ 的收缩量]；d_p 为冷挤压凸模的公称尺寸；D_{max} 为挤压件外形上极限尺寸；d_{min} 为挤压件内形下极限尺寸；δ_d、δ_p 为凹、凸模制造公差，取 $\delta_d = \delta_p = (1/5 \sim 1/10)\Delta$；$\delta$ 为挤压件壁厚；Δ 为挤压件公差。

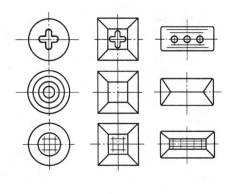
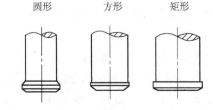

图 9-46 凸模工作端面的工艺槽形状

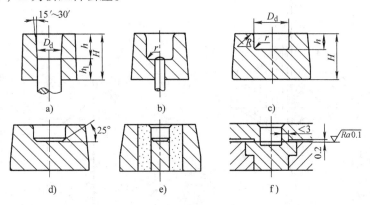

图 9-47 反挤压凹模

正挤压凹模工作带和芯轴横向尺寸可参照上式计算。

必须指出，冷挤压凸、凹模横向尺寸除了应考虑磨损这一因素外，还应考虑模具的弹性变形、挤压件的热胀冷缩等因素。

三、预应力组合凹模的设计

1. 冷挤压凹模的受力分析

图 9-48 所示是凹模内部的应力分布情况。其中 σ_θ 为切向拉应力，σ_r 为径向压应力，σ_v 为相当应力(等效应力或应力强度)。

由图可以看出，在凹模内壁表面 $(r = r_1)$ 处，σ_θ、σ_r、σ_v 的绝对值均最大，这是凹模的危险部位。如果这里的相当应力 σ_v 超过一定值 (σ_s)，凹模就会产生塑性变形直至破坏。

经推导得

$$\sigma_v = \frac{\sqrt{3 + \left(\frac{1}{a}\right)^4}}{1 - \left(\frac{1}{a}\right)^2} p \qquad (9\text{-}12)$$

则

$$\frac{\sigma_v}{p} = \frac{\sqrt{3 + \left(\frac{1}{a}\right)^4}}{1 - \left(\frac{1}{a}\right)^2} \qquad (9\text{-}13)$$

式中，p 为凹模内壁径向单位压力；a 为凹模直径比，$a = d_2/d_1 = r_2/r_1$；r_1、r_2 为凹模内、外半径。

图 9-49 表示了凹模内表面相当应力 σ_v 与凹模直径比 a 的关系。由图可以看出，当凹模直径比增大时，相当应力下降，即凹模强度增大。但当 $a > 4$ 时，a 值再增大，应力降低趋于平稳，当 $a = 5$ 以后，增加 a 值，其相当应力几乎不再减小，这说明凹模强度不再增大。因此，当凹模直径比 $a = 4 \sim 6$ 时，如果要提高凹模强度，不宜再用增加壁厚的办法，而要用预应力组合凹模结构（图 9-50b ～ 图 9-50d）。根据理论分析；对于同一尺寸的凹模，两层组合凹模的强度是整体式凹模的 1.3 倍，三层组合凹模的强度是整体式凹模的 1.8 倍。

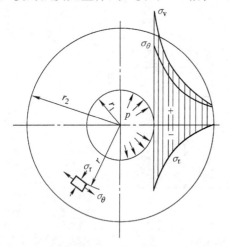

图 9-48　凹模内部的应力分布

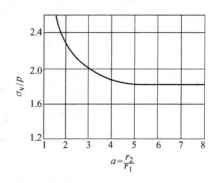

图 9-49　凹模直径比对内壁应力的影响

2. 凹模的结构形式和尺寸的确定

由于组合凹模的强度比整体式凹模的强度高，所以当冷挤压的单位挤压力较小时，采用整体式凹模；当单位挤压力较大时，则采用两层或多层组合凹模。图 9-51 表示了不同结构形式的组合凹模，其许用单位挤压力与凹模直径比的关系。其中，Ⅰ区是整体式凹模许用范围；Ⅱ区是两层组合凹模的许用范围；Ⅲ区是三层组合凹模的许用范围。在实际生产中，通常采用的凹模直径比为 $a = 4 \sim 6$。由图可以看出，在 $a = 4 \sim 6$ 的范围内，当单位挤压力 $p \leqslant 1100\text{MPa}$ 时应采用整体式凹模；当单位挤压力为 $1100\text{MPa} < p \leqslant 1400\text{MPa}$ 时，应采用两层组合凹模；当单位挤压力为 $1400\text{MPa} < p \leqslant 2500\text{MPa}$ 时，应采用三层组合凹模。经验表明，三层组合凹模是最好的结构形式，进一步增加层数，可以使凹模中的应力分布趋于更均匀，但

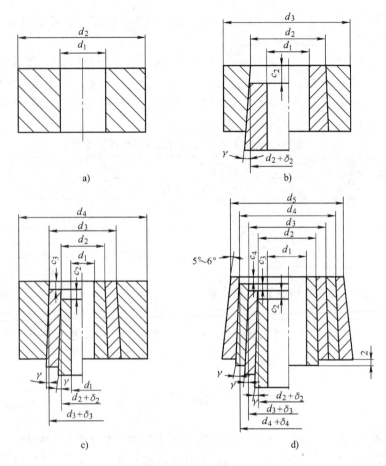

图 9-50 冷挤压凹模结构

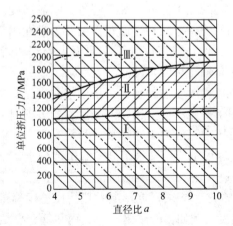

图 9-51 各种形式凹模的许用单位挤压力与直径比的关系

（对于整体式凹模，$a = d_2/d_1$，如图 9-50a 所示；对于双层凹模，

$a = d_3/d_1$，如图 9-50b 所示；对于三层凹模，$a = d_4/d_1$，如图 9-50c 所示）

给制造和装配带来了困难。

　　预应力组合凹模各层的直径与过盈量可以通过计算法确定，也可以直接参照表9-6确定。一般 $\gamma = 1° \sim 1.5°$（不超过 $3°$）。

　　必须指出，凹模内壁所受的侧向压力不等于凸模上的单位挤压力，也不是均匀分布的。影响凹模侧向压力的因素很多，如冷挤压方式、变形程度、凹模几何形状、摩擦情况及变形区域的位置等。如果要较准确地确定凹模内的工作压力，应根据不同的情况加以计算。所以目前把单位挤压力作为设计凹模的工作压力只是近似的。

表9-6　组合凹模预应力圈的直径与过盈量

预应力圈层数	预应力圈直径				过盈量		
	d_2	d_3	d_4	d_5	δ_2	δ_3	δ_4
一（即两层凹模）	$(2 \sim 3)d_1$	$2d_2$			$0.008d_2$		
二（即三层凹模）	$1.6d_1$	$1.6d_2$	$1.6d_3$		$0.01d_2$	$0.006d_3$	
三（即四层凹模）	$1.2d_1$	$1.6d_2$	$2.2d_3$	$3d_4$	$0.025d_2$	$0.008d_3$	$0.004d_4$

3. 预应力组合凹模的材料及其硬度要求

　　组合凹模的内层一般采用好的合金工具钢；中层可以用5CrNiMo、40Cr、35CrMoA；外层可以用5CrNiMo、35CrMoA、30CrMnSiA、40Cr、45钢。中层热处理后硬度为45~47HRC，外层为40~42HRC，这样既保证了较高的强度又具有较好的韧度。

第八节　温　热　挤　压

　　温热挤压简称温挤，它是把金属加热到低于热压力加工温度下进行的挤压，也是在冷挤压工艺基础上发展起来的一项新工艺。其目的是通过加热到一定温度，较大幅度地降低挤压力，提高变形程度，或者解决一些变形抗力很大的材料难以采用冷挤压的问题。

　　温热挤压有很多优点，它的加工温度一般不超过再结晶温度，既降低了变形抗力，又不至于严重氧化、脱碳。产品的公差等级和表面粗糙度及力学性能与冷挤压相近，而比热挤压的高。温热挤压温度较高时，坯料或工序件不需要退火处理和磷化处理，便于组织连续生产，且可以顺利地成形一些非轴对称的零件。

　　但温热挤压需要加热设备和温度控制装置，挤压件质量比冷挤压件稍差，对润滑剂要求较高。因此，温热挤压宜用于挤压高合金钢、高强度材料及其他难以用冷挤压成形的材料，或者某材料用冷挤压加工时压力机压力不够等场合。

　　温热挤压加热温度的确定很重要但又很复杂，它牵涉到金属学等多方面的问题。一般来说，温度高，变形抗力小，塑性好，但模具抗压能力低；温度低，氧化少，挤压件质量高，但挤压力大，对模具也不利。总之，必须根据影响温热挤压温度确定的各种因素，结合实际情况，选择适当的温热挤压温度。例如，低碳钢、中碳钢和低合金结构钢在机械压力机上挤压时，温度为650~800℃，在液压机上挤压时，温度为500~800℃；碳素工具钢、Cr12MoV、W6Mo5Cr4V2Al、GCr15等温热挤压温度为700~800℃；铝及铝合金温热挤压温度小于或等于250℃；铜及铜合金温热挤压温度小于或等于350℃；12Cr18Ni9温热挤压温度为260~350℃。

　　当温热挤压温度较低时，用猪油加二硫化钼作润滑剂；对碳钢、合金钢、不锈钢在700~

800℃范围的温热挤压，使用低温玻璃粉加二硫化钼作润滑剂；近年我国使用油酸57%、二硫化钼17%、石墨26%的混合物作为润滑剂，效果良好。

实例3 图9-52c所示零件材料为奥氏体不锈钢12Cr18Ni9，该材料的工艺性特点是：不是靠热处理而是靠塑性变形使其强化；不是用退火而是用淬火使其软化，提高塑性；温热挤压对成形有利。

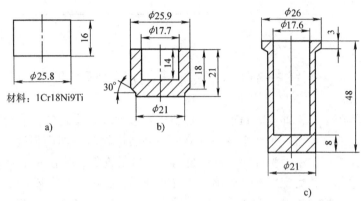

材料：1Cr18Ni9Ti

图 9-52 温热挤压

根据该零件的特点，宜采用如图9-52所示的挤压过程，即先以复合挤压加工出如图9-52b所示零件，再以正挤压加工出如图9-52c所示零件。

复合挤压的变形程度为

$$\psi_F = \frac{d_1^2}{d_0^2} \times 100\%$$

将 $d_1 = 17.7\text{mm}$，$d_0 = 25.8\text{mm}$ 代入上式得

$$\psi_F = \frac{17.7^2}{25.8^2} \times 100\% = 47\%$$

$$\psi_Z = \frac{d_0^2 - d_1^2}{d_0^2} \times 100\%$$

将 $d_1 = 21\text{mm}$，$d_0 = 25.8\text{mm}$ 代入上式得

$$\psi_Z = \frac{25.8^2 - 21^2}{25.8^2} \times 100\% = 33.8\%$$

正挤压变形程度为

$$\psi_Z = \frac{d_0^2 - d_1^2}{d_0^2} \times 100\%$$

将 $d_0 = 25.9\text{mm}$，$d_1 = 21\text{mm}$ 代入上式得

$$\psi_Z = \frac{25.9^2 - 21^2}{25.9^2} \times 100\% = 34.3\%$$

根据12Cr18Ni9软化后的力学性能($\sigma_s \geqslant 220\text{MPa}, \psi \geqslant 40\%, 120 \sim 130\text{HBW}$)，以上变形程度均是允许的。

综上所述，该零件的温热挤压工艺过程为：车床下料(图9-52a)→淬火→酸洗、草酸盐处理→毛坯加热至260~300℃→润滑处理(15%的二硫化钼+85%的氯化石蜡)→复合挤压(图9-52b)→淬火处理→酸洗、草酸盐处理→半成品加热至260~300℃→润滑→正挤压成形(图9-52c)。

第十章　加热冲压

第一节　加热冲压的应用场合

加热冲压通常用于厚板冲压。目前，开发制造高强度和轻量化的汽车已成为一种趋势。而车身轻量化发展的途径之一是在车身制造上采用高强度材料，如高强度和超高强度钢板。但是，超高强度钢板在常温下塑性差、变形抗力大，容易开裂，并且冲压成形后零件的回弹大，导致零件尺寸和形状稳定性差。因此，传统的冲压方法难以解决超高强度钢板的成形问题。而加热冲压成形技术是能够解决上述问题的一种新型成形技术。

高强度钢板加热冲压技术是由瑞典的 Hard Tech 公司于 20 世纪 80 年代最早提出的。它是将高强度钢板加热到奥氏体温度范围，当钢板奥氏体化后，快速移到压力机上进行快速冲压，在压力机保压状态下，通过模具中的冷却系统，保证一定的冷却速度，对零件进行淬火，最后获得超高强度的冲压件（组织为马氏体，抗拉强度为 1500MPa，甚至更高）。

近年来，世界各国汽车行业投入了大量精力进行超高强度钢板和加热冲压成形技术的研究，欧美和日本的主要汽车制造企业已经开始尝试使用通过加热冲压成形技术生产超高强度钢板构件，如车门防撞杆、保险杠加强梁、门框加强梁等。

加热冲压的优点是塑性好、成形极限高，能够生产具有复杂几何形状的工件，成形零件的尺寸精度好；变形抗力小，设备公称压力、模具材料强度要求降低。

加热冲压的缺点是，由于原材料需要加热，因此需要加热设备，工艺较为复杂，加热后的金属材料容易氧化，对制件表面质量有不良影响。

第二节　加热冲压工艺及模具

这里重点介绍高强度钢板的加热冲压。

一、加热冲压工艺

1. 加热冲压工艺流程

工艺流程为：下料→预成形→在步进炉中加热到奥氏体相变温度，充分奥氏体化→快速移到压力机→快速合模、成形，保压冷却到 100～200℃，组织变为马氏体→冷却到室温，激光切边、冲孔→去氧化皮→涂油。

将板料加热至奥氏体化温度后保温以保证奥氏体组织的均匀化，然后将工件放入冲压模具中进行冲压成形，成形温度要保持在奥氏体区，以使工件材料具有优良的塑性。冲压成形后，进行保压和淬火处理，从而在保证零件形状尺寸精度的同时获得均匀的马氏体组织。

由此可见，加热冲压成形过程包含板材成形、传热及热处理等相关内容，因此，影响加热冲压零件质量的主要因素除了常规冷冲压的影响因素外，还应特别注意与传热及热处理相关的模具和热冲压工艺参数两个方面的因素。

2. 加热冲压工艺参数

（1）奥氏体温度　加热冲压过程中，板料必须加热到奥氏体状态下的适当温度。适当高的温度，可以显著降低金属的变形抗力，提高金属的塑性，从而可减少冲压成形所需的压力。在成形过程中，如果板料一边成形一边降温，可能诱发材料组织发生相变，由奥氏体转变为贝氏体，最终得不到所需的马氏体组织，从而不能满足组织性能要求。

（2）保温时间　板料加热到奥氏体状态后，要经过适当时间的保温，以保证板料成形前具有均匀的奥氏体组织。若保温时间短，则奥氏体晶粒大小不均匀，在成形过程中，板料内部变形不均匀，经过淬火后得到的马氏体组织也不均匀，从而会影响到加热冲压件性能的均匀性。若保温时间过长，则板料内的奥氏体晶粒会过大，可能会降低板料的成形性能，从而影响零件的质量。

（3）冷却速度　加热冲压成形工艺中保压冷却的目的是保证钢板在成形后能够快速冷却，获得在室温下具有均匀马氏体组织的高强度零件。若选用的淬火介质不当或模具冷却系统设计不合理，热成形后冷却速度慢，则奥氏体会转变为珠光体或贝氏体而得不到马氏体组织，从而使成形件的强度大大降低，故冷却速度是影响成形件力学性能的关键工艺因素。

（4）保压时间　热冲压零件的优点之一是成形零件的形状和尺寸精度高，而成形后的保压冷却是决定该质量的关键。如果保压冷却时间长，则零件形状和尺寸精度高，但会增加冲压作业时间，从而降低生产率；如果保压时间短，没有充分冷却就从模具中取出，由于零件与室温温差大，将会出现冷却收缩现象，导致零件的强度和形状尺寸精度下降。

二、加热冲压用超高强度钢板

由于在加热冲压过程中，板料冲压成形并进行了淬火处理，故加热冲压用钢板的成分要适应加热冲压过程及达到的目的。例如，含硼钢板在钢的组织转变时，可以延迟铁素体和贝氏体的形核，从而可以保证获得高强度的成形件。此外，钢板被加热至较高温度，在空气中不可避免地会出现表面的氧化和脱碳，进而影响钢板的强度。因此，加热冲压成形钢板应具备抗高温和耐腐蚀的镀层。

目前，安赛乐米塔尔公司开发了加热冲压成形钢板 USIBOR1500，该钢板为镀锌板，淬火后强度可达到 1600MPa，并保持了良好的韧性，冲击韧度达到 $800J/m^2$。此外，该钢板的低温焊接性能也较好。采用此种钢板生产的汽车零件可以使同等强度、刚度的零件减重 50% 以上。

德国蒂森克虏伯开发了锰硼合金钢，其加热冲压淬火后最高强度可达 1600MPa。此外，美国西渥斯托公司和戴姆-克莱斯勒公司共同开发了热冲压硼钢，用于取代载重车架横梁以减轻重量，而且提高了耐疲劳性能。对汽车大梁的研究表明，由硼钢制成的零件比用原来材料制成的零件更加耐用，质量减轻了 20%。

三、加热冲压设备

加热冲压生产线包括加热炉、伺服压力机（或液压机）、模具及切割设备等。

1. 加热炉

加热炉的功能是将钢板加热到奥氏体状态，同时为了保证板表面质量，炉内需要通保护气体，以避免钢板在加热过程中氧化。为满足连续大批量生产的需要，加热炉需配备自动进出料装置。

2. 上、下料装置

处于高温状态的钢板，只能依靠机器人或机械手快速、平稳、准确地将钢板送到冲压模具上，以避免钢板在夹送过程中发生表面氧化和局部降温。加热冲压后，经保压淬火后的零件温度尚有 200℃ 左右，也需要用机械手或机器人卸件。

3. 加热冲压压力机

钢板加热冲压压力机既要保证快速合模冲压，又要具有保压功能。

4. 激光切割机

加热冲压后的零件强度高，需要用激光切割机完成切边和冲孔。

四、加热冲压模具

在加热成形过程中，模具集板料成形与冷却淬火功能于一身，所以加热冲压模具设计是加热成形技术的关键。

1. 模具材料的选择

加热冲压的模具材料要求具有良好的热硬性、高的耐磨性和耐热疲劳性能，而且要保证成形件的尺寸精度，能够稳定地在剧烈的冷热交替环境下工作。一般应根据模具可能达到的温度选用热作模具钢。

2. 模具凸、凹模的设计

由于热胀冷缩的影响，零件最终尺寸与冲压成形时的尺寸存在一定的误差，因此为保证零件的尺寸精度，在确定凸、凹模尺寸时必须考虑热胀冷缩效应。

3. 冷却系统的设计

模具冷却系统不仅要保证成形件的冷却速度足够快，而且还要避免零件和模具因冷却速度过快而引起开裂。设计时，要充分考虑冷却回路的大小、冷却孔的间距和布置方式、冷却孔中心与模具型面的距离，以及冷却水的流动方式等。

4. 支承机构

对于加热冲压而言，为最大限度地避免毛坯在冲压之前过早地与模具型面接触，以减少降温，提高加热冲压成形性，需要设置专门的支承机构支承毛坯。

由于加热冲压成形模具的工作条件较差，冲压模具容易失效，模具使用寿命降低，因此，加热冲压工艺的应用受到了一定的限制。但是，随着加热冲压技术的进一步发展，这些问题是可以解决的。

第十一章　板料特种成形技术

第一节　电水成形

电水成形有两种形式：电极间放电成形和电爆成形。电水成形的工作原理如图 11-1 所示。利用升压变压器 1 将交流电电压升高至 20~40kV，经整流器 2 变为高压直流电，并向电容器 4 进行充电。当充电电压达到一定值时，辅助间隙 5 被击穿，高电压瞬时间加到两放电电极 9 上，产生高压放电，在放电回路中形成非常强大的冲击电流（可达 30000A）。其结果是在电极周围的介质中形成冲击波，使毛坯在瞬时间完成塑性变形，最后贴紧在模具型腔上。

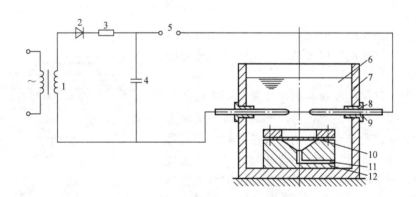

图 11-1　电水成形的工作原理

1—升压变压器　2—整流器　3—充电电阻　4—电容器　5—辅助间隙　6—水
7—水箱　8—绝缘圈　9—电极　10—毛坯　11—抽气孔　12—凹模

电水成形可以对板料或管坯进行拉深、胀形、校形、冲孔等加工。

电水成形的能量调整和控制较简单，成形过程稳定，操作方便，容易实现机械化和自动化，生产效率高。其不足之处是加工能力受到设备能量的限制，并且不能灵活地适合各种不同零件的成形要求，所以仅用于加工直径为 400mm 以下的简单形状零件。

如果将两电极间用细金属丝连接起来，则在电容器放电时，强大的脉冲电流会使得金属丝迅速熔化并蒸发成高压气体，从而在介质中形成冲击波使得毛坯成形，这就是电爆成形。电爆成形的成形效果要比电极间放电成形好。电极间所连接的金属丝必须是良好的导电体，生产中常采用钢丝、铜丝及铝丝等。

第二节　电 磁 成 形

电磁成形的工作原理如图 11-2 所示。由升压变压器 1 和整流器 2 组成的高压直流电源向电容器充电，当放电回路中的开关 5 闭合时，电容器所储存的电荷在放电回路中形成很强的脉冲电流。放电回路中的阻抗很小，在成形线圈 6 中的脉冲电流在极短的时间内（10～20ms）迅速地增长和衰减，并在其周围的空间中形成了一个强大的变化磁场。毛坯 7 放置在成形线圈内部，在强大的变化磁场的作用下，毛坯内部产生了感应电流。毛坯内部感应电流所形成的磁场和成形线圈所形成的磁场相互作用，使毛坯在磁力的作用下产生塑性变形，并以很大的运动速度贴紧模具。图示成形线圈放置在毛坯外，是管子缩颈成形（图中模具未画出）；如

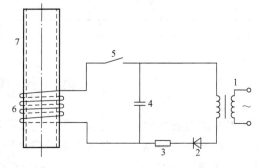

图 11-2　电磁成形的工作原理
1—升压变压器　2—整流器　3—限流电阻
4—电容器　5—开关　6—成形线圈　7—毛坯

将成形线圈放置在毛坯内部，则可以完成胀形；假如采用平面螺旋线圈，也可以完成平板毛坯的拉深成形，如图 11-3 所示。

电磁成形的加工能力取决于充电电压和电容器容量，电磁成形时常用的充电电压为 5～10kV，充电能量为 5～20kJ。

电磁成形不但能提高材料的塑性和成形零件的尺寸精度，而且模具结构简单，生产率高，设备调整方便，可以对能量进行准确地控制，成形过程稳定，容易实现机械化和自动化，并可和普通的加工设备组成生产流水线。由于电磁成形是通过磁场作用力来进行的，所以加工时没有机械摩擦，工件可以在电磁成形前预先进行电镀、喷漆等工序。

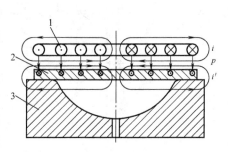

图 11-3　电磁拉深成形原理
1—成形线圈　2—平板毛坯　3—凹模

电磁成形加工的材料应具有良好的导电性，如铝、铜、低碳钢、不锈钢等，对于导电性差或不导电的材料，可以在工件表面涂敷一层导电性能好的材料或放置由薄铝板制成的驱动片来带动毛坯成形。

电磁成形的加工能力受到设备的限制，只能用来加工厚度不大的小型零件。由于加工成本较高，电磁成形法主要用于加工普通冲压方法不易加工的零件。

第三节　激光冲击成形

激光冲击成形与爆炸成形、电水成形一样，利用强大的冲击波，使板料产生塑性变形，贴模，从而获得各种所需形状及尺寸的零件。在成形过程中，材料瞬间受到高压冲击波的作用，形成高速高压的变形条件，使得用传统成形方法难以成形材料的塑性得到较大的提高。

成形后的零件材料表层存在加工硬化，可以提高零件的抗疲劳性能。图 11-4 所示为激光冲击成形原理。毛坯在激光冲击成形前，必须进行所谓的"表面黑化处理"，即在其表面涂上一层黑色涂覆层。将毛坯用压边圈压紧在凹模上，凹模型腔内通过抽气孔抽成真空。毛坯涂覆层上覆盖一层称为透明层的材料，一般采用水来作为透明层。激光通过透明层时，激光束的能量被涂覆层初步吸收，涂覆层蒸发，蒸发了的涂覆层材料继续吸收激光束的剩余能量，从而迅速形成高压气体。高压气体受到透明层的限制而产生了强大的冲击波。冲击波作用在毛坯材料表面，使其产生塑性变形，最后贴紧在凹模型腔。

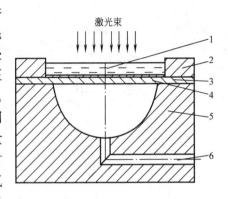

图 11-4　激光冲击成形原理
1—透明层　2—压边圈　3—涂覆层
4—毛坯　5—凹模　6—抽气孔

第四节　超塑性成形

　　金属材料在某些特定的条件下会呈现出异常好的延伸性，这种现象称为超塑性。超塑性材料的伸长率可超过 100% 而不产生缩颈和断裂，而一般钢铁材料在室温条件下的伸长率只有 30% ~40%，非铁金属材料如铝、铜及其合金也只能达到 50% ~60%。超塑性成形就是利用金属材料的超塑性对板料进行加工，以获得各种所需形状零件的一种成形工艺。

　　由于超塑性成形可充分利用金属材料塑性好、变形抗力小的特点，因此可以成形各种复杂形状的零件，成形后零件基本上没有残余应力。

　　对材料进行超塑性成形，首先应找到该材料的超塑性成形条件，并在工艺上严格控制这些条件。金属的超塑性条件有几种类型，目前应用最广的是微细晶粒超塑性（又称恒温超塑性）。

　　微细晶粒超塑性成形的条件是：

　　1）温度。超塑性材料的成形温度一般为 $0.5 ~0.7T_m$（T_m 为以热力学温度表示的熔化温度）。

　　2）稳定而细小的晶粒。超塑性材料一般要求晶粒直径为 $0.5 ~5\mu m$，不大于 $10\mu m$。

　　3）成形压力。一般为十分之几兆帕至几兆帕。

　　此外，应变硬化指数、晶粒形状、材料内应力对成形也有一定的影响。

　　超塑性成形方法有真空成形法、吹塑成形法、对模成形法。

　　真空成形法是在模具的成形型腔中抽真空，使处于超塑性状态下的毛坯成形，其具体方法可分为凸模真空成形法和凹模真空成形法（图 11-5）。

　　吹塑成形法的原理如图 11-6 所示，在模具型腔中吹入压缩空气，使超塑性材料紧贴在模具型腔内壁，该方法可分为凸模吹塑成形和凹模吹塑成形两种。

　　对模成形法成形的零件精度较高，但由于模具结构特殊、加工困难，因此在生产中应用较少。

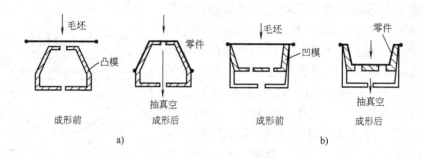

图 11-5　真空成形法

a）凸模真空成形　b）凹模真空成形

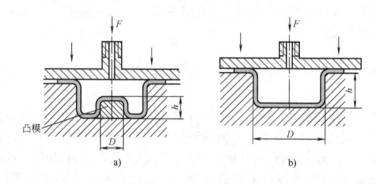

图 11-6　吹塑成形法

a）凸模吹塑成形　b）凹模吹塑成形

第十二章　冲压工艺规程的制订

冲压件的生产过程包括原材料准备、制订各种冲压工序和必要的辅助工序(如退火、酸洗、表面处理等)。有些零件还要经过切削加工、焊接、铆接、电镀等加工工序才能达到设计要求。

冲压工艺过程设计是一项综合性的技术工作,除了必须保证产品设计要求之外,还要考虑生产率与经济效益、考虑生产的安全性等。因此,这是一项十分重要的工作。

第一节　制订冲压工艺过程的基础

一、各种冲压工序的力学特点与分类

1. 冲压成形时毛坯各区的划分

如图 12-1 所示,在冲压过程中的某一时刻,可根据坯料各部分所处的状态进行分区(见表 12-1)。正在参与变形的部分称为变形区;不变形的部分称为非变形区,非变形区包括已经过变形的已变形区、尚未参与变形的待变形区,以及在整个变形过程中都不参与变形的不变形区。此外,将模具施加的力传递给变形区的部分称为传力区。

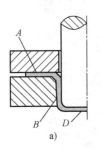 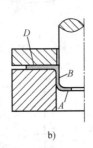 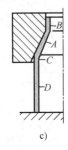

a)　　　　　　　　b)　　　　　　　c)

图 12-1　冲压过程中毛坯各区划分实例

a) 拉深　b) 翻孔　c) 缩口

表 12-1　冲压过程中坯料各区的划分

冲压方法	变形区	非变形区			
		已变形区	待变形区	不变形区	传 力 区
拉深	A	B	无	D	B、D
翻孔	A	B	无	D	B、D
缩口	A	B	C	D	C、D

2. 变形区的力学特点与分类

如第一章所述，冲压有多种基本工序，人们利用这些工序可冲压出各式各样的冲压制品。坯料变形区的力学特点是决定冲压基本工序变形性质的本质因素，前面各章中已对各基本工序变形区的应力应变进行了较为详尽的分析，绝大多数的板料冲压成形可以近似为平面应力状态，即板厚方向上的应力 $\sigma_t \approx 0$，坯料变形区产生塑性变形是板料平面内的两个互相垂直的主应力作用的结果。这两个主应力的大小和方向的不同组合便导致了不同的变形结果。图12-2、图12-3及表12-2表示了板料成形时变形区的应力状态和变形特点，并对板料成形工序进行了归类。从中可以看出，变形区的应力状态可以归纳为四种情况，在冲压应力图中分属四个象限，即两向受拉、两向受压、径向拉切向压、径向压切向拉。应变状态有六种基本形式，属于两大类成形：伸长类和压缩类。

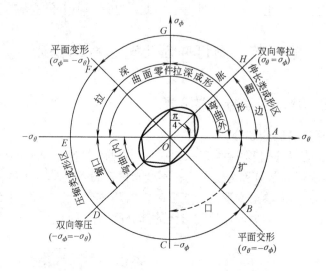

图 12-2　冲压应力图

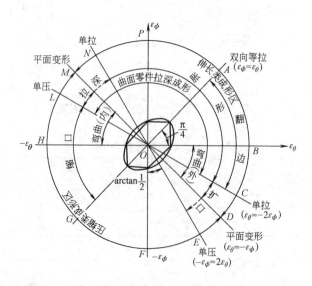

图 12-3　冲压应变图

表 12-2 板料冲压成形的基本变形方式及实例

类别及应力应变特征	基本变形方式			实例
	种类	应变状态	应力状态 $\sigma_t = 0$	
伸长类 $\sigma_m > 0$ $\sigma_\phi + \sigma_\theta > 0$ $\varepsilon_t < 0$ （厚度减薄）	I	切向伸长 $\varepsilon_\theta > 0$ 径向收缩 $\varepsilon_\phi < 0$	径压切拉 $\sigma_\theta > 0$ $\sigma_\phi < 0$	扩口
		切向伸长 $\varepsilon_\theta > 0$ 径向收缩 $\varepsilon_\phi < 0$	两向受拉 $\sigma_\theta > 0$ $\sigma_\phi > 0$	翻孔　　　宽板弯曲外区
	II	切向伸长 $\varepsilon_\theta > 0$ 径向伸长 $\varepsilon_\phi > 0$	两向受拉 $\sigma_\theta > 0$ $\sigma_\phi > 0$	胀形　局部成形(底部)　曲面零件拉深
伸长类 $\sigma_m > 0$ $\sigma_\phi + \sigma_\theta > 0$ $\varepsilon_t < 0$ （厚度减薄）	III	切向收缩 $\varepsilon_\theta < 0$ 径向伸长 $\varepsilon_\phi > 0$	两向受拉 $\sigma_\theta > 0$ $\sigma_\phi > 0$	局部成形(凹模圆角部分)
		切向收缩 $\varepsilon_\theta < 0$ 径向伸长 $\varepsilon_\phi > 0$	径拉切压 $\sigma_\theta < 0$ $\sigma_\phi > 0$	拉深

（续）

类别及应力应变特征	种类	基本变形方式		实　例
		应变状态	应力状态 $\sigma_t=0$	
压缩类 $\sigma_m<0$ $\sigma_\phi+\sigma_\theta<0$ $\varepsilon_t>0$ （厚度增厚）	Ⅳ	切向收缩 $\varepsilon_\theta<0$ 径向伸长 $\varepsilon_\phi>0$	径拉切压 $\sigma_\theta<0$ $\sigma_\phi>0$	 拉深　　　　压缩类翻边
		切向收缩 $\varepsilon_\theta<0$ 径向伸长 $\varepsilon_\phi>0$	两向受压 $\sigma_\theta<0$ $\sigma_\phi<0$	 缩口　　　　宽板弯曲内区
	Ⅴ	切向收缩 $\varepsilon_\theta<0$ 径向收缩 $\varepsilon_\phi<0$	两向受压 $\sigma_\theta<0$ $\sigma_\phi<0$	
	Ⅵ		两向受压	板料成形工艺中无此类变形
		切向伸长 $\varepsilon_\theta>0$ 径向收缩 $\varepsilon_\phi<0$	径压切拉 $\sigma_\theta>0$ $\sigma_\phi<0$	 扩口

　　当作用于坯料变形区内的主应力的平均值大于零（即 $\sigma_m>0$）时，板平面内的两向主应变之和大于零（即 $\varepsilon_\phi+\varepsilon_\theta>0$），称这种冲压成形为伸长类成形，在冲压应变图中直线 MD 以上的各区均属于伸长类成形。当作用于坯料变形区内的主应力的平均值小于零（即 $\sigma_m<0$）时，板平面内的两向主应变之和小于零（即 $\varepsilon_\phi+\varepsilon_\theta<0$），称这种冲压成形为压缩类成形，在冲压应变图中直线 MD 以下的各区均属于压缩类成形。

　　对于两类成形，由于应力状态和变形性质不同，因而产生的问题和解决问题的方法也不同。而对于同一类成形方法，因其变形力学本质相同，可以用相同的观点和方法去分析和解决成形中的问题。

二、正确设计冲压工艺过程，控制毛坯的变形

1. 冲压成形时坯料的变形趋向性

冲压时，坯料在冲模的作用下，将呈现不同区域，有变形区、不变形区之分，而变形区的变形方式又有所不同。同一形状的坯料在同一模具的作用下，其变形区及变形方式有可能是不同的。如环形坯料在模具的作用下就有多种变形的可能，如图12-4所示。当某一种变形的可能性最大时，称该坯料趋向于这种变形。将冲压坯料在一定的条件下具有趋向于某种变形的性质称为坯料的变形趋向性。这正是冲压工艺过程设计的必要前提。

坯料的变形趋向主要取决于变形区的位置及其应力状态种类。变形区实质上是坯料内最先满足塑性条件(即$|\sigma_1 - \sigma_3| = \sigma_s$)，进入塑性状态，产生塑性变形的区域。

上述环形坯料冲压时，坯料在模具的作用下，内部将出现两种应力状态，即外环区($d > d_p$)为径向拉切向压、内环区($d < d_p$)为两向受拉，如图12-5所示。

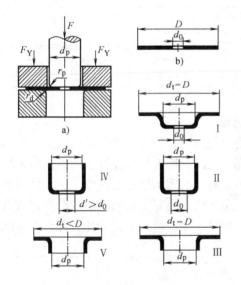

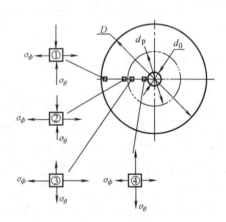

图 12-4　平板环形坯料变形发生的可能性
a)　冲模示意图　b)　环形坯料
Ⅰ—胀形　Ⅱ—拉深　Ⅲ—翻孔
Ⅳ—拉深+翻孔　Ⅴ—翻孔+拉深

图 12-5　平板坯料变形趋向分析

当工艺条件使得外环区的应力$|\sigma_1 - \sigma_3| = |\sigma_\phi| + |\sigma_\theta|$大于内环区的应力$|\sigma_1 - \sigma_3| = \sigma_\theta$时，外环区将最先满足塑性条件(即$|\sigma_\phi| + |\sigma_\theta| = \sigma_s$)，进入塑性状态，产生拉深变形，成为变形区。而内环区$\sigma_\theta < \sigma_s$，成为不变形区。

当工艺条件使得内环区的应力σ_θ大于外环区的应力$|\sigma_\phi| + |\sigma_\theta|$时，内环区将最先满足塑性条件(即$|\sigma_\theta| = \sigma_s$)，进入塑性状态，产生翻孔变形，成为变形区。而外环区$|\sigma_\phi| + |\sigma_\theta| < \sigma_s$，成为不变形区。

当工艺条件使得环道中间(d_p附近)区域的应力$|\sigma_1 - \sigma_3| = \sigma_\phi$最大(既比环道外缘区的$|\sigma_\phi| + |\sigma_\theta|$大，又比环道内缘区的$\sigma_\theta$大)时，则中间区域(②、③区)将最先满足塑性条件(即$|\sigma_\phi| = \sigma_s$)，进入塑性状态，产生胀形变形，成为变形区。而外缘区(①区)$|\sigma_\phi| +$

$|\sigma_\theta| < \sigma_s$，内缘区（④区）$\sigma_\theta < \sigma_s$，均为不变形区。

当各区的应力状态差不多能同步满足塑性条件时，就会出现图 12-4 中的Ⅳ、Ⅴ两种变形趋向，这两种变形所得的冲压件均有两个不确定的尺寸。

平板环形坯料各种变形趋向及变形区塑性条件见表 12-3。

表 12-3　平板环形坯料各种变形趋向及变形区的塑性条件

图号 （图 12-4）	变形趋向	变形区 （图 12-5）	变形区的塑性条件	备　注
Ⅰ	胀形	③、②	$\|\sigma_\phi\| = \sigma_s$	
Ⅱ	拉深	①、②	$\|\sigma_\phi\| + \|\sigma_\theta\| = \sigma_s$	
Ⅲ	翻孔	④、③	$\|\sigma_\theta\| = \sigma_s$	
Ⅳ	拉深 + 翻孔	①、②	$\|\sigma_\phi\| + \|\sigma_\theta\| = \sigma_s$	全程变形
		④、③	$\|\sigma_\theta\| = \sigma_s$	阶段变形
Ⅴ	翻孔 + 拉深	④、③	$\|\sigma_\theta\| = \sigma_s$	全程变形
		①、②	$\|\sigma_\phi\| + \|\sigma_\theta\| = \sigma_s$	阶段变形

2. 正确设计冲压工艺过程，控制坯料变形的方法

通过上述的例子分析可见，要使冲压坯料的变形趋向符合特定工艺的要求，从而获得需要的形状和尺寸的冲压件，就必须创造条件，确保坯料的预期变形区在冲压时最先满足塑性条件，产生预期方式的塑性变形，并且排除其他不必要与有害的变形的发生，这是冲压工艺与冲模设计的主要目的。而塑性变形区的位置及其应力状态实际上是由坯料的形状和模具对坯料施力的具体方式确定的。因此，在冲压工艺过程设计中，可以从以下几个方面来考虑控制坯料变形趋向。

（1）注意毛坯各部分相对尺寸关系的确定　如图 12-4 所示的平板环形坯料冲压，可以通过改变坯料各部分尺寸的相对关系，以实现预期的变形。图 12-6 所示为环形坯料相对尺寸与变形趋向之间的关系。

（2）正确设计模具工作部分的形状和尺寸　这也是控制坯料变形趋向的一种常用方法。如在图 12-4a 所示冲模中，不同的凸模圆角半径 r_p 和凹模圆角半径 r_d，可以导致不同的变形趋向。

（3）注意坯料与模具间摩擦阻力的作用　摩擦阻力可能增大变形阻力，也可能成为变形动力。

此外，还可以考虑采取其他措施，降低坯料变形区的变形抗力，增大非变形区的承载能力，使所需要的变形趋向增强。如局部加热拉深法、局部冷却拉深法、局部加热缩口法等，都是有效控制变形趋向的例子。

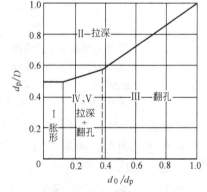

图 12-6　环形坯料相对
尺寸与变形趋向之间的关系

第二节 制订冲压工艺规程的步骤与内容

制订冲压工艺规程的步骤大致如下：

1）分析零件图。

2）确定冲压件生产的工艺方案。

3）确定模具类型及结构形式。

4）选择冲压设备。

5）编写工艺文件及设计计算说明书。

上述步骤中的内容互相联系、互相制约，因此它只是大致的步骤，实际设计中往往需要前后兼顾、交叉进行。工艺规程制订所牵涉的具体内容有许多已在前面有关章节中进行了详细的叙述，这里主要就一些需要强调的或进一步说明的问题进行叙述。

一、分析零件图

1. 零件工艺性分析

根据零件图，对冲压件的形状特点、尺寸大小、精度要求、表面质量及所用材料冲压工艺性能进行分析，结合前面各章冲压基本工序的工艺性要求，判定零件用冲压加工的难易程度，确定是否需要采取特殊工艺措施。

2. 冲压加工经济性分析

零件的冲压工艺性好，就意味着可以用常规的工艺方法、高效地冲压加工出质量稳定的零件。显然，工艺性好，冲压加工的经济性也好。零件展开坯料的平面轮廓形状直接影响材料的利用率，对于大批量生产的冲压件而言，这是影响冲压加工经济性的一个重要因素。此外，零件的生产批量对冲压加工的经济性起着决定性的作用。必须根据零件的生产批量和质量要求，确定是否采用冲压加工，以及用哪种冲压工艺方法加工。

3. 零件图修改的必要性与可能性

对于冲压工艺性不好的零件，可会同产品设计人员，在保证产品使用要求的前提下，对零件的形状、尺寸、精度要求及原材料进行必要的修改。图12-7所示为针对零件的冲压工艺性进行结构修改的实例。

事实上，零件结构的优化，对改善其冲压工艺性、节约原材料、增强零件的使用功能、简化零件生产的总体工艺过程、提高经济效益都具有十分重要的意义。

二、确定冲压件生产的工艺方案

在分析零件图的基础上，根据生产批量的要求，结合实际生产条件，确定最佳的生产工艺方案。

1. 确定冲压基本工序的性质及数量

生产中有不少冲压件，可以根据其形状特征，直观地判断出所需的工序性质。例如，图12-8所示平板零件所需的基本工序有落料、冲孔；图12-9所示为拉深零件，所需的基本工序有落料、拉深、切边；图12-10所示为弯曲件，所需的基本工序有落料、冲孔、弯曲。

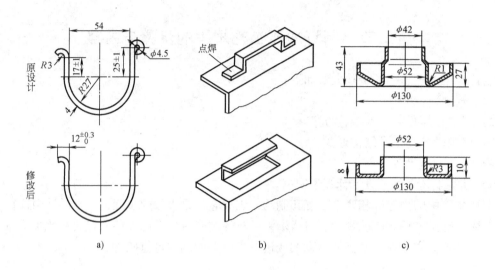

图 12-7　冲压件的结构工艺性改善的实例

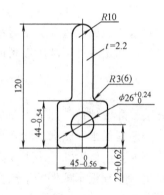

图 12-8　平板零件

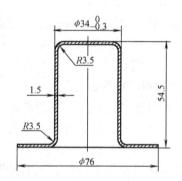

图 12-9　拉深零件

成形工序的数量可根据零件的形状、尺寸及相应的成形极限值进行计算确定。图 12-9 所示的拉深件需要经过四道拉深工序得到；图 12-10 所示的弯曲件一般用两道弯曲工序成形。当零件一次成形的变形程度接近成形极限时，有必要改为两道成形，以保证工序的工艺稳定性，避免导致高的废品率。因为在接近极限变形程度的情况下成形，冲压加工条件的微小变化(包括材料厚度及力学性能的波动、模具制造误差、定位可靠性、设备精度、润滑条件的变化等)都将可能引起坯料的变形力超过其承载极限，导致工艺失效。

有些零件必须结合工艺计算及变形趋向性的分析，才能正确确定所需的冲压基本工序。如图 12-11 所示分别为油封内夹圈和油封外夹圈，都是翻孔件，两个零件的材料均为 08 钢，它们的形状相同，但尺

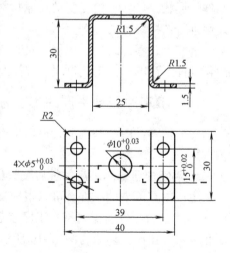

图 12-10　弯曲零件

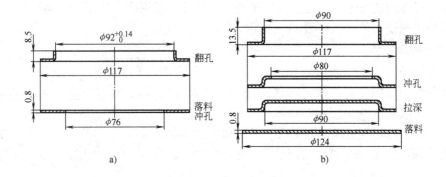

图 12-11 油封内夹圈、外夹圈的冲压工艺过程

a) 油封内夹圈 b) 油封外夹圈

寸不同。直观可初步判断它们均需要落料、冲孔、翻孔三道基本工序。校核翻孔极限系数时，图 12-11a 所示内夹圈的翻孔系数为 0.83，极限翻孔系数是 0.74(球头凸模)，且 $d_p/D = 92/117 = 0.79$，尺寸关系满足翻孔变形趋向的要求(图 12-6)。所以上述三道基本工序可行。图 12-11b 所示的外夹圈按平板预冲孔后翻孔，则其翻孔系数为 0.68，小于极限翻孔系数 0.70(球头凸模)，不能满足要求，且 $d_p/D = 90/117 = 0.78$，尺寸关系介于拉深与翻孔趋向区域的交界处，冲压时不能可靠地保证单一的翻孔趋向，所以上述三道基本工序不能满足该零件的成形需要。宜改为在拉深件底部冲孔后再翻孔的工艺方法来保证零件的直壁高度，因此油封外夹圈的冲压工艺过程应如图 12-11b 所示：落料、拉深、冲孔、翻孔，比内夹圈多了一道拉深工序。这时翻孔系数 $d_0/D = 80/90 \approx 0.89$，拉深系数 $d_p/D = 90/117 = 0.78$，且翻孔时外环带有直立筒壁，所以翻孔趋向显著。

图 12-12 所示零件的材料为 08 钢，板料厚度为 0.8mm。直观判断可用落料、拉深、冲孔、切边基本工序完成。计算得落料直径应为 $\phi 81mm$，拉深系数为 33/81 = 0.4，小于极限拉深系数(0.44)，在图 12-6 中，处于胀形区，用拉深必须两道才能成形。实际生产中采用了如图 12-12 所示的工艺过程，即增加了一个 $\phi 10.8mm$ 的预冲孔，所得的平板环形坯料的尺寸关系满足图 12-6 中Ⅳ、Ⅴ区的条件，即形成了拉深与翻孔同时进行的变形趋向。该方案不仅省去了一道拉深工序，而且坯料直径减小，节约了原材料。预冲孔 $\phi 10.8mm$ 不是零件结构的需要，属工艺孔；$\phi 10.8mm$ 孔改变了坯料的变形趋向，减轻了坯料外环区的拉深变形量，所以也称为"变形减轻孔"。

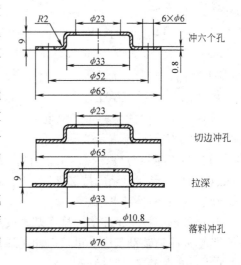

图 12-12 冲压工序分析实例

在多工序冲压时，为了保证各道工序间采用同一定位基准，满足冲件的精度要求，也可在许可的部位上冲制定位用的工艺孔。

对于精度、断面质量要求高的平板零件，可根据具体情况考虑采用校平工序、整修工序或精冲工艺；对于精度要求高及圆角半径太小的成形件，可考虑安排整形工序。

对于不对称的成形零件，为了改善其冲压工艺性，可用成双冲压，变不对称为对称，成形后再切断或剖切为单件，如图12-13所示。

2. 冲压辅助工序

为了保证冲压工艺过程的顺利进行，提高冲压件的尺寸精度和表面质量，提高模具的使用寿命，以及完成冲压件的连接组合，一个完整的冲压工艺规程中往往还包含一些非冲压的辅助工序，如备料、切削加工、焊接、铆合、去毛刺、清理(酸洗)、表面处理(润滑)、坯料或工序件的热处理、检验等。可根据具体的需要，将这些辅助工序穿插安排在冲压基本工序之间或前后。

3. 确定冲压工序组合和顺序

在确定了各道加工工序后，还要根据生产批量、尺寸大小、精度要求、工序的性质与冲压变形的规律，以及模具制造水平、设备能力、冲压操作方便性等多种因素，将工序进行必要而可能的组合和先后顺序的安排。可参照以下几点进行考虑：

1）所有的孔，只要其形状、尺寸及位置不受后续工序变形的影响，均应优先安排在平板坯料上冲出。

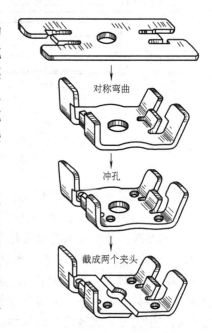

图12-13　成双冲压实例

如图12-10所示的弯曲件，$\phi 10^{+0.03}_{0}$mm 孔位于弯曲变形区之外，因而可以在弯曲工序之前冲出。四个 $\phi 5^{+0.03}_{0}$mm 的孔及其孔心距39mm会受到弯曲工序变形的影响，不宜在弯曲前冲出，而应在弯曲工序之后冲出。

如图12-14所示的锁圈，材料为黄铜，厚度为0.3mm，其内径 $\phi 22^{0}_{-0.1}$mm 是配合尺寸，如果先在平板上冲出，成形后无法保证精度要求。因而采用落料、成形、冲孔三道工序。

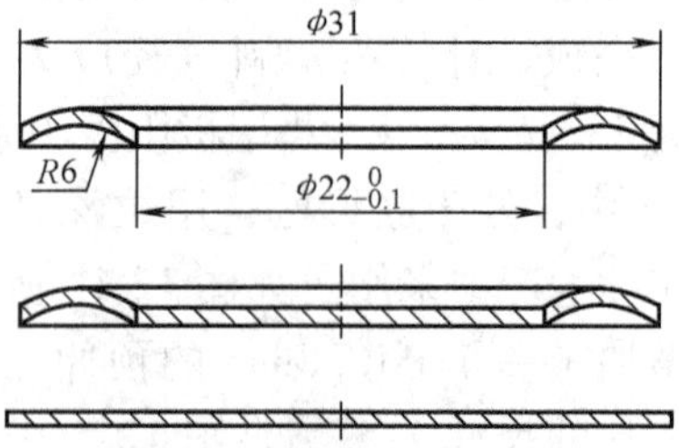

2）多工序弯曲件，可按照前面有关章节中弯曲件工序安排的原则进行安排。

3）多工序拉深件，按照工艺计算来确定工序的数量。对于形状复杂的拉深件，一般应先成形内部形状，后成形外部形状。

图12-14　锁圈的冲压工艺

4）整形、校平工序应安排在基本成形工序之后。

5）冲压的辅助工序，可根据冲压基本工序的需要、零件技术要求等具体情况，穿插安排在冲压基本工序之间进行。

6）下列情况下有必要考虑工序组合：大批量生产的产品需提高生产率；生产任务重需减少场地与机台的占用时间；零件尺寸小需避免操作不便、保障安全；零件形位精度要求高需避免不同模具定位误差的影响；工序组合后综合经济效益有提高等。

7）工序组合可能性考虑：是否满足冲压工艺性与变形规律的要求，如图12-12所示零件的六个 $\phi 6$mm 的孔不能和拉深工序复合冲；模具强度是否足够，如落料冲孔、落料拉深、冲孔翻孔等复合模的凸凹模壁厚都取决于冲件的尺寸，孔边距太小的环形件、竖边高度太低的翻孔件都不适合用复合冲压；压力机的压力与装模空间是否够用；模具制造和维护的能力是否具备。

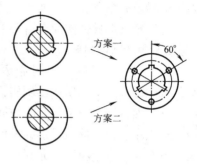

8）工序组合方案还要考虑定位操作是否方便。如图 12-15 所示的冲裁件，有两种冲裁工艺方案：方案一定位较复杂，操作不方便，效率低而且不安全；而采用方案二，先冲大圆孔，再以圆孔定位冲槽和三个小孔，则定位简单可靠，操作方便，效率高。

图 12-15　冲裁工艺方案

经过工序的组合与顺序安排，就形成了工艺方案。可行的工艺方案可能有几个，必须从技术经济的角度对它们各自的优缺点进行客观的分析，从中确定一个符合现有生产条件的最佳方案。

4. 确定各冲压工序的半成品形状和尺寸

对于形状复杂、需要多道成形工序的冲压件，其成形过程中得到的半成品都可以分成两部分：已成形部分，它的形状和尺寸与成品零件相同；有待继续成形部分，它的形状和尺寸与成品不同，是过渡性的。虽然过渡性部分在冲压加工完成后就完全消失了，但是它对每道冲压工序的成败和冲压件质量有极大的影响，必须根据具体情况认真加以确定。

1）当变形程度超过极限变形参数需多次成形时，应依据具体的工艺计算来确定半成品的尺寸，如拉深、缩口、胀形、翻孔、旋压、挤压等工艺都有这种情况。

2）当中间工序存在两个以上相互独立、互不影响的变形区时，各变形区的形状和尺寸必须保证变形前后材料体积不变。例如图 12-16 所示出气阀罩盖的冲压工艺过程，第二道拉深后便形成了零件的 $\phi16.5$mm 的圆筒形部分，在以后的各道工序中不再变形。被圆筒形部分隔开的内、外两部分待变形区的表面积，应足够满足以后各道工序里形成零件相应部分的需要，不能从其他部分补充金属，但也不能过剩。

3）半成品的待变形部分的形状应有利于它在后续工序中形成预期的变形区。在如图 12-16 所示的工艺中，将第二道工序所得半成品的底部做成球面形状，这样在第三道工序成形时，球形区可以在较小的变形力下进入拉深变形状态，成形出 $\phi5.8$mm 的凹坑。如果做成平底的形状，要形成拉深变形趋向，势必要使 $\phi16.5$mm 的筒壁也进入变形，则拉深系数为 $m = 5.8/16.5 = 0.35$，大于极限拉深系数，因此压凹坑时只能产生局部胀形，这

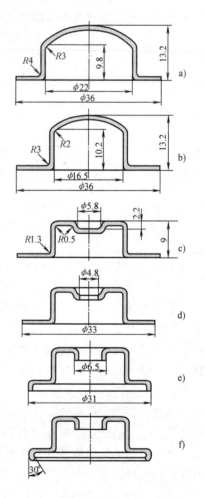

图 12-16　出气阀罩盖的冲压工艺过程
a）落料拉深　b）二次拉深　c）成形
d）冲孔切边　e）拉深翻孔　f）缩口

将可能导致后续翻孔开裂或壁厚过薄。

在确定盒形件、曲面零件等拉深件的半成品时，均应认真处理过渡部分的形状和尺寸（包括圆角和圆锥角等）。

4）工序件的形状和尺寸必须考虑成形后零件表面的质量，有时工序件的尺寸会直接影响到成品零件的表面质量。例如，多次拉深工序件的底部或凸缘处的圆角半径过小，会在成品零件表面留下圆角处的弯曲与变薄的痕迹。如果零件表面质量要求较高，则圆角半径就不应取得太小。板料冲压成形的零件，产生表面质量问题的原因是多方面的，其中工序件过渡尺寸不合适是一个原因，尤其是对形状复杂的零件。

三、确定模具类型及结构形式

冲模的类型与冲压工艺方案是相互对应的，两者都是根据生产批量、零件形状和尺寸、零件质量要求、材料性质和厚度、冲压设备和制模条件、操作因素等确定的。所以冲压工艺方案确定后，冲模的类型基本上也随之而定了。模具类型首先取决于生产批量，表 12-4 是冲压生产批量的划分及其与模具类型的关系。

表 12-4　冲压生产批量的划分及其与模具类型的关系

批量 项目	单　件	小　批	中　批	大　批	大　量
大件	<1	1~2	2~20	20~300	>300
中件	<1	1~5	5~50	50~1000	>1000
小件	<1	1~10	10~100	100~5000	>5000
模具类型	简易模 组合模 单工序模	单工序模 组合模 简易模	级进模、复合模 简易模 半自动模	级进模、复合模 单工序模 自动模	级进模 复合模
设备类型	通用压力机	通用压力机	高速压力机 自动和半自动压力机 通用压力机	机械化高速压力机 自动压力机	专用压力机、 自动压力机

注：表内数字为每年班产量的概略数值(千件)，供参考。

零件形状、尺寸、质量要求也是确定模具类型的重要依据。复合模可以冲尺寸较大的零件，但材料厚度、孔心距、孔边距有一定限制；级进模适用于冲小型零件，尤其是形状复杂的异形件，但级进模轮廓尺寸受压力机台面尺寸的限制；单工序模不受零件尺寸和板厚的限制。复合模冲压比单工序模具冲压的冲件质量好；而级进模的冲压件质量一般介于单工序模与复合模之间。

模具类型确定后，还要确定模具的具体结构形式。主要包括送料与定位方式的确定、卸料与出件方式的确定、工作零件的结构及其固定方式的确定、模具精度及导向形式的确定等。对于复杂的弯曲模及其他需要改变冲压力方向和工作零件运动方向的模具，还要确定传力和运动的机构。

冲模的结构形式很多，设计中要将各种结构形式的特点及适用场合与所设计的工艺方案及模具类型的实际情况做全面的比较分析，选用最合适的结构形式，并有针对性地进行必要的改进和创新，尽量设计出最佳的结构方案。必须注意的是：在满足质量与工艺要求的前提下，模具结构设计中应该充分注意其维护、操作方便与安全性。

四、选用冲压设备

1. 设备类型的选择

设备类型选择的主要依据是所完成的冲压工序性质、生产批量、冲压件的尺寸及精度要求、现有设备条件等。

中、小型冲压件主要选用开式单柱（或双柱）机械压力机，大、中型冲压件多选用双柱闭式机械压力机。根据冲压工序可分别选用通用压力机、专用压力机（挤压压力机、精压机、双动拉深压力机等）；大批量生产时，可选用高速压力机或多工位自动压力机；小批量生产，尤其是大型厚板零件的成形时，可采用液压机。

摩擦压力机结构简单，造价低，在冲压时不会因为板料厚度波动等原因而引起设备或模具的损坏，因而在小批量生产中常用于弯曲、成形、校平、整形等工序。

对于薄板冲裁、精密冲裁，应注意选择刚度和精度高的压力机。对于挤压、整形等工序，应选择刚度好的压力机，以提高冲压件尺寸精度。

2. 设备技术参数的确定

选择压力机技术参数的主要依据是冲压件尺寸、变形力大小及模具尺寸，并应进行必要的校核。

对于压力机公称压力的确定，前面有关章节已有叙述，要特别注意冲压工作行程大时对压力机许用负荷的校核。

压力机的行程必须保证成形坯料能够放入、成形零件能够取出。

压力机的装模空间必须与冲模总体结构尺寸相适应。压力机工作台面的尺寸应大于模具的总体平面尺寸，并留有安装固定的余地。压力机的装模高度或闭合高度应与模具的闭合（封闭）高度相适应。模具与压力机相关的尺寸如图 12-17 所示。

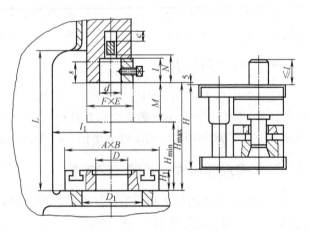

图 12-17　模具与压力机相关尺寸

冲模的闭合高度是指模具工作行程终了时，上模座的上平面至下模座的下平面之间的距离。压力机的封闭高度是指滑块在下死点位置时，滑块的下平面至工作台上平面之间的距离。而压力机装模高度是指压力机滑块在下死点时，滑块下平面至垫板上平面之间的距离。封闭高度和装模高度相差一个垫板厚度。没有垫板的压力机，其封闭高度与装模高度相等。

冲模的封闭高度必须在压力机的最大装模高度和最小装模高度之间，一般取

$$(H_{max} - H_1) - 5 \geqslant H \geqslant (H_{min} - H_1) + 10 \qquad (12\text{-}1)$$

式中，H_{max} 为压力机最大封闭高度（mm）；H_{min} 为压力机最小封闭高度（mm）；H 为冲模的封闭高度（mm）；H_1 为垫板厚度（mm）。

如果不满足上式的要求，必须进行必要的更改。在一般情况下，压力机不应拆掉垫板使用。

五、编写工艺文件及设计计算说明书

冲压的工艺文件主要是工艺过程卡，冲压工艺过程卡的格式、内容及填写规则应参照标准 JB/T 9165.2—1998（见附录 A）。

在冲压件的批量生产中，冲压工艺过程卡是指导生产正常进行的重要技术文件，是生产的组织管理、调度、工序间协调以及工时核算的重要依据。

对一些重要的冲压件工艺制订和模具设计，应编写设计计算说明书，以供审阅和备查。设计计算说明书应简明而全面地纪录如下内容：冲压工艺性分析及结论，毛坯展开尺寸计算，排样方式及其经济性分析，工艺方案的分析比较和确认，工序性质和冲压次数的确定、半成品形状与尺寸的计算、模具类型与结构形式的分析，模具主要零件材料的选择、技术要求及强度校核，凸、凹模工作部分尺寸与公差的确定，冲压力的计算与压力中心的确定，选择冲压设备的依据与结论，弹性元件的选择计算等。必要时，说明书中可插图表达。

第三节　冲压工艺规程制订实例

如图 12-10 所示的芯轴托架，材料为 08 钢，料厚 1.5mm，年产量为 2 万件，表面不允许有明显划痕，孔不许有变形。试制订其冲压工艺方案。

一、分析零件图

该零件中心 ϕ10mm 孔用于装芯轴，托架通过四个 ϕ5mm 的孔用螺钉与机身联接，为了保证良好的装配条件，五个孔的精度均为 IT9 级，制件表面不能有划痕。该零件形状对称，弯曲半径大于所用 08 钢板材的最小弯曲半径，形状精度要求不高，因此可以用冲压方法加工。

二、确定冲压件生产的工艺方案

如前所述，此制件从结构形状与要求来看，所需的基本工序为冲孔、落料、弯曲。其中弯曲工艺方案大致可有三种，如图 12-18所示。

方案 a 是用一副弯曲模一次弯曲成形，弯曲工序数为 1。

方案 b 和 c 的弯曲工序数均为 2。

根据以上基本工序的性质与数量，进行工序组合与排列，初步拟出下列四种方案：

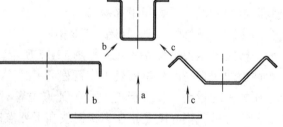

图 12-18　托架弯曲工艺方案

方案一：冲 ϕ10mm 孔与落料复合（图 12-19a）→弯曲外部两角并将中间两角预弯成 45°（图 12-19b）→弯曲中间两角（图 12-19c）→冲 $4 \times \phi$5mm 孔（图 12-19d）。

方案二：冲 ϕ10mm 孔与落料复合（图 12-19a）→弯曲两端成 90°角（图 12-20a）→弯曲中间成 90°角（图 12-20b）→冲 $4 \times \phi$5mm 孔（图 12-19d）。

方案三：冲 ϕ10mm 孔与落料复合（图 12-19a）→四点弯曲成 90°角（图 12-21）→冲

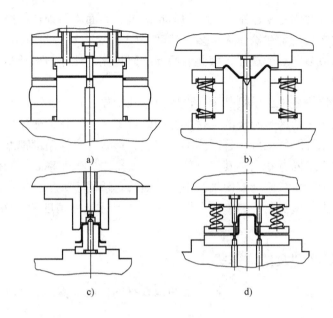

图 12-19　托架工艺方案一

$4 \times \phi 5 mm$孔（图 12-19d）。

方案四：全部工序组合，采用带料连续冲压（图 12-22）。

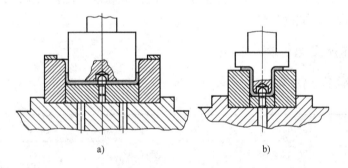

图 12-20　托架工艺方案二

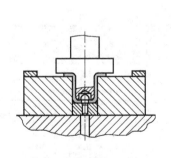
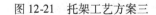

图 12-21　托架工艺方案三

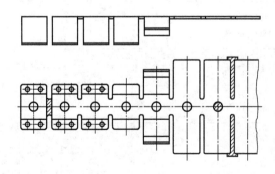

图 12-22　托架工艺方案四

分析比较上述四种工艺方案可以看出，方案一的优点是模具结构简单，寿命长，制造方便，投产快。各工序定位基准一致，并与设计基准重合，操作也比较方便，而且弯曲时能获得较好的校正效果，回弹易于控制，尺寸和形状准确，表面不易划伤，质量高。不足之处是工序分散，模具数多，设备和操作人员多，劳动强度大。

方案二比方案一多了一个缺点，弯曲的回弹难以控制，尺寸与形状精度都差，其他特点与方案一基本相同。

方案三的工序比较集中，模具数少、占用设备和操作人员少，生产率有一定的提高。但因弯曲过程中外角的变形区是游动的，材料在凹模口容易被划伤，凹模口也易磨损，从而导致模具寿命降低，制件厚度变薄，且回弹不易控制，形状与尺寸精度都差。

方案四的弯曲方案同方案一，其特点是工序高度集中，生产率高，操作安全，但是模具结构复杂，安装、调试、维修比较困难，制造周期长。适用于大批量生产。

综合以上各方案，由于制件的生产批量不大，从保证尺寸精度和经济效益的角度考虑，应采用第一种方案。

三、确定模具类型及结构形式

模具类型已随工艺方案而确定，该托架冲压方案的四副模具工作部分的结构如图 12-19 所示。

四、选择冲压设备

根据有关公式计算冲压工艺力，并根据工序的性质和现有设备的情况，确定各工序用的冲压设备类型和规格，此处从略。

五、编写冲压工艺过程卡

冲压工艺过程卡见表 12-5。

表 12-5　冲压工艺过程卡

（厂名）	冲压工艺卡片	产品型号		零(部)件名称	托　架		共　　页
		产品名称		零(部)件型号			第　　页

材料牌号及规格	材料技术要求	毛坯尺寸	每毛坯可制件数	毛坯质量	辅助材料
08 钢(1.5±0.11)mm×1800mm×900mm		条料 1.5mm×108mm×1800mm	57 件		

工序号	工序名称	工序内容	加工简图	设备	工艺装备	工时
0	下料	剪床上裁板 108mm×1800mm				
1	落料冲孔	落料与冲 φ10mm 孔复合		J23—25	落料冲孔复合模	

（续）

工序号	工序名称	工 序 内 容	加 工 简 图	设 备	工艺装备	工时
2	弯曲	弯外角、预弯内角		J23—16	弯曲模	
3	弯曲	弯内角		J23—16	弯曲模	
4	冲孔	冲 4 × φ5mm 孔		J23—16	冲孔模	
5	检验	按产品零件图检验				

				编制（日期）	审核（日期）	会签（日期）	
标记	处数	更改文件号	签字	日期	标记	处数	更改文件号	签字	日期				

附　录

附录 A　冷冲压工艺卡片

冷冲压工艺卡片		产品型号		零件图号			共　页	第　页
		产品名称		零件名称				
材料牌号及规格	材料技术要求	毛坯尺寸	每毛坯可制件数	毛坯重量		辅助材料		
(1)	(2)	(3)	(4)	(5)		(6)		
工序号	工序名称	工序内容	加工简图	设备	工艺装备	工时		
(7)	(8)	(9)	(10)	(11)	(12)	(13)		
				设计（日期）	审核（日期）	标准化（日期）	会签（日期）	
标记	处数	更改文件号	签字	日期	标记	处数	更改文件号	签字	日期

描　图

描　校

底图号

装订号

17×8（=136）

8　8　8

48　45　45　45　30

10

8

80　80　25　50

附录 B　冲压件尺寸公差（GB/T 13914—2002）

1. 公差等级、符号、代号及数值

1）平冲压件尺寸公差分 11 个等级，即 ST1～ST11。ST 表示平冲压件尺寸公差，公差等级代号用阿拉伯数字表示。ST1～ST11 等级依次降低。

平冲压件尺寸公差适用于平冲压件，也适用于成形冲压件上经过冲裁工序加工而成的尺寸。

平冲压件尺寸公差数值按表 B-1 规定。

表 B-1　平冲压件尺寸公差　　　　　　　　　　　　（单位：mm）

公称尺寸		板材厚度		公差等级										
大于	至	大于	至	ST1	ST2	ST3	ST4	ST5	ST6	ST7	ST8	ST9	ST10	ST11
—	1	—	0.5	0.008	0.010	0.015	0.020	0.030	0.040	0.060	0.080	0.120	0.160	—
		0.5	1	0.010	0.015	0.020	0.030	0.040	0.060	0.080	0.120	0.160	0.240	
		1	1.5	0.015	0.020	0.030	0.040	0.060	0.080	0.120	0.160	0.240	0.340	—
1	3	—	0.5	0.012	0.018	0.026	0.036	0.050	0.070	0.100	0.140	0.200	0.280	0.400
		0.5	1	0.018	0.026	0.036	0.050	0.070	0.100	0.140	0.200	0.280	0.400	0.560
		1	3	0.026	0.036	0.050	0.070	0.100	0.140	0.200	0.280	0.400	0.560	0.780
		3	4	0.034	0.050	0.070	0.090	0.130	0.180	0.260	0.360	0.500	0.700	0.980
3	10	—	0.5	0.018	0.026	0.036	0.050	0.070	0.100	0.140	0.200	0.280	0.400	0.560
		0.5	1	0.026	0.036	0.050	0.070	0.100	0.140	0.200	0.280	0.400	0.560	0.780
		1	3	0.036	0.050	0.070	0.100	0.140	0.200	0.280	0.400	0.560	0.780	1.100
		3	6	0.046	0.060	0.090	0.130	0.180	0.260	0.360	0.480	0.680	0.980	1.400
		6		0.060	0.080	0.110	0.160	0.220	0.300	0.420	0.600	0.840	1.200	1.600
10	25	—	0.5	0.026	0.036	0.050	0.070	0.100	0.140	0.200	0.280	0.400	0.560	0.780
		0.5	1	0.036	0.050	0.070	0.100	0.140	0.200	0.280	0.400	0.560	0.780	1.100
		1	3	0.050	0.070	0.100	0.140	0.200	0.280	0.400	0.560	0.780	1.100	1.500
		3	6	0.060	0.090	0.130	0.180	0.260	0.360	0.500	0.700	1.000	1.400	2.000
		6		0.080	0.120	0.160	0.220	0.320	0.440	0.600	0.880	1.200	1.600	2.400
25	63	—	0.5	0.036	0.050	0.070	0.100	0.140	0.200	0.280	0.400	0.560	0.780	1.100
		0.5	1	0.050	0.070	0.100	0.140	0.200	0.280	0.400	0.560	0.780	1.100	1.500
		1	3	0.070	0.100	0.140	0.200	0.280	0.400	0.560	0.780	1.100	1.500	2.100
		3	6	0.090	0.120	0.180	0.260	0.360	0.500	0.700	0.980	1.400	2.000	2.800
		6		0.110	0.160	0.220	0.300	0.440	0.600	0.860	1.200	1.600	2.200	3.000
63	160	—	0.5	0.040	0.060	0.090	0.120	0.180	0.260	0.360	0.500	0.700	0.980	1.400
		0.5	1	0.060	0.090	0.120	0.180	0.260	0.360	0.500	0.700	0.980	1.400	2.000
		1	3	0.090	0.120	0.180	0.260	0.360	0.500	0.700	0.980	1.400	2.000	2.800
		3	6	0.120	0.160	0.240	0.320	0.460	0.640	0.900	1.300	1.800	2.500	3.600
		6		0.140	0.200	0.280	0.400	0.560	0.780	1.100	1.500	2.100	2.900	4.200

（续）

公称尺寸		板材厚度		公差等级										
大于	至	大于	至	ST1	ST2	ST3	ST4	ST5	ST6	ST7	ST8	ST9	ST10	ST11
160	400	—	0.5	0.060	0.090	0.120	0.180	0.260	0.360	0.500	0.700	0.980	1.400	2.000
		0.5	1	0.090	0.120	0.180	0.260	0.360	0.500	0.700	1.000	1.400	2.000	2.800
		1	3	0.120	0.180	0.260	0.360	0.500	0.700	1.000	1.400	2.000	2.800	4.000
		3	6	0.160	0.240	0.320	0.460	0.640	0.900	1.300	1.800	2.600	3.600	4.800
		6		0.200	0.280	0.400	0.560	0.780	1.100	1.500	2.100	2.900	4.200	5.800
400	1000	—	0.5	0.090	0.120	0.180	0.240	0.340	0.480	0.660	0.940	1.300	1.800	2.600
		0.5	1		0.180	0.240	0.340	0.480	0.660	0.940	1.300	1.800	2.600	3.600
		1	3		0.240	0.340	0.480	0.660	0.940	1.300	1.800	2.600	3.600	5.000
		3	6		0.320	0.450	0.620	0.880	1.200	1.600	2.400	3.400	4.600	6.600
		6			0.340	0.480	0.700	1.000	1.400	2.000	2.800	4.000	5.600	7.800
1000	6300	—	0.5	—	—	0.260	0.360	0.500	0.700	0.980	1.400	2.000	2.800	4.000
		0.5	1	—	—	0.360	0.500	0.700	0.980	1.400	2.000	2.800	4.000	5.600
		1	3	—	—	0.500	0.700	0.980	1.400	2.000	2.800	4.000	5.600	7.800
		3	6	—	—	0.900	1.200	1.600	2.200	3.200	4.400	6.200	8.000	
		6		—	—	1.000	1.400	1.900	2.600	3.600	5.200	7.200	10.000	

2）成形冲压件尺寸公差分 10 个等级，即 FT1～FT10。FT 表示成形冲压件尺寸公差，公差等级代号用阿拉伯数字表示。FT1～FT10 等级依次降低。

成形冲压件尺寸公差数值按表 B-2 规定。

表 B-2　成形冲压件尺寸公差　　　　　　　　（单位：mm）

公称尺寸		板材厚度		公差等级									
大于	至	大于	至	FT1	FT2	FT3	FT4	FT5	FT6	FT7	FT8	FT9	FT10
—	1	—	0.5	0.010	0.016	0.026	0.040	0.060	0.100	0.160	0.260	0.400	0.600
		0.5	1	0.014	0.022	0.034	0.050	0.090	0.140	0.220	0.340	0.500	0.900
		1	1.5	0.020	0.030	0.050	0.080	0.120	0.200	0.320	0.500	0.900	1.400
1	3	—	0.5	0.016	0.026	0.040	0.070	0.110	0.180	0.280	0.440	0.700	1.000
		0.5	1	0.022	0.036	0.060	0.090	0.140	0.240	0.380	0.600	0.900	1.400
		1	3	0.032	0.050	0.080	0.120	0.200	0.340	0.540	0.860	1.200	2.000
		3	4	0.040	0.070	0.110	0.180	0.280	0.440	0.700	1.100	1.800	2.800
3	10	—	0.5	0.022	0.036	0.060	0.090	0.140	0.240	0.380	0.600	0.960	1.400
		0.5	1	0.032	0.050	0.080	0.120	0.200	0.340	0.540	0.860	1.400	2.200
		1	3	0.050	0.070	0.110	0.180	0.300	0.480	0.760	1.200	2.000	3.200
		3	6	0.060	0.090	0.140	0.240	0.380	0.600	1.000	1.600	2.600	4.000
		6	—	0.070	0.110	0.180	0.280	0.440	0.700	1.100	1.800	2.800	4.400

（续）

公称尺寸		板材厚度		公差等级									
大于	至	大于	至	FT1	FT2	FT3	FT4	FT5	FT6	FT7	FT8	FT9	FT10
10	25	—	0.5	0.030	0.050	0.080	0.120	0.200	0.320	0.500	0.300	1.200	2.000
		0.5	1	0.040	0.070	0.110	0.180	0.280	0.460	0.720	1.100	1.800	2.800
		1	3	0.060	0.100	0.160	0.260	0.400	0.640	1.000	1.600	2.600	4.000
		3	6	0.080	0.120	0.200	0.320	0.500	0.800	1.200	2.000	3.200	5.000
		6		0.100	0.140	0.240	0.400	0.620	1.000	1.600	2.600	4.000	6.400
25	63	—	0.5	0.040	0.060	0.100	0.160	0.260	0.400	0.640	1.000	1.600	2.600
		0.5	1	0.060	0.090	0.140	0.220	0.360	0.580	0.900	1.400	2.200	3.600
		1	3	0.080	0.120	0.200	0.320	0.500	0.800	1.200	2.000	3.200	5.000
		3	6	0.100	0.160	0.260	0.400	0.660	1.000	1.600	2.600	4.000	6.400
		6		0.110	0.180	0.280	0.460	0.760	1.200	2.000	3.200	5.000	8.000
63	160	—	0.5	0.050	0.080	0.140	0.220	0.360	0.560	0.900	1.400	2.200	3.600
		0.5	1	0.070	0.120	0.190	0.300	0.480	0.780	1.200	2.000	3.200	5.000
		1	3	0.100	0.160	0.260	0.420	0.680	1.100	1.300	2.800	4.400	7.000
		3	6	0.140	0.220	0.340	0.540	0.880	1.400	2.200	3.400	5.600	9.000
		6		0.150	0.240	0.380	0.620	1.000	1.600	2.600	4.000	6.600	10.000
160	400	—	0.5	—	0.100	0.160	0.260	0.420	0.700	1.100	1.800	2.800	4.400
		0.5	1	—	0.140	0.240	0.380	0.620	1.000	1.600	2.600	4.000	6.400
		1	3	—	0.220	0.340	0.540	0.880	1.400	2.200	3.400	5.600	9.000
		3	6	—	0.280	0.440	0.700	1.100	1.800	2.800	4.400	7.000	11.000
		6		—	0.340	0.540	0.880	1.400	2.200	3.400	5.600	9.000	14.000
400	1000	—	0.5	—	0.240	0.380	0.620	1.000	1.600	2.600	4.000	6.600
		0.5	1	—	0.340	0.540	0.880	1.400	2.200	3.400	5.600	9.000
		1	3	—	0.440	0.700	1.100	1.800	2.800	4.400	7.000	11.000
		3	6	—	0.560	0.900	1.400	2.200	3.400	5.600	9.000	14.000
		6		—	0.620	1.000	1.600	2.600	4.000	6.400	10.000	16.000

3）成形冲压件未注尺寸公差按标准规定系列，由相应的技术文件作出具体规定。

2. 冲压件尺寸极限偏差

平冲压件、成形冲压件尺寸的极限偏差按下述规定。

1）孔（内形）尺寸的极限偏差取表 B-1、表 B-2 中给出的公差数值，冠以" + "号作为上偏差，下偏差为 0。

2）轴（外形）尺寸的极限偏差取表 B-1、表 B-2 中给出的公差数值，冠以" - "号作为下偏差，上偏差为 0。

3）孔中心距、孔边距、弯曲、拉深与其他成形方法而成的长度、高度及未注尺寸公差的极限偏差，取表 B-1、表 B-2 中给出的公差值的一半，冠以" ± "号分别作为上、下偏差。

3. 公差等级的选用

平冲压件、成形冲压件尺寸公差等级的选用见表 B-3 和表 B-4。

表 B-3　平冲压件尺寸公差等级

加工方法	尺寸类型	公差等级										
		ST1	ST2	ST3	ST4	ST5	ST6	ST7	ST8	ST9	ST10	ST11
精密冲裁	外形											
	内形											
	孔中心距											
	孔边距											
普通冲裁	外形											
	内形											
	孔中心距											
	孔边距											
成形冲压平面冲裁	外形											
	内形											
	孔中心距											
	孔边距											

表 B-4　成形冲压件尺寸公差等级

加工方法	尺寸类型	公差等级									
		FT1	FT2	FT3	FT4	FT5	FT6	FT7	FT8	FT9	FT10
拉深	直径										
	高度										
带凸缘拉深	直径										
	高度										
弯曲	长度										
其他成形方法	直径										
	高度										
	长度										

附录 C　冲压件角度公差（GB/T 13915—2002）

1. 公差等级、符号、代号及数值

1）冲压件冲裁角度公差分 6 个等级，即 AT1～AT6。AT 表示冲压件冲裁角度公差，公差等级符号用阿拉伯数字表示。AT1～AT6 等级依次降低。

冲压件冲裁角度公差数值按表 C-1 规定。

表 C-1　冲压件冲裁角度公差

公差等级	短边尺寸/mm						
	≤10	>10~25	>25~63	>63~160	>160~400	>400~1000	>1000
AT1	0°40′	0°30′	0°20′	0°12′	0°5′	0°4′	—
AT2	1°	0°40′	0°30′	0°20′	0°12′	0°6′	0°4′
AT3	1°20′	1°	0°40′	0°30′	0°20′	0°12′	0°6′
AT4	2°	1°20′	1°	0°40′	0°30′	0°20′	0°12′
AT5	3°	2°	1°20′	1°	0°40′	0°30′	0°20′
AT6	4°	3°	2°	1°20′	1°	0°40′	0°30′

2) 冲压件弯曲角度公差分 5 个等级，即 BT1~BT5。BT 表示冲压件弯曲角度公差，公差等级用阿拉伯数字表示。BT1~BT5 等级依次降低，见表 C-2。

表 C-2　冲压件弯曲角度公差

公差等级	短边尺寸/mm						
	≤10	>10~25	>25~63	>63~160	>160~400	>400~1000	>1000
BT1	1°	0°40′	0°30′	0°16′	0°12′	0°10′	0°8′
BT2	1°30′	1°	0°40′	0°20′	0°16′	0°12′	0°10′
BT3	2°30′	2°	1°30′	1°15′	1°	0°45′	0°30′
BT4	4°	3°	2°	1°30′	1°15′	1°	0°45′
BT5	6°	4°	3°	2°30′	2°	1°30′	1°

3) 未注角度公差按标准规定系列，由相应的技术文件作出具体的规定。

2. 冲压件角度的极限偏差

冲压件冲裁角度与弯曲角度的极限偏差按下述规定选取。

1) 依据使用需要选用单项偏差。

2) 未注公差的角度极限偏差取表 C-1、表 C-2 中给出的公差值的一半，冠以 "±" 号分别作为上、下偏差。

3. 公差等级的选用

1) 冲压件冲裁角度公差等级按表 C-3 选取。

表 C-3　冲压件冲裁角度公差等级

材料厚度/mm	公差等级					
	AT1	AT2	AT3	AT4	AT5	AT6
≤3						
>3						

2) 冲压件弯曲角度公差等级按表 C-4 选取。

表 C-4　冲压件弯曲角度公差等级

材料厚度 /mm	公差等级				
	BT1	BT2	BT3	BT4	BT5
≤3					
>3					

附录 D　冲压件形状和位置未注公差（GB/T 13916—2002）

（1）直线度、平面度未注公差　直线度、平面度未注公差值按表 D-1 规定，平面度未注公差应选择较长的边作为主参数。主参数 L、D、H 选用示例如图 D-1 所示。

表 D-1　直线度、平面度未注公差　　　　　　　　（单位：mm）

公差等级	主参数(L、H、D)						
	≤10	>10~25	>25~63	>63~160	>160~400	>400~1000	>1000
1	0.06	0.10	0.15	0.25	0.40	0.60	0.90
2	0.12	0.20	0.30	0.50	0.80	1.20	1.80
3	0.25	0.40	0.60	1.00	1.60	2.50	4.00
4	0.50	0.80	1.20	2.00	3.20	5.00	8.00
5	1.00	1.60	2.50	4.00	6.50	10.00	16.00

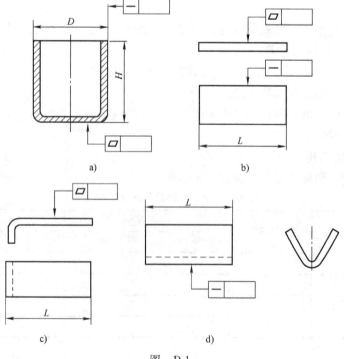

图　D-1

（2）同轴度、对称度未注公差　同轴度、对称度未注公差值应按表 D-2 规定。主参数 B、D、L 选用示例如图 D-2 所示。

表 D-2　同轴度、对称度未注公差　　　　（单位:mm）

公差等级	主参数(B、D、L)							
	≤3	>3 ~ 10	>10 ~ 25	>25 ~ 63	>63 ~ 160	>160 ~ 400	>400 ~ 1000	>1000
1	0.12	0.20	0.30	0.40	0.50	0.60	0.80	1.00
2	0.25	0.40	0.60	0.80	1.00	1.20	1.60	2.00
3	0.50	0.80	1.20	1.60	2.00	2.50	3.20	4.00
4	1.00	1.60	2.50	3.20	4.00	5.00	6.50	8.00

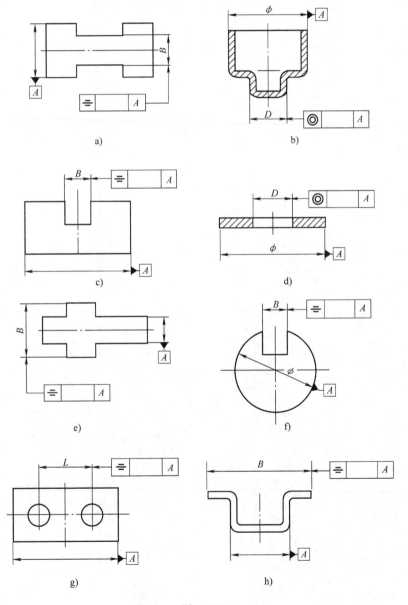

图　D-2

（3）圆度未注公差　圆度未注公差值应不大于相应尺寸公差值。

（4）圆柱度未注公差　圆柱度未注公差由其圆度、素线的直线度未注公差值和要素的尺寸公差分别控制。

（5）平行度未注公差　平行度未注公差由平行要素的平面度或直线度的未注公差值和平行要素间的尺寸公差分别控制。

（6）垂直度、倾斜度未注公差　垂直度、倾斜度未注公差由角度公差和直线度公差值分别控制。

参 考 文 献

[1] 俞汉清，陈金德. 金属塑性成形原理[M]. 北京：机械工业出版社，2002.

[2] 胡世光. 板料冷压成形原理[M]. 北京：国防工业出版社，1997.

[3] 姜奎华. 冲压工艺与模具设计[M]. 北京：机械工业出版社，1997.

[4] 肖景容，姜奎华. 冲压工艺学[M]. 北京：机械工业出版社，2000.

[5] 马正元，韩启. 冲压工艺与模具设计[M]. 北京：机械工业出版社，1998.

[6] 翁其金. 冷冲压技术[M]. 北京：机械工业出版社，2001.

[7] 丁松聚. 冷冲模设计[M]. 北京：机械工业出版社，2002.

[8] 刘心治. 冷冲压工艺及模具设计[M]. 重庆：重庆大学出版社，1998.

[9] 模具实用技术丛书编委会. 冲模设计应用实例[M]. 北京：机械工业出版社，2000.

[10] 李硕本，等. 冲压工艺理论与新技术[M]. 北京：机械工业出版社，2002.

[11] 张水忠，赵中华. 激光在材料塑性成形工艺中的应用[J]. 上海工程技术大学学报，2002，16(3)：216-219.

[12] 钟毓斌. 冲压工艺与模具设计[M]. 北京：机械工业出版社，2000.

[13] 张毅. 现代冲压技术[M]. 北京：国防工业出版社，1994.

[14] 王芳. 冷冲压模具设计指导[M]. 北京：机械工业出版社，1998.

[15] 现代模具技术编委会. 汽车覆盖件模具设计与制造[M]. 北京：国防工业出版社，1998.

[16] 肖祥芷，王孝培. 中国模具设计大典：第三卷[M]. 南昌：江西科学技术出版社，2003.

[17] 许发樾. 模具标准应用手册[M]. 北京：机械工业出版社，1994.

[18] 中国机械工程学会锻压学会. 锻压手册：第2卷冲压[M]. 2版. 北京：机械工业出版社，2002.

[19] 全国锻压标准委员会，中国标准出版社第三编辑室. 锻压工艺标准汇编[M]. 北京：中国标准出版社，1998.

[20] 洪慎章. 冷挤压实用技术[M]. 北京：机械工业出版社，2006.

[21] 翟建军，等. 板料和型材的冲压与成形技术[M]. 北京：机械工业出版社，2008.

[22] 杨玉英. 实用冲压工艺及模具设计手册[M]. 北京：机械工业出版社，2004.

[23] 陈毓，赵振铎，王同海. 特种冲压模具与成形技术[M]. 北京：现代出版社，1989.